高等职业教育通识课系列教材

信 息 技 术

——基础模块 (Windows 10 + WPS Office)

主　编　赵洪涛　周月芝　赵娟娟

副主编　吴　丽　孙　辉　林　叶

　　　　商蕾杰　杨　硕　曹会云

　　　　谢东华

主　审　李　存　王　丽

西安电子科技大学出版社

内 容 简 介

本书主要讲解办公自动化技术的相关知识，包括计算机基础知识，Windows 10 操作系统，WPS 文档基础操作、图文混排和表格、高级编排及 WPS 文档批量处理，WPS 表格数据编辑、管理及分析，WPS 演示文稿制作、交互及放映和输出信息检索等内容。本书设有拓展任务，目的是提高办公自动化技术的应用能力与操作计算机的能力。

本书可作为高等职业教育通识课系列教材，亦可供对 WPS 办公软件有兴趣的读者参考。

图书在版编目 (CIP) 数据

信息技术 : 基础模块 : Windows 10 + WPS Office / 赵洪涛，周月芝，赵娟娟主编 . -- 西安 : 西安电子科技大学出版社，2024. 10.

ISBN 978-7-5606-7480-3

Ⅰ . TP316.7；TP317.1

中国国家版本馆 CIP 数据核字第 2024HH3215 号

策　　划　杨航斌
责任编辑　雷鸿俊
出版发行　西安电子科技大学出版社 (西安市太白南路 2 号)
电　　话　(029) 88202421　88201467　　　　邮　　编　710071
网　　址　www.xduph.com　　　　　　　电子邮箱　xdupfxb001@163.com
经　　销　新华书店
印刷单位　广东虎彩云印刷有限公司
版　　次　2024 年 10 月第 1 版　2024 年 10 月第 1 次印刷
开　　本　787 毫米 × 1092 毫米　1/16　印 张　15.5
字　　数　367 千字
定　　价　48.00 元
ISBN 978-7-5606-7480-3

XDUP 7781001-1

*** 如有印装问题可调换 ***

前 言

在这个信息爆炸的时代，掌握一项高效的办公软件技能，无疑会为个人职业发展和日常工作效率的提升提供强有力的支持。WPS Office 办公软件作为一款功能全面、操作简便的办公软件，已经融入数以亿计用户的工作和生活中。

为了帮助更多用户充分挖掘 WPS Office 的潜力，提升软件应用能力，我们精心编写了本书。在编写本书的过程中我们充分融入了思政元素，强化正确的人生观、价值观、职业观。本书内容实用性强，针对办公使用场景提供了丰富的操作案例，能够让读者快速上手。

本书主要体现了以下特点：

(1) 全面性。本书覆盖了 WPS Office 的文字处理、表格制作、演示设计等功能模块，满足读者日常办公需求。

(2) 实用性。本书力求将理论知识与实际操作紧密结合，通过大量的实例演示，帮助读者理解并掌握 WPS Office 在实际工作中的应用。

(3) 易学性。本书采用了由浅入深的讲解方式，零基础的读者也能轻松上手，快速掌握 WPS Office 的基本操作。

(4) 互动性。本书鼓励读者参与互动学习，通过拓展任务的实操增强读者的实践能力和解决问题能力。

(5) 可扩展性。本书不仅适合个人学习，也适合作为教育机构的教学材料，可以根据不同的教学需求进行调整和扩展。

全书共 6 个单元。第 1 单元为计算机基础知识，主要介绍计算机的发展、计算机的组成、计算机的工作原理；第 2 单元为 Windows 10 操作系统，主要介绍 Windows 10 操作系统的基本操作、文件与文件夹的管理及控制面板等；第 3 单元为 WPS 文字常用文档制作，主要介绍在 WPS Office 中创建文档、编辑文本、设置字符与段落格式、插入与编辑各种对象、设置页面等内容；第 4 单元为 WPS 电子表格处理，主要介绍在 WPS Office 中创建工作簿、编辑工作表、编辑单元格、设置单元格和工作表格式、输入与编辑数据、使用公式和函数、管理表格数据、应用图表、应用数据透视表、打印工作表等内容；第 5 单元为

WPS 演示文稿制作，主要介绍在 WPS Office 中创建演示文稿、编辑幻灯片、应用幻灯片主题、使用幻灯片母版、插入各种多媒体对象、设置幻灯片动画、放映幻灯片、打印与打包演示文稿等内容；第 6 单元为信息检索入门，通过认识信息检索、信息检索的方法和技巧、专业文献检索等任务，详细介绍信息检索的概念、分类、发展历程，搜索引擎的类型与使用方法，常用专用平台的信息检索方法等内容。

本书旨在为 WPS Office 的初学者和进阶用户提供一个全面、系统的学习指南。本书通过深入浅出的讲解和丰富的实例演示，引导读者从 WPS Office 的基础操作开始，逐步深入学习更高级的功能应用，快速掌握文档编辑、表格处理、演示文稿制作等核心技能；同时本书还兼顾全国计算机等级考试的相关内容，对读者参加计算机等级考试有很大帮助。另外，本书配套了微课视频及教学素材。读者选用本书后，可向出版社或作者索取全套教学资料（邮箱：zhaohongtao@bdvtc.edu.cn）。

本书由赵洪涛、周月芝、赵娟娟担任主编，吴丽、孙辉、林叶、商蕾杰、杨硕、曹会云、谢东华担任副主编，李存、王丽担任主审。

由于编者水平有限，书中难免存在不足之处，恳请广大读者批评指正。

编　者
2024 年 6 月

目　录

第 1 单元　计算机基础知识

情景导入

小王大学毕业后，找到了一份行政助理的工作。工作第一天，领导告诉小王他的主要工作是利用文字排版软件制作通知、制度等办公文档。在做这些工作之前，他需要首先了解自己的工作环境以及工作计算机的相关参数、操作方法和一些基本知识，如计算机的发展史、微机系统结构以及系统基本操作方法等。

教学目标

【知识目标】

(1) 了解计算机的产生和发展，熟悉微机系统的组成，熟练掌握微机软硬件的基本知识。

(2) 了解计算机网络的基本知识，熟悉计算机网络安全和病毒的相关概念，掌握网络环境配置参数的含义和作用。

【技能目标】

(1) 能够熟练查看计算机的配置，通过配置分析计算机的性能。

(2) 能够掌握网络环境配置方法，安全、快捷、正确地使用网络。

【素质目标】

(1) 培养学生的信息素养和数字化学习能力，使其能够适应信息化时代的发展需求，熟练运用信息技术工具进行学习和工作。

(2) 提高学生的网络安全意识，确保安全用网、规范用网。

(3) 培养学生的自主学习能力和问题解决能力，鼓励其通过自主探究和合作学习，解决在使用计算机的过程中遇到的各种问题。

【思政目标】

(1) 增强国家认同感与自豪感。通过介绍国家 CPU 产业的发展，正确引导学生认识到我国在科技技术领域的自主创新能力和发展成就，从而增强学生对国家的认同感和自豪感。

(2) 培养网络安全意识。强调规范使用网络的重要性，引导学生在日常生活和工作中注重信息安全，防范信息泄露和网络攻击。

任务 1.1　认识计算机

一、任务描述

小王到公司后，根据工作需要，要对自己的个人计算机进行相关环境和软件的配置及安装。为了顺利完成这些工作，他首先需要了解计算机的配置和环境信息、操作系统类型以及内存和硬盘的大小，而想要了解这些信息则首先需要学习相关知识点，了解硬件和软件环境，以及如何查看系统信息的方法和手段。

二、任务分析

在现今社会中，个人计算机成为每个人在生活和工作中不可或缺的工具，每个使用者都应该对自己计算机的配置和环境有所了解，同时应该对一些基本知识、基本原理有一定的掌握，如计算机的发展史、软件系统、硬件系统等。如果想了解个人计算机的环境配置，可以通过系统自身设置查看，也可以利用系统自带工具查看，甚至可以通过第三方工具进行查看。

三、相关知识点

1. 计算机的诞生

1946 年 2 月，世界上第一台通用电子计算机 ENIAC(Electronic Numerical Integrator And Computer，电子数字积分计算机) 在美国宾夕法尼亚大学问世，这台计算机共有 17 000 多只电子管，占地 170 m^2，重达 30 余吨。这个庞大的机器虽然只能进行每秒 5000 次的加法或 400 次的乘法运算，但是在计算机的发展史上却具有里程碑的意义。

2. 冯·诺依曼及冯·诺依曼体系

在 ENIAC 研制的过程中，美籍匈牙利数学家冯·诺依曼在原有设计思路上进行了优化和完善，提出了冯·诺依曼体系。该体系采用二进制形式表示数据和指令，增加了存储器用于数据的存储和运算，并一直沿用至今。因此，冯·诺依曼被称为"计算机之父"。采用冯·诺依曼体系的计算机被称为冯·诺依曼体系计算机。

冯·诺依曼体系计算机主要由控制器、运算器、存储器以及输入和输出设备五部分组成。其体系结构模型如图 1-1 所示。

(1) 控制器：整个微机的指挥中心，它负责对指令进行分析、判断，并发出控制信号，控制计算机的有关设备协调工作，确保系统正常运行。

(2) 运算器：对数据进行加工处理的部件，它在控制器的控制下与内存交换信息，完成对数据的算术和逻辑运算。

提示：控制器和运算器组合在一起就是我们常说的中央处理器，即 CPU。

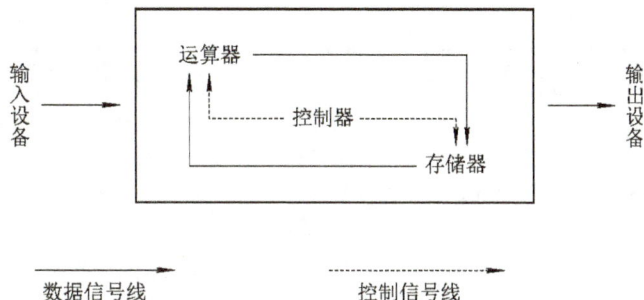

图 1-1　冯·诺依曼体系结构模型

(3) 存储器：微机的记忆装置，用来存储程序和数据，并根据指令向其他部件提供这些数据。向存储器内存入信息称为"写入"，从存储器里取出信息称为"读出"。微机的存储器可分为主存储器和辅助存储器两种。主存储器的速度快但容量小，辅助存储器的速度慢但容量大。

提示：通常把控制器、运算器和主存储器一起称为主机，而把其他的输入、输出设备和辅助存储器称为外设。

(4) 输入设备：计算机输入信息的设备。它是人机接口，负责将用户的程序、数据和命令输入计算机的内存。最常用的输入设备是键盘，其次还有鼠标、扫描仪、手写板等。

(5) 输出设备：输出计算机处理结果的设备。其主要作用是把计算机处理的数据、计算结果等内部信息按人们要求的形式输出。常用的输出设备是显示器、打印机以及绘图仪等。

3. 计算机的发展过程及发展方向

自 1946 年以来，随着计算机电子元件的发展，计算机的性能得到了极大提高，运算速度越来越快，体积逐渐减小，应用范围逐渐增大，计算机已经成为人们日常生活必不可少的产品，甚至可以说我们现在就生活在一个计算晓天下、存储知古今、网络通世界的环境之中。

根据计算机采用的基础元器件的不同，可以将其发展分为四个阶段，如表 1-1 所示。

表 1-1　计算机发展阶段

阶　段	基础元器件	年　代	主　要　特　点
第一代	电子管	1946—1958 年	在硬件方面，逻辑元件采用的是真空电子管，计算机体积大、功耗高、可靠性差、速度慢、价格昂贵 代表机型：美国宾夕法尼亚大学研制的 ENIAC(电子数字积分计算机)
第二代	晶体管	1959—1964 年	在硬件方面，晶体管取代了电子管，使计算机的体积缩小、能耗降低、可靠性提高、运算速度提高，性能比第一代计算机有了显著提升 代表机型：IBM 7000 系列等

续表

阶　段	基础元器件	年　代	主　要　特　点
第三代	集成电路	1965—1970 年	硬件方面采用中、小规模集成电路，软件方面出现了分时操作系统以及结构化、规模化程序设计方法。计算机的速度更快，可靠性显著提高，产品通用化、系列化和标准化 代表机型：IBM System/360 等
第四代	大规模和超大规模集成电路	1971 年至今	硬件方面采用大规模和超大规模集成电路，软件方面出现了数据库管理系统等。1971 年，世界上第一台微处理器在美国硅谷诞生，开创了微型计算机的新时代 代表机型：Apple Ⅱ、IBM PC 等个人计算机，以及后续的各种微型计算机和便携式计算机

4. 我国计算机的发展

1956 年，我国制定了《1956—1967 年科学技术发展远景规划》，将"计算技术的建立"列为紧急措施之一，并筹建了中国科学院计算技术研究所，该所分别于 1958 年和 1959 年研制出 103 小型数字计算机和 104 大型通用数字计算机。这两台计算机的相继推出，成为我国计算机事业起步阶段的重要里程碑。

1983 年 12 月，我国第一个巨型机系统——"银河"超高速电子计算机系统研制成功。1992 年，"银河Ⅱ"10 亿次巨型机研制成功，计算速度达 10 亿次每秒，主频 50 MHz，其性能令世界瞩目。1997 年 6 月，"银河Ⅲ"百亿次巨型计算机通过国家鉴定。1999 年，峰值速度达到了 117 亿次每秒的"曙光 2000-Ⅱ"诞生，标志着我国的大型计算机研发水平已步入国际先进列。

2002 年，由我国科学家自主研发的高性能通用 CPU 芯片——"龙芯 1 号"研制成功，标志着我国拥有了 CPU 的核心技术，打破了国外对这个核心技术的垄断。

2004 年，曙光信息产业有限公司建造了国内第一台运算速度超过 10 万亿次每秒的超级计算机"曙光 4000A"，从而掀开我国计算机行业崭新的一页。

2008 年，"深腾 7000"系统的运算性能突破百万亿次每秒。

2010 年 11 月 15 日，"天河一号"在第 36 届全球超级计算机 TOP500 排行榜中夺魁。升级后的"天河一号"实测运算速度可达 2570 万亿次每秒。

2018 年，曙光、天河与神威已进入超级计算机竞赛领域的 E 级 (每秒运算一百亿亿次) 超算研发，并逐步实现了 CPU 和加速器的全国产化。

2021 年，第 58 届全球超级计算机 TOP500 排行榜中，中国有 173 台超级计算机进入榜单，占比 34.6%。第二名的美国为 149 台，占比 29.8%。

在 2022 年上半年的全球超级计算机 TOP500 榜单中，中国的"神威·太湖之光"排名第六。

我国是世界上能自行设计与制造巨型计算机的少数国家之一，能自行设计和制造嵌入式微处理器，并首先在家电生产中取得应用。

未来计算机将呈现多元化和高度技术融合的发展趋势，其主要的发展方向有以下几个：

1) 量子计算机

量子计算机是未来计算领域的一个重要发展方向。它利用量子力学原理进行信息处理，相比传统计算机，具有更强的计算能力和更高的处理速度。量子计算机的发展将推动计算机科学、物理学、化学等多个学科的进步，为解决复杂问题提供新的途径。

2) 光子计算机

光子计算机是以光子作为信息载体进行信息处理的计算机。由于光子具有高速、高频、并行处理和互连能力强的特点，光子计算机有望在未来实现超高速运算、超大规模数据存储和超高密度信息传输。这一技术将极大地提升计算机的性能和应用范围。

3) 生物计算机

生物计算机是利用生物工程技术产生的蛋白质分子作为生物芯片，以生物芯片代替在半导体硅片上集成的各种元件而制成的计算机。生物计算机具有强大的信息存储和处理能力，并具有低能耗、高可靠性等优点。随着生物技术的不断发展，生物计算机有望成为未来计算机领域的一个重要分支。

4) 巨型化与微型化并存

在巨型化方面，为了满足尖端科学技术的需求，未来计算机将向高速、大存储容量、功能强大的方向发展，形成超级计算机。这些计算机将广泛应用于科学研究、国防安全、天气预报等领域。同时，微型化也是未来计算机的一个重要发展方向。随着微处理器和芯片技术的不断进步，计算机将变得更加小巧、轻便，便于携带和使用。

5) 多媒体化与网络化

计算机处理的传统信息主要是字符和数字，但未来计算机将更加注重多媒体信息的处理。图片、文字、声音和图像等各种形式的多媒体信息将成为计算机处理的主要内容。此外，随着互联网的普及和发展，计算机将更加深入地融入网络世界，实现资源共享、远程协作和信息交流。

6) 人工智能化

人工智能是未来计算机发展的必然趋势。随着计算机技术的不断进步和算法的不断优化，计算机将具备更强的学习和推理能力，能够更好地模拟人类的思维和行为。人工智能将在各个领域发挥重要作用，如智能制造、智能交通、智能医疗等。

综上所述，未来计算机将呈现多元化和高度技术融合的特点。量子计算机、光子计算机、生物计算机等新技术将不断涌现并推动计算机科学的进步；巨型化与微型化并存、多媒体化与网络化以及人工智能化等趋势将共同塑造未来计算机的面貌。

5. 初识微机系统

微型计算机 (Microcomputer, 简称微机) 诞生于 20 世纪 70 年代，它具有体积小、功耗低、结构简单、使用方便和价格便宜等特点，非常适合办公和家庭使用。其核心部件是

CPU，即中央处理器。微机系统主要分为硬件系统和软件系统两大部分。

　　硬件系统是看得见、摸得到的物理设备的集合，是计算机系统的基础。如果微机只有硬件没有软件，通常被称为裸机。裸机是不能被用户使用的。如果用户想正常使用微机，还需要安装软件系统，软件系统就相当于计算机系统的灵魂。

　　如图 1-2 所示是微型计算机系统组成。

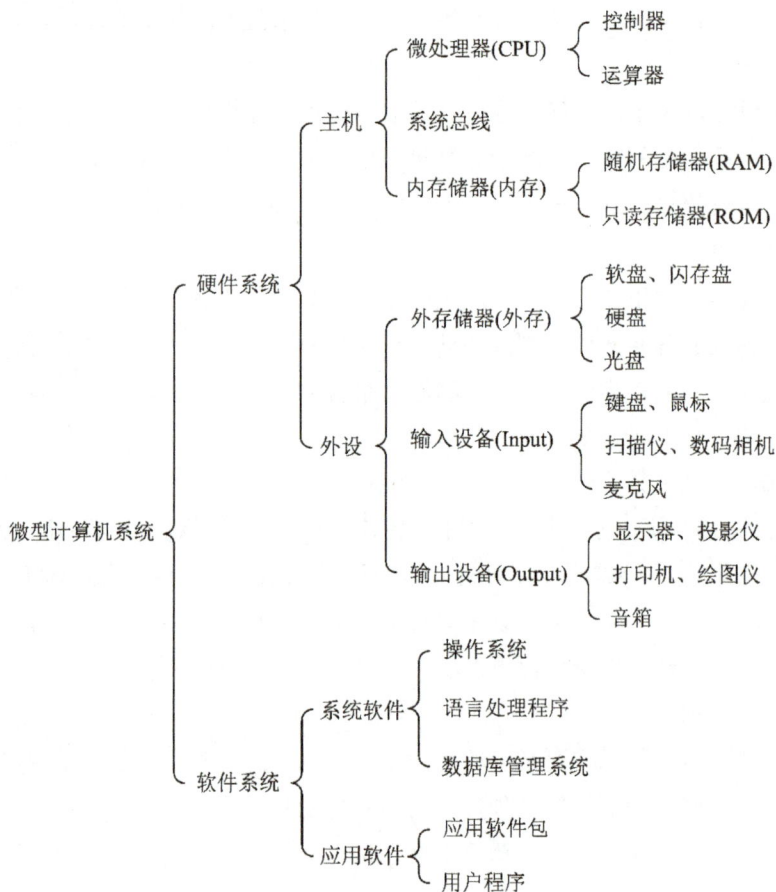

图 1-2　微型计算机系统组成

　　提示：硬件系统中的主机部分与通常被人们称为主机的具体硬件所包含的内容不同。在硬件系统中，硬盘属于外设部分中的外存储器部分。

6. 微机系统硬件部分

　　通常常见的微机系统硬件部分包括主板、CPU、内存、硬盘、显卡及其他板卡，除此之外，一般还包括机箱、电源、显示器、键盘、鼠标和音响等设备。

　　1) 主板

　　主板又称为主机板，是微机中的重要组成部分，用于连接其他硬件设备，被称为微机主机的"骨架"。主板上主要包括 CPU 插座、内存插槽、总线扩展槽以及主板芯片和各种集成电路等。图 1-3 为常见的主板。

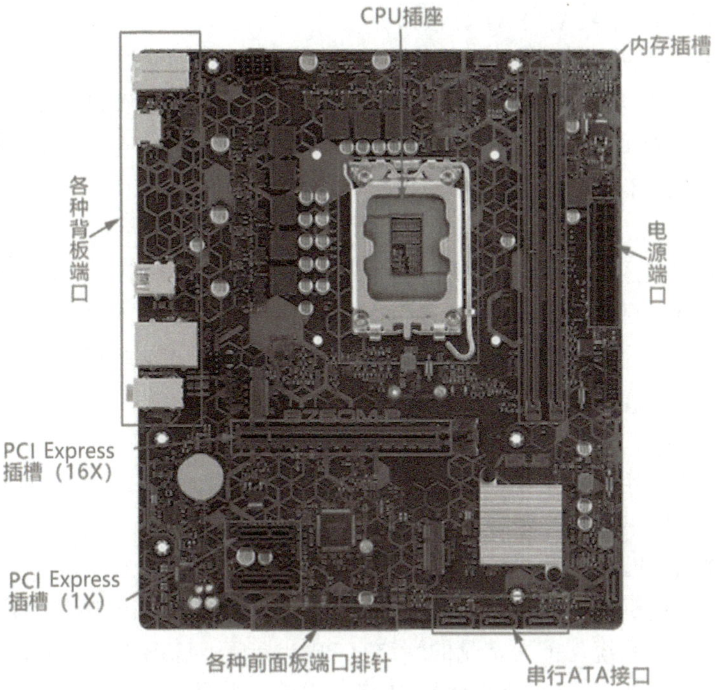

图 1-3 常见主板

(1) 印刷电路板 (PCB)。

整个主板由一大块印刷电路板和各种接口所组成。印刷电路板一般是由四层采用铜箔走线的树脂材料黏合而成的。上下两层是信号线，中间两层主要是电源和接地层。设计主板时既要避免线路之间的干扰，还要确保线路信号的最小衰减。

(2) CPU 插座。

主板上最大的方形插座就是 CPU 插座。它主要用于连接和固定 CPU。不同品牌、不同类型的主板，其 CPU 插座不尽相同，所以在选择 CPU 和主板时，需要注意硬件插口的兼容性，不同类型插口不能混用。

(3) 内存插槽。

主板上一组相互距离较紧密的插槽即为内存插槽，插槽两边带有卡销，便于安装固定内存。目前，内存插槽形式主要有 DDR4 内存插槽和 DDR5 内存插槽两种。DDR4 内存插槽用于安装 DDR4，有 284 只引脚和一个防呆隔断。DDR5 内存插槽用于安装 DDR5，有 288 只引脚和一个防呆隔断。

提示：由于 DDR5 和 DDR4 的内存引脚数量不同，所以在选购内存时需要根据主板内存插槽型号对应选购。

(4) PCI Express(PCI-E) 插槽。

PCI Express 接口根据总线接口对位宽的要求不同而有所差异，主要分为 1X、2X、4X、8X、16X 等。由此，PCI Express 的接口长短也不同，1X 最小，往上则越大。PCI Express 接口可以向下兼容，还具有支持热插拔及热交换的特性。现在主流主板一般都提供一个 PCI-E 16X 接口，用于连接显卡，还提供多个 PCI-E 1X 接口，用于连接其他扩展卡。

(5) 串行 ATA(Serial ATA，SATA) 接口。

串行 ATA 接口是一种常见的硬盘接口类型，以连续串行的方式传送数据，一次只会传送一位数据。这样能减少 SATA 接口的针脚数目，使连接电缆数目变少，效率也会更高，同时这样的架构还能降低系统能耗和减小系统复杂性。其次，SATA 的起点更高、发展潜力更大。常见的 Serial ATA 3.0 接口的数据传输率可达 600 Mb/s。

(6) 电源端口。

通过电源端口使主机电源与主板相连，为主板提供动力。电源端口通常位于 CPU 插座或内存插槽附近，目前主要是 ATX 接口形式的 24 只引脚的主板电源插口和 8 只引脚的 CPU 专用电源插口。设置该端口的目的是为高功耗的 CPU 提供充足的电力支持。此外，主板上还有 CPU 风扇电源接口和机箱风扇电源接口等。

(7) 各种前面板端口排针。

前面板端口排针用于连接机箱前面板的按钮、指示灯、USB 端口和前置音频端口等，通常用颜色或线框标出分组，用数字符号标出极性。

(8) 各种背板端口。

在安装好的主机机箱背面的主板上有各种形状的端口，用来连接各种外部设备，以实现更加丰富的计算机系统功能。常见的端口有 PS/2 端口和 USB 端口。PS/2 端口用于连接鼠标、键盘；USB 端口用于连接各种 USB 接口设备。此外，有些主板上还集成有显卡端口、网卡端口、IEEE 1394 端口等。

2) CPU

CPU 是微机中的核心部件，包括控制器和运算器。因为微机中的所有操作全部需要通过 CPU 进行控制和运算，所以在一定程度上 CPU 的性能决定着整个微机系统的性能。如图 1-4 所示为 Intel 系列 CPU 和 AMD 系列 CPU。

(a) Intel 系列 CPU　　　　　　　　　　(b) AMD 系列 CPU

图 1-4　Intel 系列 CPU 和 AMD 系列 CPU

(1) CPU 生产厂商。

世界上能开发生产微处理器的厂商并不多，各厂商生产的 CPU 型号不同、性能不一。64 位 CPU 是现今最为常见的 CPU。目前在通用 PC 市场上较流行的 CPU 芯片主要由以下几个生产商生产：

① Intel 公司。美国 Intel 公司生产的微处理器芯片称为 Intel 系列芯片，目前主要有酷睿 (Core) 系列、Pentium 系列、Celeron 系列和 Xeon 系列等，分别应用于中高档用户、普通低端用户和服务器。Intel 公司生产的 CPU 不仅性能出色，而且在稳定性、功耗等方面都相当突出。

②AMD 公司。AMD 是目前唯一可与 Intel 匹敌的 CPU 厂商。AMD 主要有 AMD Opteron (皓龙) 处理器、AMD Athlon(速龙) 处理器等系列。AMD CPU 的优点是低频高效、性价比高，缺点是早期产品发热量大。

③ 神州龙芯。早在 2002 年，中国科学院计算技术研究所就正式宣布我国首款可商业化、拥有自主知识产权、通用高性能的 CPU——龙芯 1 号研制成功。到目前，先后完成龙芯 1 号、龙芯 2 号和龙芯 3 号三个系列 CPU 处理器的研制，并且在产业化方面已经成功地应用于网络、工控、安全、移动等各种领域。龙芯 CPU 为提高我国信息产业的自主创新能力、改变我国信息领域核心技术受制于人的被动局面作出了杰出贡献。不过它在通用的桌面市场占有率不高。

(2) CPU 散热器。

CPU 散热器主要用于 CPU 的散热。由于现在 CPU 产品能耗较高，发热量大，所以需要辅助散热工具。常见的散热方法有风冷、水冷和压缩机制冷等，但是对于普通用户来说，风冷是最实效、最方便、最常用的方法。风冷效果的好坏取决于 CPU 散热风扇的功率、形状，以及散热片材质等因素。

3) 内存

内存又称为内部存储器，属于主存储器中的随机存储器 (RAM)，只有在开机时才能进行数据存储，停电后不会保存任何数据。DDR4 内存如图 1-5 所示。因为微机在开机运行时需要将系统和程序临时存储到内存中，并进行运算等读写操作，所以内存容量和存取速度在一定程度上也会对微机性能产生影响。

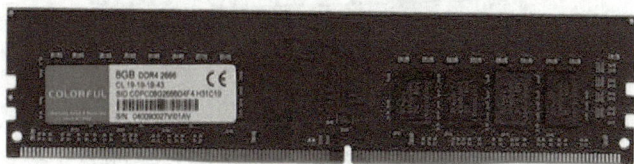

图 1-5　DDR4 内存

4) 硬盘

硬盘是微机的主要数据存储器件，也是最常见的外部存储器或者说辅助存储器。硬盘一般具有存储容量大、断电不丢失数据等特点，因此非常适合永久存储数据。但是由于硬盘速度远远小于 CPU 等快速设备速度，所以一般必须配合内存使用。常见硬盘主要有机械硬盘和固态硬盘两种，如图 1-6 所示。

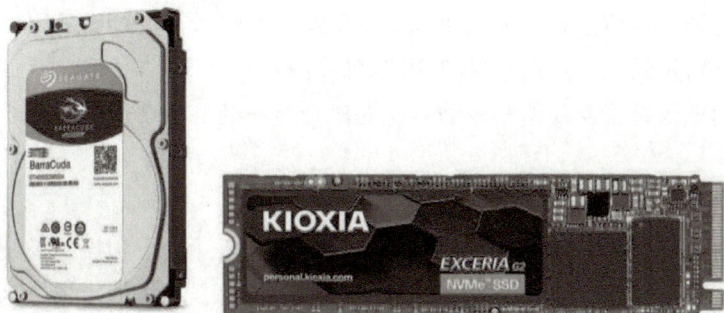

图 1-6　机械硬盘和固态硬盘

机械硬盘是早期的一种硬盘型号，具有造价低、存储量大等优点，但是由于本身结构问题而导致抗震动效果不佳，存取速度较低，所以一般用于配合固态硬盘，当作辅助存储器来使用。

固态硬盘是一种新型技术硬盘，采用固态电子存储芯片制成，其接口规范及使用方法与普通硬盘完全相同。固态硬盘体积小，功耗低，抗震动效果突出，并且读取速度更快，成为新用户或者笔记本的标配。固态硬盘的接口标准有多种，常见的有 SATA 3.0 接口、M.2 接口、mSATA 接口和 PCI-e 接口等。

5) 显卡

显卡又称为显示适配卡，其主要作用是在程序运行时，根据 CPU 的指令对有关显示方面的数据进行运算，并通过屏幕等输出设备显现出来。显卡包括显示芯片、显存等主要部件。显卡根据存在形式分为独立显卡和集成显卡两种。对显示要求较高的用户，一般选择独立显卡，独立显卡可以有效提高显示效果但其价格较高。对于其他用户可以使用主板集成显卡，虽然其性能一般，但是价格较低。独立显卡如图 1-7 所示。

图 1-7　独立显卡

常见的显卡与显示器接口包括 VGA 接口、DVI 接口、HDMI 接口和 DisplayPort 接口等。

6) 其他板卡

对于普通用户来说，需要用到的其他板卡还包括声卡和网卡，但是现在主流主板基本都集成了这两种板卡，因此平时不需要单独购买，但是对于音乐爱好者或者集成板卡损坏的情况，还需要用户自己单独购买独立设备。

7) 机箱和电源

机箱和电源通常整体出售，但也可以单选单购。选购时不仅要看外表，更要注重内在品质，查看其选料及做工，注意选择符合国家标准的产品。

提示：选购电源时需要注意电源功率。电源功率一般要高于设备耗电功率，留有一定冗余即可。

8) 显示器和音响

显示器是微机中必不可少的输出设备，选购时注意尺寸大小和接口类型即可。音响是微机发声的设备，根据用户需求选购耳机或者音响即可。音响根据声道分为 2.0 音响、2.1 音响、7.1 音响等。

9) 鼠标、键盘和设备接口

键盘和鼠标是微机系统必不可少的输入设备，选购时根据个人需求选购即可。设备接口一般包括 USB 接口、无线接口和 P/S2 接口。

7. 微机系统软件部分

软件部分的主要任务是为用户提供计算机的操作平台，辅以应用软件，以发挥计算机的功能和用途，实现人机协作的目的。软件部分分为系统软件和应用软件两大类。

1) 系统软件

系统软件指管理、控制和维护计算机的各种资源，扩大计算机功能和方便用户使用计算机的各种程序集合。

系统软件的两个显著特点是通用性和基础性。

系统软件通常又分为操作系统、语言处理程序、数据库管理系统和网络通信管理系统。

(1) 操作系统。

操作系统由一系列具有控制和管理功能的模块组成，能够统一管理计算机和各种软硬件资源，使其自动、协调、高效地工作，并为用户提供服务。常用的操作系统有 Windows、UNIX、Linux 等。操作系统的功能主要有以下几个方面：

① 进程管理。进程管理主要是对处理器进行管理，让 CPU 有条不紊地工作。

② 存储管理。存储管理主要是对内存进行管理，将有限的主存空间合理地分配，以满足多道程序运行的需要。

③ 文件管理。文件管理指对软件和数据的管理，为用户创造一个方便安全的信息 (程序和数据等) 使用环境。

④ 设备管理。设备管理指对各种各样外部设备的管理，方便用户使用输入输出设备。

⑤ 作业管理。把用户提交给计算机处理的某项工作称为作业。作业管理的主要目的是对作业执行的全过程进行控制。

(2) 语言处理程序。

计算机语言是专门用来为人和计算机之间进行信息交流而设计的一套语法、语义和代码系统。计算机语言又称为程序设计语言，是人机交流信息的一种特定语言。计算机语言通常分为三类，分别为机器语言、汇编语言和高级语言。

目前流行的高级语言有 Visual Basic、C++、Java、PHP、C#、Python 等。

(3) 数据库管理系统。

数据库是按照一定的方式组织起来的数据的集合。数据库管理系统的作用是管理数据库。数据库的类型有层次型、网络型和关系型。

(4) 网络通信管理系统。

该系统主要包括机器网络的调试、故障监测和诊断及各种开发调试工具类软件等。

2) 应用软件

应用软件是为了解决各种实际问题而编制的计算机程序，如文字处理软件、表格处理软件、计算机辅助设计软件、人事管理系统等，通常由计算机用户或专门的软件公司开发。按照使用情景可以将应用软件分为以下几种常用类型：

(1) 办公自动化软件。

办公自动化软件是利用计算机技术，使办公过程更加自动化、智能化的一种软件系统，主要用于对文件进行编辑、排版、存储、打印。常用的文件处理软件有 WPS 和 Office 等。

① WPS。WPS 是我国金山公司研制的自动化办公软件，是目前国内使用最广泛的文件处理软件，它具有文字处理、多媒体演示、电子邮件发送、公式编辑、表格应用、样式管理、语音控制等多种功能，而且兼容 Microsoft Office 格式，既可以打开 Office 格式文件，还可以保存为自身格式文件。相关文件扩展名为 *.wps、*.et、*.dps。

② Office。在文件处理软件中，最流行的是 Microsoft Office，在经历了多个版本后，其功能也在不断增强，不仅可以进行文字处理，而且可以处理表格、图形、数学公式，甚至可以处理声音和图像。相关文件扩展名为 *.docx、*.xlsx、*.pptx。

(2) 辅助设计软件。

Auto CAD 是目前国内外最广泛使用的计算机辅助绘图和设计软件。Auto CAD 从最初的二维绘图功能发展到现在，已是一个集三维设计、渲染及通用数据库管理功能于一体的计算机辅助设计软件包。它与 3D MAX、Photoshop 等软件相配合，还可以做出真实的动画效果图。如今，Auto CAD 已经在机械、建筑、电子、地质、轻工等领域中获得了广泛的应用。

(3) 图形图像和动画制作软件。

图形图像和动画制作软件是制作多媒体素材不可缺少的工具。目前，常用的图形图像软件有 Adobe 公司发布的 Photoshop、Illustrator 和 Freehand 以及 Corel 公司的 CorelDraw 等；动画制作软件有 3ds MAX、Softimage 3D、Maya、Flash 等。相关文件扩展名包括 *.jpg、*.psd、*.bmp、*.gif、*.ai、*.fh、*.cdr、*.max、*.xsl、*.mb、*.fla。

(4) 网页制作软件。

目前微机上流行的网页制作软件有 SharePoint 和 Dreamweaver。

SharePoint 是 Microsoft 公司的网页开发工具，它是一个强大的网页制作软件，可以进行协同办公、博客制作等。相关文件扩展名为 *.html、*.htm、*.asp。

Dreamweaver 是 Adobe 公司推出的一个专业的编辑与维护 Web 网页的工具，是一个针对专业网页开发者的可视化网页设计工具。在编辑上可以选择可视化方式或者自己喜欢的源码编辑方式。相关文件扩展名为 *.html、*.htm、*.asp。

(5) 常用的工具软件。

微机中常用的工具软件很多，主要有以下几种：

① 压缩 / 解压缩文件工具软件：WinZip 和 WinRAR。相关文件扩展名分别为 *.zip、*.rar。

② 文件下载工具：迅雷和 BT。

③ 杀毒软件：360 安全卫士、金山毒霸、瑞星杀毒软件、诺顿杀毒软件等。

④ 翻译软件：金山词霸、金山快译等。

⑤ 影音播放：MP3 播放器 Winamp、暴风影音、RealOne Player 等。相关文件扩展名为 *.MP3、*.MP4、*.MPEG、*.wmv、*.rm、*.rmvb、*.avi、*.mpeg。

⑥ 图像浏览与处理工具：看图工具 ACDSee、3D 制作工具 COOL 3D、截图工具 HyperSnap-DX 等。

⑦ 多媒体处理工具：音频格式转换能手 MusicMatch Jukebox、视频转换大师 WinMPG Video Convert、数码大师等。

四、任务步骤

本任务将利用系统或者工具查看配置信息，包括软硬件环境配置、系统运行状况等信息。下面以 Windows 10 系统环境为例介绍查看方法。

利用系统查看
硬件配置

1. 利用系统查看软硬件环境配置

1) 通过"此电脑"属性查看个人计算机基本信息

选中桌面的"此电脑"图标，单击鼠标右键，在弹出的菜单中选择"属性"按钮，打开"系统"窗口，如图 1-8 所示。在该窗口中用户可以查看 Windows 版本信息、系统信息（主要包括 CPU 型号、内存大小和系统类型等参数）、计算机名称以及系统激活状态等参数。用户可以单击"计算机名"最右侧的"更改设置"按钮，在弹出的对话框中更改计算机名称、计算机描述等相关信息。

图 1-8　"系统"窗口

2) 通过"设备管理器"详细查看硬件信息

如果用户需要详细查询计算机硬件信息，可以通过单击图 1-8 右侧的"设备管理器"按钮，打开"设备管理器"对话框，如图 1-9 所示。

图 1-9 "设备管理器"对话框

通过"设备管理器"可以查看本机所有硬件设备信息以及驱动信息，包括"系统"窗口中不能查看的显卡、网卡等其他硬件信息。同时，还能够更改设备属性、更新设备驱动、配置设备设置和启用/卸载设备等。尤其对于新连接的硬件设备，用户可以通过设备管理器中的提示(带问号或带叹号的设备)，增加或更改设备驱动以使计算机处于最佳工作状态。

3) 通过"磁盘管理"查看硬盘及分区信息

以上两种方法基本能够查看绝大多数硬件信息，完成硬件产品型号的查看，但是对于硬盘分区信息还需要通过"磁盘管理"工具来查看。

选中桌面的"此电脑"图标，单击鼠标右键，在弹出的菜单中选择"管理"按钮，打开"计算机管理"窗口，选择"存储"选项下的"磁盘管理"命令，如图 1-10 所示。通过"磁盘管理"命令可以查看硬盘详细信息，如分区大小、可用空间等。

2. 利用工具查看配置信息

对于个人计算机的系统信息，还可以利用系统自带的 DirectX 工具进行查看。DirectX 是微软系统自带的一种多媒体编程接口。其主要作

利用工具和任务管理器查看配置及运行信息

用是规范硬件接口标准，在同一标准下优化系统硬件之间的兼容问题。

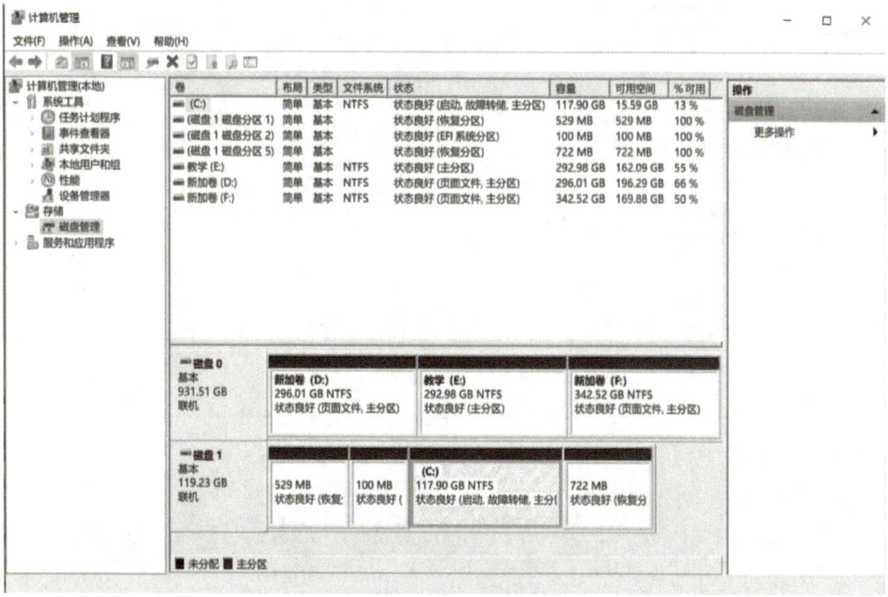

图 1-10　磁盘管理

　　用户可以右击"开始"图标，在弹出的菜单中选择"运行"，在打开的"运行"对话框中输入"dxdiag"命令，即可打开"DirectX 诊断工具"对话框，如图 1-11 所示。

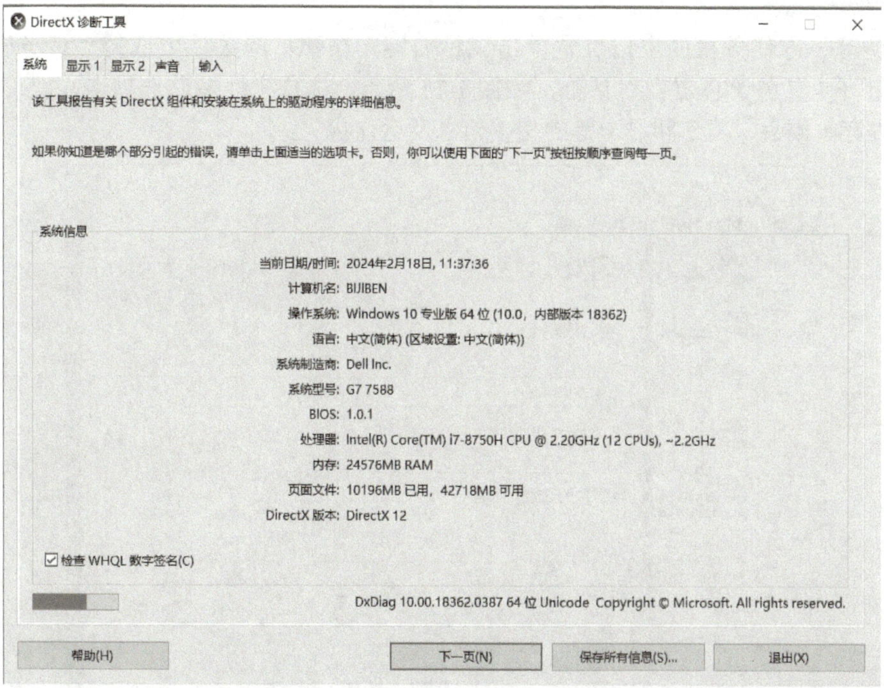

图 1-11　"DirectX 诊断工具"对话框

　　在打开的"DirectX 诊断工具"对话框中，可以通过"系统""显示 1""显示 2""声音""输入"等选项卡查看相应信息。如图 1-12 所示为查看显卡信息。

图 1-12   DirectX 诊断工具中的显卡信息

3. 通过"任务管理器"查看系统配置及运行状况

除了可以查看系统环境信息，还可以通过"任务管理器"查看当前硬件运行状况和开启的进程等信息。

在屏幕下方任务栏的空白位置单击鼠标右键，在弹出的菜单中选择"任务管理器"按钮，打开"任务管理器"对话框，如图 1-13 所示，选择"性能"选项卡，就可以查看 CPU、内存、硬盘、网卡和显卡等的相关信息及运行状况。

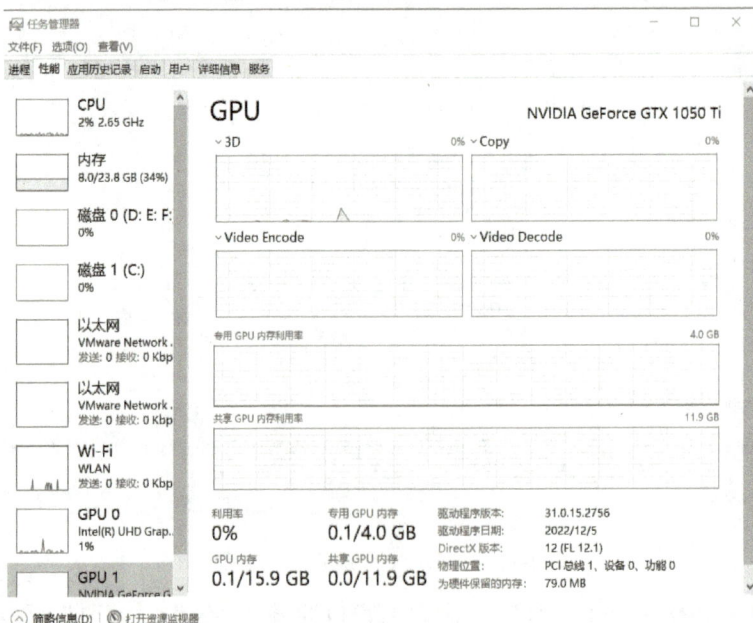

图 1-13   "任务管理器"对话框

任务 1.2　计算机网络基础知识

一、任务描述

小王的个人计算机环境准备完毕后，需要连接公司局域网。他找到网络管理人员申请上网参数并完成设置，发现自己也需要学习和了解一些网络基本知识点，了解网络系统知识以及网络安全等方面的内容。

二、任务分析

在如今的社会，一个没有连接网络的计算机能够发挥的作用是极其有限的。了解网络、学习网络和使用网络成为一项基本技能。通过学习网络基本知识，掌握网络环境配置，熟悉常见网络设备种类以及网络安全和病毒防护的方法，可以最大限度地确保用户能够安全便捷地使用网络，并达到事半功倍的效果。

三、相关知识点

1. 计算机网络基本概念

随着互联网技术的飞速发展和信息基础设施的不断完善，计算机技术结合网络通信技术正在逐渐地改变着人们的生活、学习和工作方式，推动着社会文明的进步。那么，什么是计算机网络？它又是如何发展而来的呢？

现今的互联网最早可以追溯到 20 世纪 60 年代由美国国防部高级研究计划署研究并投入运营的 ARPAnet 项目。最初，ARPAnet 主要用于军事研究，它主要基于网络通信和数据冗余的指导思想，即网络必须经受得住故障的考验而维持正常的工作，一旦发生战争，当网络的某一部分因遭受攻击而失去工作能力时，网络的其他部分应能维持正常的通信工作。随后网络覆盖范围逐渐增加，网络相关技术不断完善，从而形成了如今的互联网。由此，也可以简单地说，ARPAnet 网络就是现代计算机网络诞生的标志。

1）计算机网络定义

计算机网络是指将位于不同地理位置的具有独立功能的多台计算机系统，通过通信设备和线路连接起来，在网络操作系统、网络管理软件和网络通信协议的管理与协调下，实现资源共享和数据通信的计算机系统。

2）计算机网络功能

通过网络的定义可以看出，计算机网络的基本功能就是资源共享和数据通信。因此可以从结构上将网络分为资源子网和通信子网两部分，如图 1-14 所示。

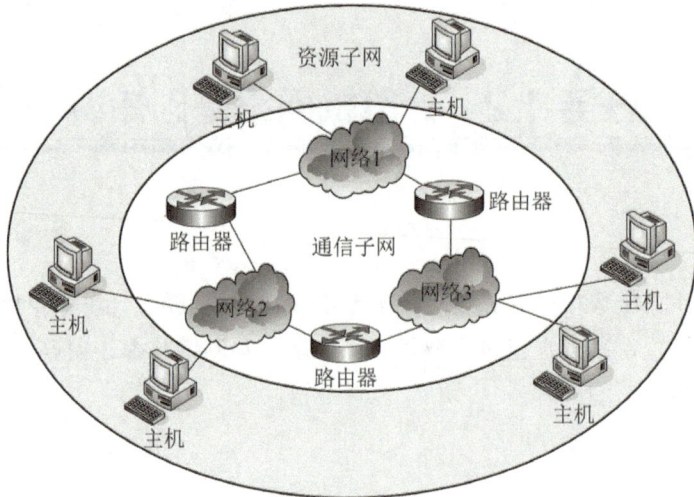

图 1-14　资源子网和通信子网

资源子网主要负责数据资源的共享。它又可以细分为硬件资源子网、软件资源子网和数据信息资源子网。资源子网由计算机系统、终端、终端控制器、联网的外部设备、软件资源和数据资源所组成。

通信子网主要负责网络连接和数据的传输，由网络通信设备、网络通信协议和网络通信软件组成，用于确保资源子网中的资源能够顺利地实现网络共享和通信。

2. 计算机网络的分类

计算机网络的分类方法很多，可以从不同的角度对其分类。

常见的网络分类方法有根据网络的覆盖范围分类、根据网络的拓扑结构分类等。

1) 根据网络的覆盖范围分类

按照联网的计算机之间的距离和网络覆盖面的不同，网络一般分为以下几种：

(1) 局域网 (Local Area Network，LAN)。局域网也叫局部网，其覆盖范围有限，一般在几千米以内，属于一个部门或单位组建的小范围网络，通常在一个学校、机关、建筑物内使用。局域网也是最为常见的一种网络结构，其特点是组网计算机之间的物理距离较近，组网成本较低，网络设备简单，数据传输速度快且可靠性高，用户数量较少，配置容易，管理简单。

(2) 城域网 (Metropolitan Area Network，MAN)。城域网是以城市为依托的网络，它是介于广域网与局域网之间的一种高速网络。其设计目的是满足几十千米范围内的企业、机关、公司等多个单位区域之间互联的要求，以实现大量用户之间的数据、语音、图形与视频等多种信息的传输。城域网的传输设备相对复杂，组网技术难度较高，组网成本较大，而且在数据传输速度和稳定性方面相较于局域网有一定差距，但是覆盖范围大于局域网。

(3) 广域网 (Wide Area Network，WAN)。广域网也称为远程网，所覆盖的地理范围从几十千米到几万千米。它可以覆盖一个国家、地区，甚至横跨几个洲，形成国际性的远程网络，能实现较大范围的资源共享和传递。这类网络的主要作用是实现数据的远距离传输，主要针对的是通信方面的问题，其传输设备和介质极为复杂，由于传输距离较远，所以数据传输速度不高，传输过程容易出现丢包的现象。目前，世界上最大的广域网是因特网。

2）根据网络的拓扑结构分类

计算机网络的拓扑结构是指网络中的通信线路和节点间的几何排列方式，用以表示网络的整体结构外貌。

按照网络中各节点与网络设备不同的连接方法，网络可以分为星形网络、环形网络、总线网络、树形网络和网状网络等。

(1) 星形网络。该网络中各节点通过点到点的链路与中心节点相连，中心节点跟每一个节点直接连接，但是除中心节点以外的其他节点都需要中心节点转发才能连接。其特点是很容易在网络中增加新的节点，数据的安全性和优先级容易控制，易实现网络监控，但中心节点压力较大需要不间断工作，如果中心节点出现故障会引起整个网络瘫痪。星形网络拓扑结构如图 1-15 所示。

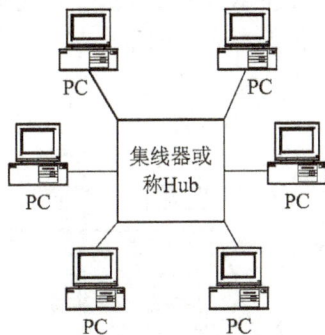

图 1-15　星形网络拓扑结构

(2) 环形网络。该网络中各节点通过通信介质连成一个封闭的环形，网络信息的传递是按照单一方向传输的。环形网络结构简单，容易安装调试。由于网络是封闭环形，所以网络内数据安全性极高，但是信息通信需要经过所有节点，因此环形网络中任意节点出现问题都会导致整个网络瘫痪，而且网络建成后对节点的增加和删除不易，导致应用面不广。环形网络拓扑结构如图 1-16 所示。

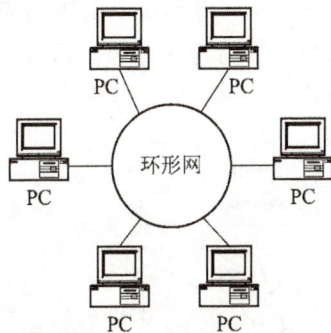

图 1-16　环形网络拓扑结构

(3) 总线网络。该网络中所有的节点共享一条数据通道。总线网络安装简单方便，需要铺设的电缆最短，网络响应快，便于扩展，资源共享能力强，成本低，某个节点的故障一般不会影响整个网络，但数据通道的故障会导致网络瘫痪，而且传输距离有限制，用户数量的增加会导致网络负载成倍增长。总线网络拓扑结构如图 1-17 所示。

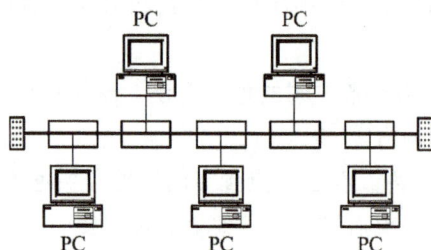

图 1-17　总线网络拓扑结构

(4) 树形网络。树形网络结构是星形网络结构的拓展，网络按照层次关系连接，有一个根节点和多个分支，每个分支还可以延伸出子分支。树形网络拓扑易于拓展，易于分支节点的故障隔离，但对根节点的依赖性大，如果根节点发生故障，整个网络会受到很大影响。树形网络拓扑结构如图 1-18 所示。

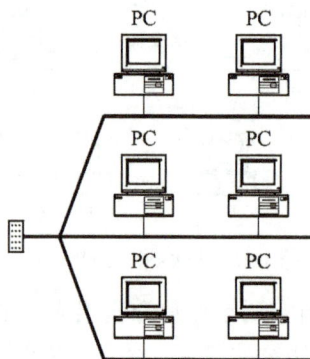

图 1-18　树形网络拓扑结构

(5) 网状网络。网状网络又称为分布式网络，其每一个节点都与其他节点相互连接，其拓扑结构如图 1-19 所示。这种拓扑结构通过冗余连接方式，实现节点与节点之间的高速传输和高容错性能，某一节点或网络线路故障不会影响网络传输，可以提高网络的性能和可靠性。它主要用在网络结构复杂、对可靠性和传输速率要求较高的大型网络中。其缺点是组网和增加节点困难，工程量大，管理维护技术难度大。

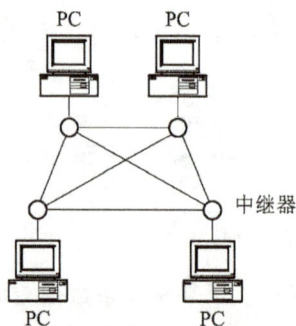

图 1-19　网状网络拓扑结构

3. 计算机网络的组成和硬件

1) 计算机网络的组成

从设备角度来看，计算机网络由若干个处于不同地理位置的计算机（包括服务器和客户机）以及各种网络设备、通信线缆等组成。

(1) 服务器。服务器是指能够为网络环境提供服务的高性能计算机。

(2) 客户机。客户机是指连入网络的个人计算机，可以作为客户连接网络的设备，其性能一般低于服务器。

(3) 网络适配器。网络适配器又称为网卡，是计算机与网络设备之间进行数据传输的设备。

(4) 网络电缆。网络电缆用于连接设备，进行数据通信的线路。常见的网络电缆有双绞线、同轴电缆和光纤。现今特殊情况下，也可以采用无线设备连接。

(5) 网络操作系统。网络操作系统是指能够进行网络通信和管理的操作系统。

(6) 通信协议。通信协议是不同设备之间互相通信的语言和规范。

(7) 网络通信共享软件。

2) 计算机网络硬件和传输线缆

计算机网络中的硬件包括网络计算机、网卡、网络设备、传输介质、介质连接部件以及各种适配器。其中网卡和网络设备是指计算机网络中不可或缺的组成部分，它们在数据传输、网络通信和资源共享等方面发挥着重要作用。主要设备有网卡、路由器、交换机等。

(1) 网卡。网卡是计算机与网络的接口部件。它除了作为计算机连接入网的物理接口，还控制着数据帧的发送和接收。根据连接传输介质的不同，网卡分为有线网卡和无线网卡。其中有线网卡又分为 RJ45 接口网卡、同轴电缆接口网卡和光纤网卡等。如图 1-20 所示为 RJ45 接口网卡。

图 1-20　RJ45 接口网卡

(2) 路由器。路由器工作在网络层。它要求网络层以上的高层协议相同或兼容，用来实现不同类型的局域网互联，或者用它来实现局域网与广域网互联。如图 1-21 所示为路由器。

图 1-21　路由器

(3) 交换机。交换机工作在 OSI/RM 网络协议参考模型的数据链路层。交换机采用交换方式进行工作，能够将多条线路的端点集中连接在一起，并支持端口工作站之间的多个并发连接，实现多个工作站之间数据的并发传输，可以增加局域网带宽，改善局域网的性能和服务质量。如图 1-22 所示为交换机。

图 1-22　交换机

(4) 局域网的传输介质。局域网常用的传输介质有同轴电缆、双绞线、光纤与无线通信等。早期应用最多的是同轴电缆，但随着技术的发展，双绞线与光纤的应用逐渐增多。如图 1-23 所示为网络传输电缆。

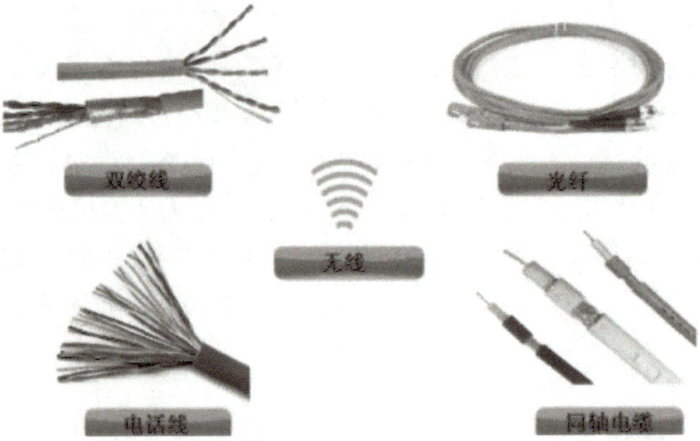

图 1-23　网络传输电缆

4. 计算机网络的结构

在计算机网络中，为使各计算机之间或计算机与终端之间能正确地传递信息，必须在信息传输顺序、信息格式和信息内容等方面有一组约定或规则，这组约定或规则即所谓的网络协议。网络协议主要由以下 3 个要素组成。

(1) 语义，规定发出何种控制信息、完成何种动作以及做出何种响应。

(2) 语法，规定数据与控制信息的结构或格式。

(3) 同步，事件实现顺序的详细说明。

由此可见，网络协议实质上是实体间通信时所使用的一种语言。在层次结构中，每一层都可能有若干个协议，这是实现计算机网络通信不可缺少的部分。

1) 开放系统互连参考模型 OSI

(1) 开放系统互连参考模型的制定。

国际标准化组织 (ISO) 于 1978 年为开放系统互连建立了分委员会 SC16，并于 1980 年 12 月发表了第一个开放系统互连参考模型 (Open Syterms Interconnection/Reference Model，

OSI/RM) 的建议书。1983 年该参考模型被正式批准为国际标准，即著名的 ISO 7498 国际标准。通常人们也将它称为 OSI 参考模型，并记为 OSI/RM，有时简称为 OSI。我国相应的国家标准是 GB—9387。

(2) 开放系统互连参考模型的七层体系结构。

OSI 参考模型的体系结构及协议如图 1-24 所示，由低层至高层分别为物理层、数据链路层、网络层、传输层、会话层、表示层和应用层。

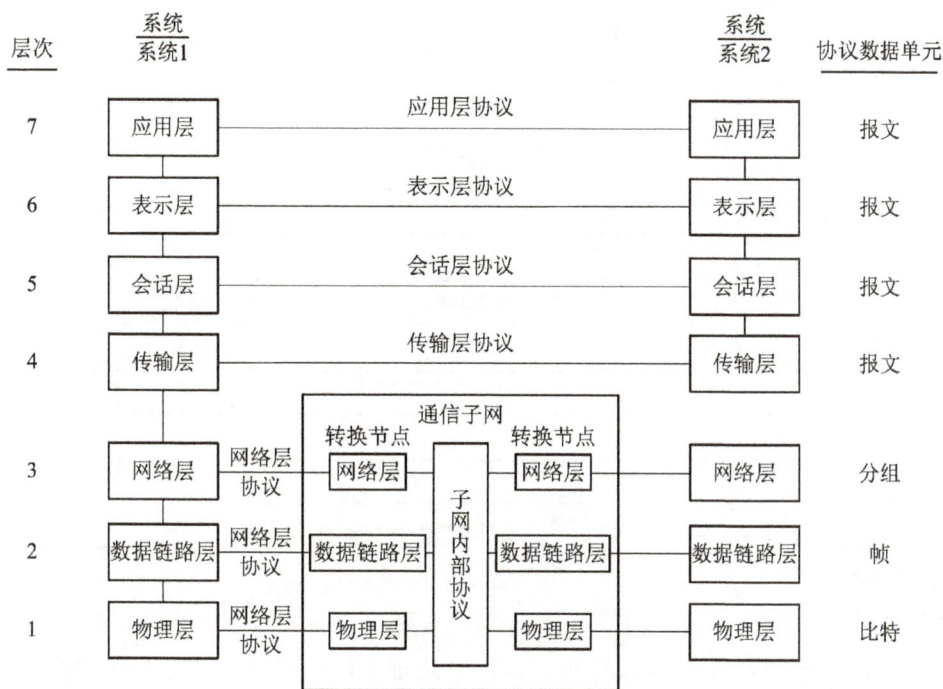

图 1-24　OSI 参考模型的体系结构及协议

2) TCP/IP 协议

TCP/IP 协议最早由斯坦福大学的两名研究人员于 1973 年提出。随后从 1977 年到 1979 年间美国国防部高级研究计划署推出了 TCP/IP 体系结构和协议规范，它的跨平台性使其逐步成为 Internet 的标准协议。通过 TCP/IP 协议，不同操作系统、不同架构的多种物理网络之间均可以进行通信。

TCP/IP 协议套件实际上是一个协议族，包括 TCP 协议、IP 协议以及其他一些协议。其中 TCP 协议用于在程序间传送数据，IP 协议则用于在主机之间传送数据。每种协议采用不同的格式和方式传送数据，它们都是 Internet 的基础。一个协议套件是相互补充、相互配合的多个协议的集合。

TCP/IP 协议也是现在应用最为广泛的网络通信协议。

3) IP 地址

IP 地址是按照 IP 协议规定的格式，为每一个正式接入 Internet 的主机所分配的全球唯一标识的通信地址。IP 协议有 IPv4 和 IPv6 两种版本，它们在网络通信中起着至关重要的作用。IPv4 即网际协议版本 4(Internet Protocol version 4)，是互联网通信协议的第 4 版，也是被广泛部署的版本。IPv6 即网际协议版本 6(Internet Protocol version 6)，是 IPv4 的升级版，旨在解决 IPv4 地址空间不足以及安全问题。它使用 128 位地址空间，支持 2^{128} 个地址，足以满足未来几十年内互联网的需求。

(1) IP 地址分类。

根据网络规模，IP 地址分为 A 到 E 五类，如图 1-25 所示。其中，A、B、C 类称为基本类，用于主机地址；D 类用于组播；E 类保留不用。

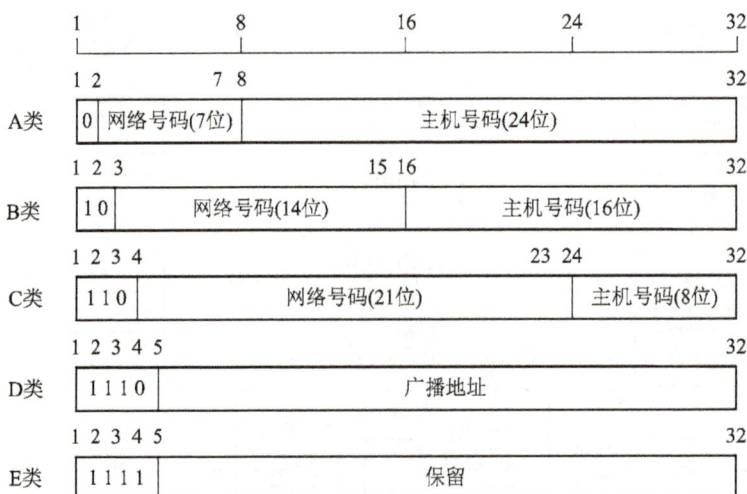

图 1-25　IP 地址编址方案

① A 类地址。

在 IP 地址的四段号码中，第一段号码为网络号码，剩下的三段号码为本地计算机的号码。如果用二进制表示 IP 地址的话，A 类 IP 地址就由 1 字节网络地址和 3 字节主机地址组成，网络地址的最高位必须是"0"。A 类 IP 地址中，网络标识长度为 7 位，主机标识长度为 24 位。A 类网络地址数量较少，理论上可以容纳的主机数是 16 777 214 台（即 2 的 24 次方减 2，减去网络地址和广播地址），一般分配给那些需要连接数百万台设备的大型网络，如国家级骨干网、国际互联网主干线等，或者一些特定组织，如大型跨国公司、政府机构、电信运营商等。

② B 类地址。

在 IP 地址的四段号码中，前两段号码为网络号码，后两段号码为本地计算机的号码。如果用二进制表示 IP 地址的话，B 类 IP 地址就由 2 字节网络地址和 2 字节主机地址组成，网络地址的最高位必须是"10"。B 类 IP 地址中，网络标识长度为 14 位，主机标识长度为 16 位。B 类网络地址适用于中等规模的网络，每个网络所能容纳的计算机数为 6 万多台。

③ C 类地址。

在 IP 地址的四段号码中，前三段号码为网络号码，剩下的一段号码为本地计算机的号码。如果用二进制表示 IP 地址的话，C 类 IP 地址就由 3 字节网络地址和 1 字节主机地址组成，网络地址的最高位必须是"110"。C 类 IP 地址中，网络标识长度为 21 位，主机标识长度为 8 位。C 类网络地址数量较多，适用于小规模的局域网络，每个网络能够有效使用的最多计算机数只有 254 台。例如，某大学现有 64 个 C 类地址，则可包含有效使用的计算机总数为 254×64，即 16 256 台。

以上三类 IP 地址的网络数分别为：A 类网络共有 126 个，B 类网络共有 16 384 个，C 类网络共有 2 097 152 个。

(2) IP 地址表示方式。

IP 地址是 32 位二进制数，不便于用户输入、读数和记忆，因此将其以一种点分十进制数来表示，其中每 8 位一组用十进制表示，并利用点号分隔各组，每组值的范围为 0 到 255，因此 IP 地址用此种方法表示的范围为 0.0.0.0 到 255.255.255.255。根据此规则，各类 IP 地址范围及说明如表 1-2 所示。

表 1-2　各类 IP 地址范围及说明

地址类	网络标识范围	特殊 IP 地址说明
A	0～127	0.0.0.0 保留，作为本机 0.x.x.x 保留，指定本网中的某个主机 10.x.x.x，供私人使用的保留地址 127.x.x.x 保留，用于回送，在本地机器上进行测试和实现进程间通信。发送到 127 的分组永远不会出现在任何网络上
B	128～191	172.16.x.x～172.31.x.x，供私人使用的保留地址
C	192～223	192.168.0.x～192.168.255.x，供私人使用的保留地址，常用于局域网中
D	224～239	用于广播传送至多个目的地址
E	240～255	保留地址。255.255.255.255 用于对本地网上的所有主机进行广播，地址类型为有限广播

注：① 若主机号全为 0，则该地址用于标识一个网络。例如，106.0.0.0 表示网络号为 106 的一个 A 类网络。

② 若主机号全为 1，则该地址用于在特定网上广播，地址类型为直接广播。例如，106.1.1.1 用于在 106 段的网络上向所有主机广播。

5. 计算机常用进制及转换

1) 进位计数制的概念

进位计数制也称为数制或计数制，是利用固定的数字符号和统一的规则来计数的方法。常见的进位计数制有很多，如二进制、八进制、十进制、十六进制等。

十进制是我们使用最多、最熟悉的一种进制，我们用它引出进位计数制的一些概念。

(1) 数码。十进制由 0～9 十个数字符号组成，0～9 这些数字符号称为"数码"。

(2) 基数。全部数码的个数称为"基数"，十进制的基数为 10。

(3) 计数原则。"逢十进一"，即用"逢基数进位"的原则计数，称为进位计数制。

(4) 位权。数码所处的位置不同，代表的数值大小也不同。因为每位都有一个常数 10^i（i 与数码的位置有关），这个常数称为该位的位权。位权是以基数为底的。例如，十进制个位的位权是 10^0，十位的位权是 10^1，百位的位权是 10^2，以此类推。

例如，$526.7 = 5 \times 10^2 + 2 \times 10^1 + 6 \times 10^0 + 7 \times 10^{-1}$，式中 10^2、10^1、10^0、10^{-1} 是不同位的位权。

常用进位计数制的基数和数码如表 1-3 所示。

表 1-3　常用进位计数制的基数和数码

数　制	基　数	数　码
二进制	2	0，1
八进制	8	0，1，2，3，4，5，6，7
十进制	10	0，1，2，3，4，5，6，7，8，9
十六进制	16	0，1，2，3，4，5，6，7，8，9，A，B，C，D，E，F

2) 计算机常用的数制

计算机能够直接识别的只有二进制数。这就意味着它处理的数字、字符、图形、图像、声音等信息，都是以 1 和 0 组成的二进制数的某种编码。

由于二进制在表达一个数字时位数太长，不易识别，且书写麻烦，因此，在编写计算机程序时，经常将它们写成对应的十六进制数、八进制数、十进制数。计算机工作时，在其内部要进行二进制、八进制、十进制、十六进制数的转换。

3) 常用计数制的表示方法

常用计数制的表示方法如表 1-4 所示。

表 1-4　常用计数制的表示方法

数　制	表示方法														
十进制	0	1	2	3	4	5	6	7	8	9	10	11	12	13	14	15
二进制	0	1	10	11	100	101	110	111	1000	1001	1010	1011	1100	1101	1110	1111
八进制	0	1	2	3	4	5	6	7	10	11	12	13	14	15	16	17
十六进制	0	1	2	3	4	5	6	7	8	9	A	B	C	D	E	F

4) 书写规则

为了区分各种计数制，常采用以下两种方法。

(1) 在数字后面加写相应的英文字母作为标识。

B 表示二进制数，例如，二进制数的 101 可写成 101 B；

O 表示八进制数，例如，八进制数的 101 可写成 101 O；

D 表示十进制数，例如，十进制数的 101 可写成 101 D；

H 表示十六进制数，例如，十六进制数的 101 可写成 101 H。

(2) 在括号外面加数字下标。例如：

$(1011)_2$ 表示二进制数；

$(2637)_8$ 表示八进制数；

$(1296)_{10}$ 表示十进制数；

$(2A6F)_{16}$ 表示十六进制数。

数制转换

一般情况下，十进制数的后缀或下标可以省略，即无后缀或下标的数字为十进制数。

5) 二进制数和十进制数的转换 (其他进制数与十进制数之间的转换也可参考以下方法)

(1) 二进制数转换为十进制数。

对于二进制数，先以按权展开法展开，然后按照逢十进位的算法求和，即可将其转换成十进制数。例如：

$$(1011)_2 = 1 \times 2^3 + 0 \times 2^2 + 1 \times 2^1 + 1 \times 2^0$$
$$= 8 + 0 + 2 + 1$$
$$= (11)_{10}$$

(2) 十进制数转换成二进制数。

十进制数转换成二进制数的方法是整数部分采用除 R 取余法 (R 代表二进制数的基数)。例如，将 83 转换成二进制数，如图 1-26 所示。

整数部分：

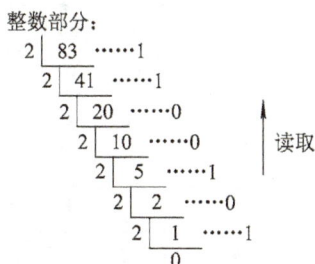

图 1-26　整数部分转换成二进制数

所以，$(83)_{10} = (1010011)_2$。

6) 二进制数的常用单位

(1) 位 (bit)。它是计算机中数据的最小单位，即二进制数的 1 位，称为比特 (bit)。二进制数序列中的一个 0 或 1 就是一个比特。

(2) 字节 (Byte)。将 8 位二进制数称为一个字节。字节是计算机中数据处理和存储容量的基本单位，例如，在存储器中存放一个西文字母占一个字节，存放一个汉字占两个字节。在书写时，常将字节英文单词 Byte 简写成 B，即 1 B = 8 bit。

常用的单位还有 KB(千字节)、MB(兆字节)、GB(吉字节)、TB(太字节) 等，它们之间的关系是：$1 KB = 2^{10} B = 1024 B$，$1 MB = 2^{20} B = 1024^2 B$，$1 GB = 2^{30} B = 1024^3 B$，$1 TB = 2^{40} B = 1024^4 B$。

(3) 字长。在计算机中用 "字长" 来表示数据或信息的长度。一个字由若干个字节组成，通常将组成一个字的二进制位数叫作该字的字长。例如，一个字由两个字节 (即 16 位) 组成，则该字字长为 16 位。目前计算机的字长有 8 位、16 位、32 位和 64 位。计算机的字长越长，其运算速度越快，计算精度越高。

6. 常用字符编码

计算机处理的信息除了数字，还有字母、符号等各种字符。计算机中的字符也必须采用二进制编码的形式。

1) 符号编码

目前计算机中使用最广泛的符号编码是 ASCII 码，即美国信息交换标准码 (American Standard Code for Information Interchange)。ASCII 码是字符编码，可以表示 128 种字符。一个 ASCII 码由 7 位二进制数构成，其编码如表 1-5 所示。

(1) 标准：ASCII 码的每个字符用 7 位二进制数表示，其排列次序为 $d_6d_5d_4d_3d_2d_1d_0$，其中

d_6 为高位，d_0 为低位。例如，字母 L 的 ASCII 码是 1001100，符号 # 的 ASCII 码是 0100011。

(2) 顺序：ASCII 码的排列顺序基本为控制符、各种符号、阿拉伯数字、大写英文字母、小写英文字母。它包括 32 个通用控制字符、10 个十进制数码、52 个英文大小写字母和 34 个专用符号，共 128 个字符。例如，数字 1 的 ASCII 码的十进制表示为 49，那么数字 8 的 ASCII 码的十进制表示为 56。

(3) 英文字母的编码满足正常的字母排序关系，且大写和小写字母编码差别仅表现在 d_5 位的值为 0 或 1 上，即小写字母比相应的大写字母多 32。

表 1-5　7 位 ASCII 码编码表

$d_3d_2d_1d_0$ 位	$d_6d_5d_4$ 位							
	000	001	010	011	100	101	110	111
0000	NUL	DLE	SPACE	0	@	P	、	p
0001	SOH	DC1	!	1	A	Q	a	q
0010	STX	DC2	"	2	B	R	b	r
0011	ETX	DC3	#	3	C	S	c	s
0100	EOT	DC4	$	4	D	T	d	t
0101	ENQ	NAK	%	5	E	U	e	u
0110	ACK	SYN	&	6	F	V	f	v
0111	BEL	ETB	'	7	G	W	g	w
1000	BS	CAN	(	8	H	X	h	x
1001	HT	EM	)	9	I	Y	i	y
1010	LF	SUB	*	:	J	Z	j	z
1011	VT	ESC	+	;	K	[	k	{
1100	FF	FS	,	<	L	\	l	
1101	CR	GS	−	=	M	]	m	}
1110	SO	RS	.	>	N	^	n	~
1111	SI	US	/	?	O		o	DEL

2) 汉字编码

用计算机处理汉字时，必须先将汉字代码化，即对汉字进行编码。汉字编码主要有汉字输入码、国标码、汉字机内码和汉字字形码等。

(1) 汉字输入码。

汉字输入码是为用户由计算机外部输入汉字而编制的汉字编码，又称为汉字外部码，简称外码。外码的编码方法主要分为数字编码、音码、形码 (如五笔字型) 和音形码四类。

(2) 国标码。

国标码又称为汉字交换码，是以国家标准局公布的 GB 2312—80《通用汉字字符集 (基本集) 及其交换码标准》作为标准的汉字编码。国标码中规定了信息交换用 6763 个汉字和 682 个非汉字符号 (图形符号) 的代码，其中 6763 个汉字按其使用频度、组词能力和用途大小分成一级常用汉字 3755 个和二级常用汉字 3008 个。国标码和区位码一一对应。

GB 2312—80 编码简称国标码。它规定每个汉字用 2 个字节表示，每个字节只用 7 位，最高位补 0。

(3) 汉字机内码。

汉字机内码是汉字在计算机内部存储、加工处理和传输时使用的编码，简称内码。要求内码与 ASCII 码兼容但又不能相同，以便实现汉字和西文的并存兼容。通常将国标码 2 个字节的最高位置"1"作为汉字的内码。

(4) 汉字字形码。

汉字字形码用于显示或打印时产生字形，又称为输出码。汉字字形码是通过点阵形式产生的，因此它就是确定一个汉字字形点阵的代码。例如，16×16 的字形点阵中每个汉字占用 32 字节，24×24 的字形点阵中每个汉字需要 72 字节。每个汉字对应的这一串字节，就是汉字的字形码。

7. 信息安全与病毒

当今世界，信息技术迅猛发展，Internet 技术已经广泛渗透到社会各个领域。然而，由 Internet 的发展带来的网络系统安全问题也变得日益突出。因此，网络安全已成为关系国家安全的重大战略问题。

1) 计算机病毒的概念

在《中华人民共和国计算机信息系统安全保护条例》中明确定义，计算机病毒是指编制或者在计算机程序中插入的破坏计算机功能或者毁坏数据，影响计算机使用，并能自我复制的一组计算机指令或者程序代码。计算机病毒并非是给人体传染疾病的病毒，而是一种特制的具有破坏性的程序。

2) 计算机病毒的特征

计算机病毒的主要特征如下：

(1) 传染性。计算机病毒通过各种渠道从已被感染的计算机扩散到其他计算机上，这是病毒的重要特征。是否具有传染性是判别一个程序是否为计算机病毒的最重要条件。

(2) 寄生性。病毒程序嵌入宿主程序中，依赖于宿主程序的执行而生存，这就是计算机病毒的寄生性。宿主程序一旦执行，病毒程序就会被激活，从而可以进行自我复制和繁衍。

(3) 隐蔽性。病毒是使用了很高的编程技巧编写的短小精悍的程序，通常附在正常程序中或磁盘较隐蔽的地方，不易被人察觉。

(4) 潜伏性。大部分的病毒感染系统后不会马上发作，平时在系统中会隐藏得很好，当病毒触发条件一旦满足便会发作，进行破坏。

(5) 破坏性。任何病毒只要侵入系统，都会对系统及应用程序产生程度不同的影响。有的病毒干扰计算机的正常工作，有的占用系统资源，有的修改或删除文件及数据，有的则破坏计算机硬件。

(6) 不可预见性。随着计算机病毒制作技术的不断提高，不同种类的病毒，它们的代码千变万化，使人防不胜防。病毒对反病毒软件来说永远是超前的。

3) 计算机病毒的传染途径

计算机病毒的传染途径主要有以下几种：

(1) 通过移动存储设备传染，如软盘、光盘、U 盘。大多数计算机病毒都是通过这类途径传染的。

(2) 通过硬盘传染。若硬盘染上病毒，则该硬盘上的程序也都有染上病毒的可能性。

(3) 通过网络传染。随着网络的日益普及，计算机网络已成为病毒传播的重要途径，计算机主要是在通信或数据共享时感染上病毒的。本地计算机感染病毒的途径很大可能就是上网。

(4) 通过点对点通信系统和无线通道传播。

4) 常用杀毒软件

目前通过网络应用 (如电子邮件、文件下载、网页浏览) 进行传播已经成为计算机病毒传播的主要方式。因此，选择必要的杀毒软件就变得非常有必要。现在较常用的杀毒软件有国内开发的瑞星杀毒软件、百度查杀和 360 杀毒软件以及国外开发的诺顿杀毒软件和卡巴斯基杀毒软件等。

IP 地址设置

四、任务步骤

任意一台计算机连接互联网都需要自己唯一的网络参数，这些参数包括 IP 地址、子网掩码、网关和 DNS 等。本任务需要用户通过设置自己计算机的网络参数，实现网络连接。

本任务分为设置网络参数和查看网络基本配置两大部分。

1. 设置网络参数

设置网络参数的步骤如下：

(1) 通过网络管理员获取连接该网络的各种位置信息和设置内容，如 IP 地址、子网掩码、网关地址和 DNS 等信息。

(2) 单击左下角"开始"→"设置"，在弹出的"Windows 设置"窗口中，单击"网络和 Internet"按钮，如图 1-27 所示。

图 1-27 "Windows 设置"窗口

(3) 在打开的"设置"窗口中,单击"更改网络设置"选项下面的"更改适配器选项",如图 1-28 所示。

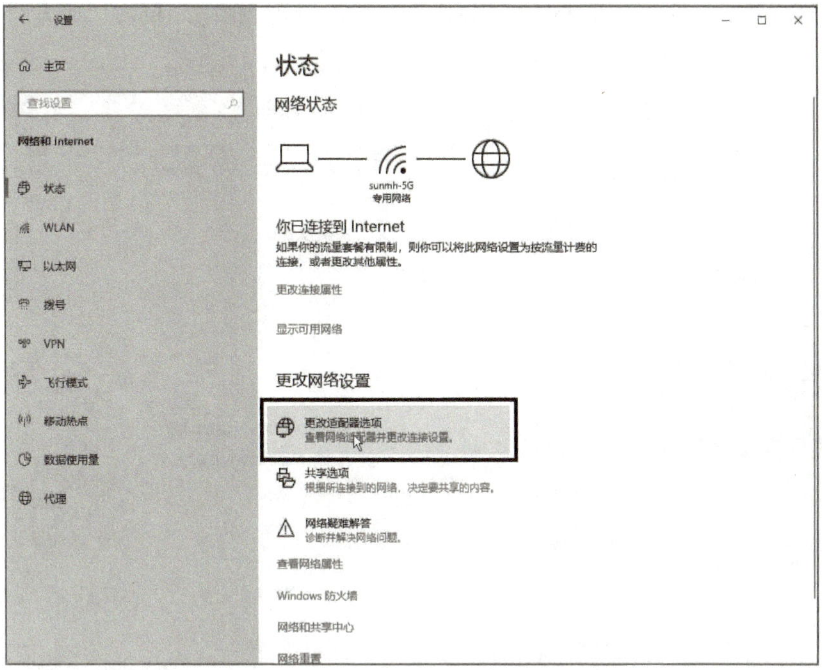

图 1-28　"设置"窗口

(4) 在弹出的"网络连接"窗口中,右击鼠标连接网络的网卡(WLAN 指无线网卡,以太网指有线网卡),在弹出的菜单中选择"属性"按钮,如图 1-29 所示。

图 1-29　"网络连接"窗口

(5) 在弹出的"以太网 属性"对话框中,单击"此连接使用下列项目"中的"Internet 协议版本 4(TCP/IPv4)",然后单击"属性"按钮,如图 1-30 所示。

(6) 在弹出的"Internet 协议版本 4(TCP/IPv4) 属性"窗口中,开始设置网络参数,如图 1-31 所示。如果网络是自动获取 IP 地址的,则直接点选"自动获得 IP 地址"和"自动获得 DNS 服务器地址"即可。如果网络需要配置参数，则点选"使用下面的 IP 地址"和"使用下面的 DNS 服务器地址"，并将从网络管理员处获得的网络信息填入"IP 地址""子网掩码""默认网关"和"首选 DNS 服务器"框中。设置完成后，单击"确定"按钮即可。

图 1-30 "以太网属性"对话框　　　　　　图 1-31 设置网络参数

2. 查看网络基本配置

如果需要查看网络参数，可以通过网络属性进行查看，也可以通过"运行"对话框进行查看。

1) 简单查看基本信息

简单查看网络基本配置信息的步骤如下：

(1) 单击左下角"开始"按钮，在弹出的菜单中单击"运行"按钮，弹出"运行"对话框，在"打开"栏输入"cmd"命令，再单击"确定"按钮，如图 1-32 所示。

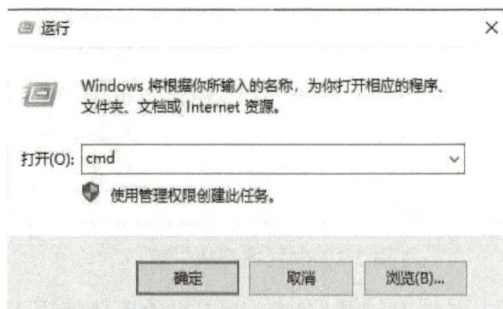

图 1-32 "运行"对话框

(2) 在弹出的"命令提示符"中的光标位置输入"ipconfig"命令，会弹出"Windows IP 配置"，其中包括 IP 地址、掩码和网关，如图 1-33 所示。

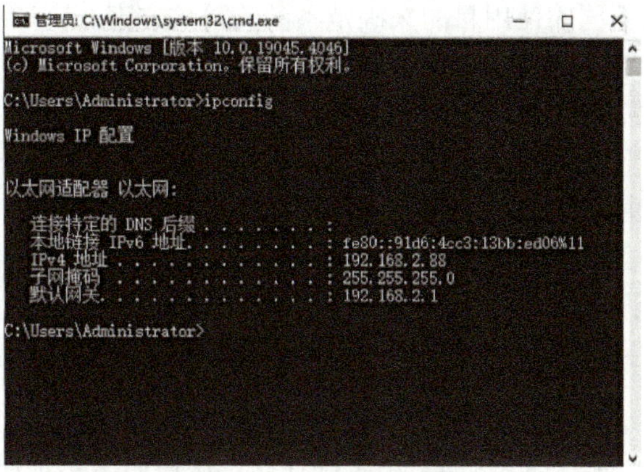

图 1-33　ipconfig 命令

2) 查看详细信息

如果想详细查看相关参数信息，可以在"命令提示符"中输入"ipconfig/all"命令即可，如图 1-34 所示。

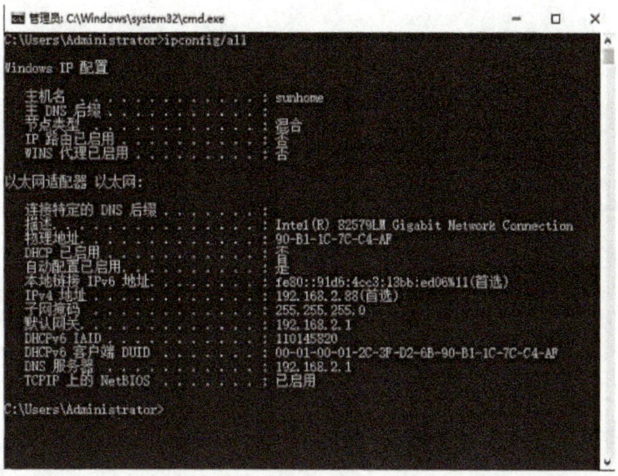

图 1-34　ipconfig/all 命令

拓展任务　模　拟　攒　机

一、任务描述

根据前面的学习，我们掌握了微机的基本硬件型号及参数。在此基础上，可以通过网络平台，并结合个人需求，配置一台性价比较高的微机并写出其配置单。

在配置该微机之前，需要知道所需设备主要用于基本的家庭应用，如上网、办公和一些小型游戏等，预算在 6 千元左右。

1. 采购建议

首先要明确采购目的，是用于一般办公、学习，还是用于游戏或专业工作（如三维图形处理等)，然后根据不同的使用目的来确定不同的采购方案。

(1) 对于办公、学习使用，主要是运行 Office、IE、财务管理等软件，这些软件对系统软硬件环境没有特殊要求，目前市场上销售的主流机型都适用。

(2) 如果该微机用于 3D 游戏，则需要注意，游戏对微机各个部件的性能要求都很高，特别是 CPU 的浮点运算性能、显示系统的像素分辨率和刷新频率等指标，采购时须特别小心。

(3) 对于从事专业工作的用户来说，因其工作特点不同，对机器的要求也各不相同。例如，对于出版印刷行业的用户来说，显示器和显卡的性能是特别需要注意的；而对于从事多媒体数据压缩的用户来说，CPU 的运算能力和主、辅存容量是需要特别考虑的。

2. 采购原则

采购原则是只买对的，不买贵的。由于硬件的发展遵循摩尔定律，所以硬件参数更新较快，用户永远追不到最快、最好的配置。对于普通用户来说，够用、好用才是最佳选择。在满足使用需求的前提下能够花更少的钱，追求性价比，才是普通用户需要关心的事情。另外，无论对于哪一类型的用户，都应该考虑其售后服务，拥有良好的售后服务才可以保证使用的计算机的质量，这也是购机需要考虑的重要一环。

二、任务步骤

本任务大致分为打开模拟攒机平台、选择 CPU、选择主板、选择内存、选择硬盘、选择显卡、选择显示器、选择其他辅助部件等几个部分。下面介绍具体操作步骤，可以通过中关村在线网站中的模拟攒机平台进行模拟操作。

1. 打开模拟攒机平台

通过浏览器打开中关村在线网站的拟攒机平台 (https://zj.zol.com.cn/)。其界面如图 1-35 所示。

图 1-35　中关村网站的模拟攒机平台

2. 选择 CPU

CPU 是微机的核心部件，其选择至关重要。CPU 主要分为 Inter 系列和 AMD 系列，这两种系列的 CPU 各有千秋。Inter 系列 CPU 整体性能较稳定，但是价格略高。而 AMD 系列 CPU 性价比较高，但是建议后期按照 3A 平台 (即 CPU、主板芯片和显卡芯片均出自 AMD) 搭建硬件环境，否则兼容性和稳定性略差，并且 AMD 显卡在游戏渲染方面略逊于英伟达显卡。因此，需要根据自身需求选择 CPU。

在确定种类后就需要确定相应型号，一般按照预算总金额的 20% 采购 CPU，并且盒装 CPU 优于散装 CPU。

综上所述，可以选择 Inter 的酷睿 i5 12490F 系列产品，如图 1-36 所示。

图 1-36　选择 CPU

3. 选择主板

主板相当于微机硬件的骨架和地基，所有硬件都通过主板进行互联，其选择也至关重要。尤其是主板与 CPU 之间的接口配套问题会直接影响二者之间是否存在硬件接口兼容问题，因此必须选择能够同以上 CPU 接口相兼容的主板。

现在平台上已经能够自动帮用户屏蔽接口不兼容的硬件了，也就是说，当我们确定 CPU 型号后，在选择主板时，平台会自动屏蔽不兼容的硬件。

由于主板对于硬件平台至关重要，所以建议选择大品牌产品，如华硕、技嘉、微星等。一般主板采购价格占总金额的 1/6 左右。在此我们采购微星 B760M BOMBER DDR4 产品，如图 1-37 所示。

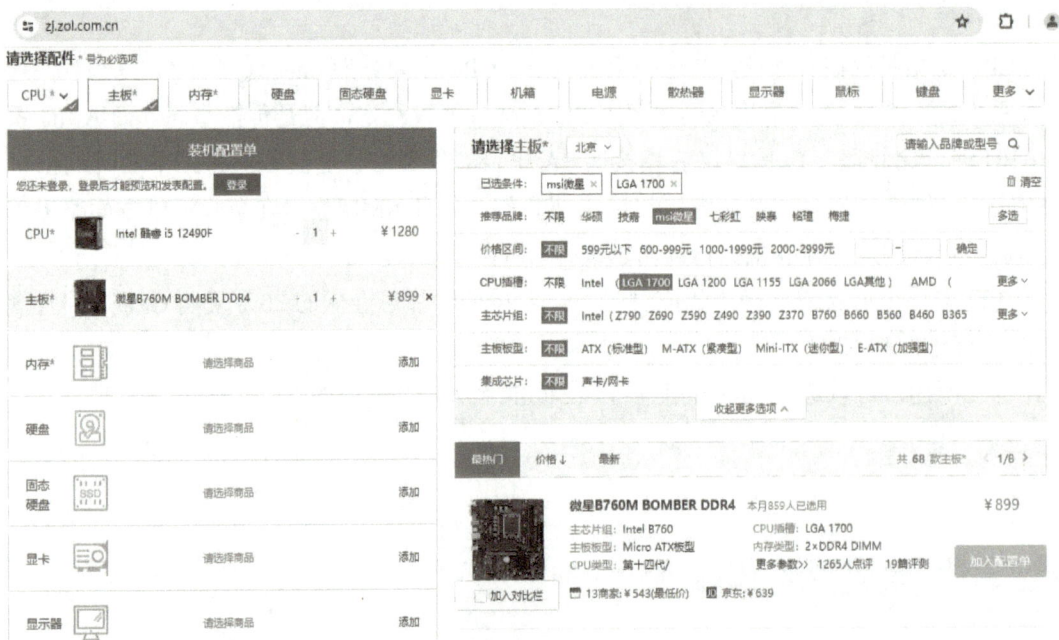

图 1-37　选择主板

4. 选择内存

选择内存时主要考虑两部分参数：一是主板和 CPU 支持的内存型号要匹配，根据以上两种硬件我们选择 DDR4 系列内存；二是根据使用需求确定内存大小，当前档次配置一般选择 16～32 GB 组成双通道。在此我们可以选购金百达银爵 2 × 8 GB 的套装产品，如图 1-38 所示。

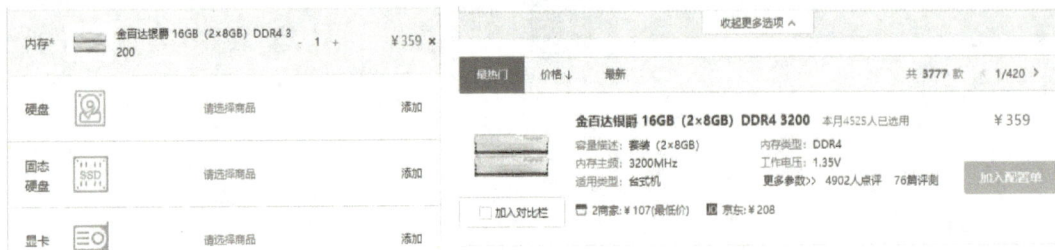

图 1-38　选择内存

5. 选择硬盘

硬盘的主要作用是存储数据，对硬盘数据的读取和写入的速度、硬盘的大小是选择硬盘的关键因素。硬盘分为固态硬盘和机械硬盘两种。相比较而言，固态硬盘速度快，但是造价高，数据恢复难度大，一般用于系统盘和存取频率较高的数据的存储。而机械硬盘虽然数据存储速度不如固态硬盘快，但是机械硬盘性价比较高，适用于大量普通数据的存储。如果资金充裕，可以直接选用大容量固态硬盘，否则可以选用大容量机械硬盘。一般用户为了兼顾存取与速度，也会采取固态硬盘加机械硬盘的配置方式，这样可以同时兼顾存取性价比。在此我们可以选择西部数据蓝盘 1 TB 的机械硬盘用于数据的存储，如图 1-39 所示，再选择金士顿 250 GB 的固态硬盘，如图 1-40 所示。

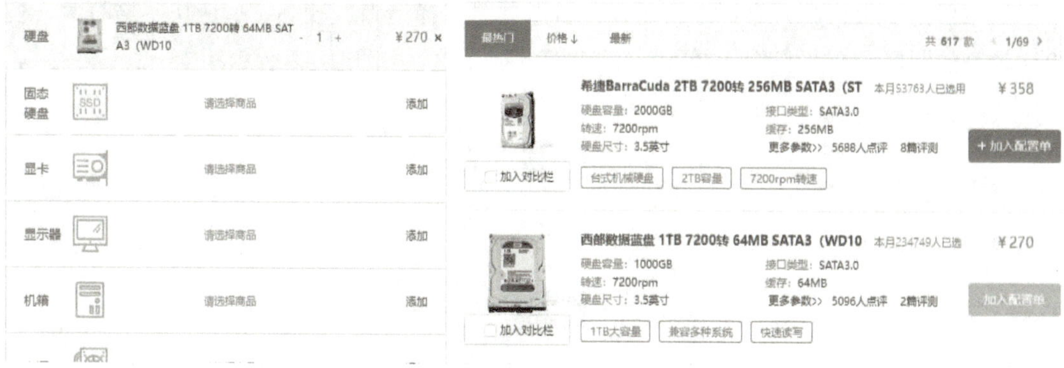

图 1-39　选择机械硬盘

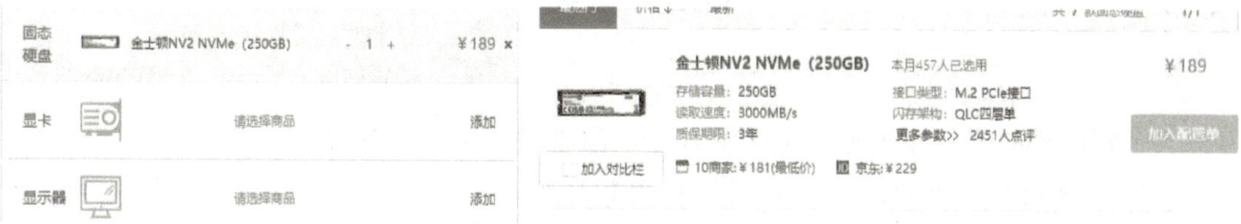

图 1-40　选择固态硬盘

6. 选择显卡

显卡主要负责图形图像、视频等方面的处理，并且随着人工智能、AI 等技术的发展，对显卡芯片也提出了更高的要求。对于显卡的选购，主要参考以下 3 点：

(1) 显示芯片又称 GPU，它是显卡的核心，根据显示芯片所在位置不同，显卡分为 CPU 集成显卡、主板集成显卡 (早期主板) 和独立显卡三类。如果对显示方面要求不高，可以采用集成显卡。如果有较高显示要求，就需要独立显卡来支持。可以通过网络查找显卡天梯图，然后根据个人情况合理选择显卡芯片。

(2) 显存类型和容量。在其他参数相同的情况下，显存容量越大，显存类型越新，性能就越好，如 GDDR6 8 GB。

(3) 位宽。这是一个容易被忽视的关键参数，位宽越大，单位时间处理的数据量就越大。因此在一定情况下，位宽同显存容量要匹配选择。

根据使用需求，我们直接选择 NVIDIA GeForce RTX 3050 显卡，如图 1-41 所示。

图 1-41　选择显卡

7. 选择显示器

显示器主要根据个人喜好进行选择，参考预算选择清晰度较高、反应快、屏幕大、性价比较高的即可。在此我们选择飞利浦 27 英寸显示器，如图 1-42 所示。

图 1-42　选择显示器

8. 选择其他辅助部件

其他辅助部件主要指机箱、电源、鼠标、键盘和音响等设备。

在选择机箱时，主要注意机箱用料和工艺是否符合国家标准，外观是否符合个人审美要求。对于电源的选择较为重要，由于 CPU 和显卡都是耗电大户，如果电源稳定性差、功率不足，那么就容易产生宕机、蓝屏等现象。因此，在符合国家标准的基础上，选择 450 W 以上电源即可。键盘、鼠标和音响等设备主要根据个人使用习惯进行选择，这些外部设备不影响机器性能。

至此，就完成了设备的选型配置，整机配置表如图 1-43 所示。设备的选型配置没有绝对对错，根据用户个人需求，选择性价比较高的配件进行选配即可。

图 1-43　整机配置表

课程思政

1. 我国 CPU 设计产业现状

截至 2022 年，我国共有六大国产 CPU 设计厂家，基于不同技术、针对不同用户进行商业应用和技术发展，拉近了与世界一流厂家的技术差距。

CPU 作为信息产品的关键核心，主要负责系统的控制和运算，以及指令的读取、编译与执行。因为研发成本高、技术迭代速度快、生态构建困难等原因，它被称为硬件发展最大的"拦路虎"。如果不能解决相关产品问题，设计并生产出符合需求的 CPU，那么我们还是会一直受制于人。就如同华为公司被断供芯片等问题，都是由此引发的。如果我们拥有自己的设计、生产、总装等一系列技术，发展也就不会受阻了。

纵观全球，在 PC 端主要以美国的 Intel 和 AMD 两大公司为市场主体，引领通用 CPU 的发展方向。在手机端主要以高通、联发科为主。在此主要介绍 PC 端 CPU。近年来，我国 CPU 市场呈现蓬勃发展的态势，逐步涌现出以龙芯、鲲鹏、飞腾、申威、海光、兆芯等为代表的厂商。这些厂商根据自己情况，结合市场需求都在向着市场化方向发展。

1) 龙芯——完全自主技术的开拓者

2001 年，龙芯起步于中科院计算机所，曾受到 863、973 等项目的支持。2010 年由中科院和北京市政府共同牵头出资，成立龙芯中科技术有限公司，开始正式商业化运作。龙芯在发展之初，就定位于走自主研发的道路，早期借鉴了 MIPS 架构，后来形成了自主指令集 LoongArch，实现了 100% 的自主与可控，摆脱了受制于他人的情况。

龙芯的发展主要有三个方向。第一，以龙芯 3 号为代表的通用 CPU，主要面向桌面和服务器的应用。主流的 3A5000 系列相当于 i5 的 7 代，最新的 3C5000 性能更加出众，对标 Intel 酷睿和至强系列产品。第二，以龙芯 2 号为代表的系列产品，主要面向工业控制领域和终端类应用，对标 Intel 阿童木系列产品。第三，以龙芯 1 号为代表的嵌入式产品，面向特定用户，进行特殊设计和定制，完成特定任务，在我国主要应用于航空航天、北斗卫星、石油勘探等领域，从而保证高新产业和关系国家命脉的工业产业应用不再受制于人。

龙芯的发展凸显出国之重器的重要性，体现了大国工匠的劳动精神和我国新一代产业工人的良好职业素养。

2) 鲲鹏——突破封锁的孤勇者

鲲鹏处理器是华为公司 2019 年推出的面向高性能数据中心的处理器，后来经过不断发展与改进，主要应用于服务器和 PC。该处理器基于 ARM 架构开发，其核心、微架构和芯片均由华为自主研发设计，可以与华为系统无缝衔接，具备"端边云算力同构"的优势。其应用覆盖了华为 PC 端大部分产品，与华为手机端麒麟芯片组成双锋剑，针对不同市场进行有针对性的发展。虽然华为芯片产品的设计非常优秀，但是由于特殊原因导致生产受阻，如果突破生产关，华为芯片发展将走上一个快车道。并且华为在移动端芯片设计上也处于领先地位。

3) 飞腾——国家安全的兜底者

飞腾系列产品主要由国防科技大学研究团队设计制造，主要聚焦国家战略项目，是 CPU 界的国家队，集合多种技术，借鉴各种产品经验，利用 ARM 指令集，努力走出自主之路，在桌面、服务器和嵌入式等领域拥有完整的产业链，生态合作用户众多，供应链选择余地较大，安全性较高，为我国各项重要事业的发展保驾护航。

4) 申威——超算界的拼搏者

申威 CUP 基于 Alpha 架构自主发展出了自己的 K7 微结构，主要应用于我国超级计算机领域。我国的神威·太湖之光超级计算机就是搭载的申威系列 CPU。而且申威系列产品主要由我国的中芯国际生产代工，相对来说抗制裁性能力强，被掣肘风险性较小。

5) 海光和兆芯——国际合作的探路者

海光和兆芯这两款产品都是由国有公司控股并与 X86 架构授权的 AMD 和 VIA 公司组成的合资公司进行研发和生产的。由于产品都采用的是 X86 架构，所以与现有生态兼容性较好，商业化运营比较顺利，但是对于制裁性风险抗力不足，最终都受制于 Intel 公司的授权。并且对于 X86 架构的研究时间较短，可能还存在系统漏洞。

综上所述，虽然我们拥有了多家 CPU 设计厂商，但是不同厂商的优缺点也比较突出，而且只是在设计研发上实现了自主，在架构、生态、封装、生产等方面还存在较大的不足。因此，我们既要增强信心大力发展自身优势，又要正视缺点，弥补不足，从而尽快摆脱受制于人的局面。

2. 我国 IPv6 根服务器发展

现在的互联网都是基于 TCP/IP 协议的网络，每个联网的设备都需要有自己唯一的网络标识，来确保设备能够正常连接网络，而这一网络标识就是 IP 地址。因此 IP 地址的分配成为至关重要的事情，这就涉及根服务器的问题。IPv4 根服务器主要用来管理互联网的主目录，它是全球互联网域名系统的核心组成部分，负责解析顶级域名（如 .com、.net、.org 等）到对应的 IP 地址。IPv4 根服务器对网络安全和稳定至关重要，被誉为互联网的"中枢神经"。由于西方国家的先发优势，IPv4 根服务器最初由美国政府授权的互联网名称与数字地址分配机构 (The Internet Corporation for Assigned Names and Numbers, ICANN) 负责管理。全球仅有 13 台 IPv4 根服务器，其中 1 台为主根服务器，在美国，其余 12 台为辅根服务器，分别位于美国、英国、瑞典和日本。这些服务器共同协作，确保全球互联网的稳定运行。

然而，值得注意的是，IPv4 根服务器的数量和分布并不均衡，主要集中在美国和其他少数国家。这种格局对全球互联网关键资源的管理和分配造成了不均衡结果，也使得各国在抵御大规模网络攻击时能力不足，为互联网安全带来隐患。尤其对于我们这个互联网大国来说，IP 地址的缺乏严重制约着我们的发展。但是随着 IPv4 地址资源的枯竭和 IPv6 协议的普及，IPv6 根服务器逐渐成为全球互联网发展的重要基础设施。IPv6 根服务器负责将域名解析为对应的 IP 地址，这对于互联网的正常运行至关重要。与 IPv4 相比，IPv6 采用了新型的地址结构，为新增根服务器提供了契机。下一代互联网国家工程中心抓住这个历史机遇，联合全球多个国家和地区的相关机构和专业人士，发起了"雪人计划"，旨在建立基于 IPv6 的根服务器体系。

经过多年的努力，"雪人计划"在全球范围内部署了 25 台 IPv6 根服务器，其中中国部署了 4 台，包括 1 台主根服务器和 3 台辅根服务器。这一举措打破了中国过去没有根服务器的困境，提升了我国在全球互联网治理中的地位和影响力。IPv6 根服务器的部署和应用，不仅有助于解决 IP 地址短缺问题、提升网络安全，还为我国互联网产业的升级和发展提供了有力支撑。

总的来说，IPv6 根服务器是我国在 IPv6 发展中的重要突破和贡献，对于推动我国互联网的发展、提升全球互联网治理水平具有重要意义，也为全球互联网的安全和稳定作出了贡献。

第2单元　Windows 10 操作系统

情景导入

　　某汽车股份有限公司内部统一使用 Windows 10 操作系统。该系统与其他操作系统相比，具有任务视图和多虚拟桌面、开始菜单的回归、设置系统安全等特色，使用起来更灵活、易上手。领导让公司员工了解 Windows 10 操作系统及相关操作，尽快在使用过程中得心应手。

教学目标

【知识目标】

　　(1) 了解国产操作系统的发展及特点。

　　(2) 掌握 Windows 10 操作系统的基本操作。

　　(3) 掌握 Windows 10 文件及文件夹的基本操作。

　　(4) 掌握 Windows 10 控制面板的操作。

【技能目标】

　　(1) 能够熟练使用 Windows 10 开始菜单、任务栏和桌面图标快速访问常用应用和功能。

　　(2) 能够熟悉文件资源管理器的基本操作，包括浏览、创建、重命名、移动、复制和删除文件及文件夹。

　　(3) 熟练创建和使用文件夹来组织文件，以及使用搜索功能快速找到文件，并能够查看和修改文件属性。

　　(4) 通过 Windows 10 控制面板能够卸载应用程序、增加字体、设置用户信息并管理用户等。

　　(5) 用户能够充分利用 Windows 10 操作系统的功能，提高工作和学习效率，同时确保系统的安全性和稳定性。

【素质目标】

(1) 培养学生的安全意识。安全性是 Windows 10 操作系统的核心素质目标之一。系统内置了多种安全特性，如防火墙、防病毒软件、更新机制等，以防范恶意软件、网络攻击和数据泄露等威胁。同时，Windows 10 还提供了用户账户控制、隐私设置等功能，帮助用户保护个人信息安全。

(2) 提高学生操作能力。Windows 10 通过改进系统性能、优化资源管理和提升启动速度等方式，实现高效运行。用户可以更快地启动和关闭系统，更流畅地运行应用程序，以及更有效地管理文件和数据。此外，Windows 10 还具有多任务处理和快速切换功能，从而提高用户的工作效率。

(3) 培养学生自主学习和解决问题的能力，鼓励其通过自主探究和合作学习，解决使用 Windows 10 过程中遇到的问题。

【思政目标】

(1) 培养科技素养与社会责任感。通过学习 Windows 10 操作系统，学生能够理解信息技术在当代社会中的重要性和作用，进而增强对科技的认知和兴趣。同时，引导学生将科技知识与社会发展相结合，认识到自身作为未来社会建设者的责任和使命，积极为国家和社会的发展做出贡献。

(2) 弘扬团结协作精神。在学习过程中，鼓励学生通过团队协作解决问题，共同面对挑战。通过集体讨论、分工合作等方式，培养学生的团队协作能力和集体荣誉感，使其能够在未来的工作中更好地与他人合作，共同实现目标。

(3) 树立正确的价值观念。通过学习 Windows 10 操作系统的安全特性和隐私保护机制，引导学生认识到信息安全的重要性，树立保护个人隐私和尊重他人权益的价值观。同时，引导学生遵守网络道德和法律法规，树立正确的网络使用观念。

(4) 培养创新精神和实践能力。鼓励学生在掌握 Windows 10 操作系统基本技能的基础上，尝试探索新的应用方法和技巧，发挥创新思维。通过实际操作和项目实践，培养学生的动手能力和解决问题的能力，使其能够在未来的工作中不断创新和进步。

任务 2.1　Windows 10 操作系统的基本操作

一、任务描述

某汽车股份有限公司员工通过 Windows 10 操作系统对公司信息资源进行管理，逐渐熟悉该操作系统的工作环境，并掌握常用设置的操作。Windows 10 系统桌面如图 2-1 所示。

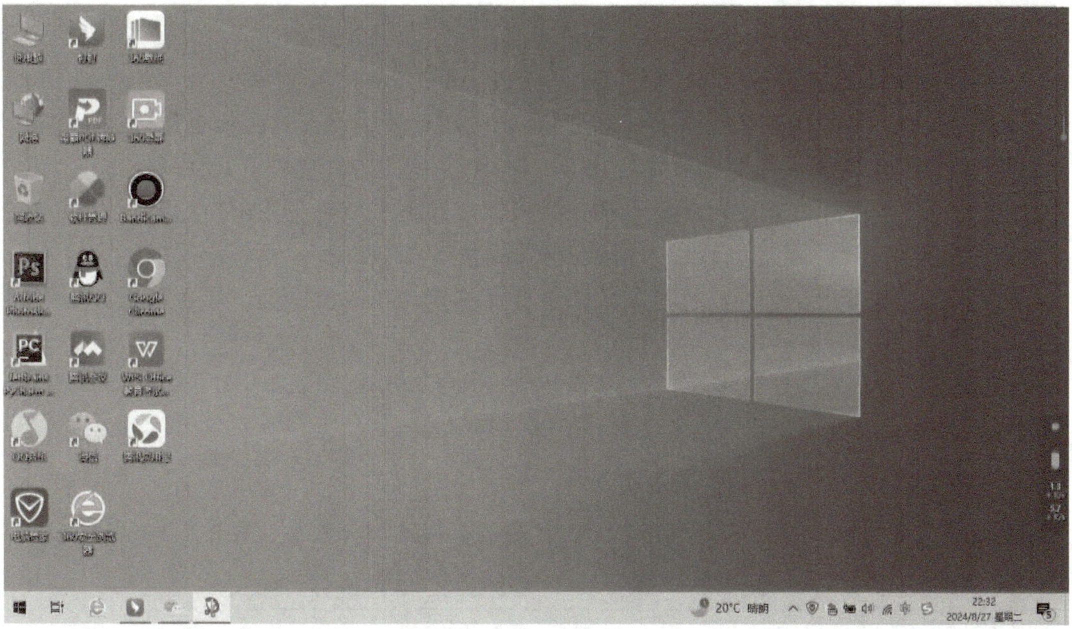

图 2-1　Windows 10 系统桌面

二、任务分析

Windows 10 的基本操作包括 Windows 10 的安装、启动与退出以及鼠标、键盘、系统桌面、窗口、对话框、菜单等的基本操作。本任务需要启动与退出 Windows 10，认识桌面，通过使用截图工具或快捷键对桌面截图保存，通过画图软件认识窗口、菜单、对话框等，对桌面截图进行编辑，将所需要的图片保存到 D 盘，并为截图文件创建快捷方式。

三、相关知识点

1. Windows 10 的安装

Windows 10 操作系统有多种版本，用户可以根据需求进行选择，一般选择家庭版和专业版的用户比较多。

(1) Windows 10 家庭版。该版本主要是面向消费者和个人 PC 用户的计算机系统版本，使用对象是个人或者家庭计算机用户。

(2) Windows 10 专业版。该版本主要是适用大屏平板电脑、笔记本、PC 平板二合一变形本等桌面设备以及个人计算机用户。

2. Windows 10 的启动

开机后，计算机会启动 Windows 10，并显示 Windows 10 桌面，这是进入 Windows 10 后供用户操作的第一个界面，在 Windows 10 中进行工作都要由此开始。

3. Windows 10 的退出

如果要结束本次 Windows 10 操作，就需要退出 Windows 10。这是因为 Windows 10 操作系统在前台运行某个程序的同时，后台可能也在运行着程序，这时如果直接关闭电源，后台程序的数据和结果将会丢失。退出 Windows 10 系统的方式有以下几种：

(1) 睡眠。睡眠模式是待机状态下的一种模式，在睡眠状态下不但可以节约电源，延长计算机的使用寿命，而且可以缩短烦琐的开机过程，节约时间。

(2) 关机。退出正在运行的程序，关闭整台计算机。在关机之前，要正确保存程序和数据，以免丢失。

(3) 重启。重新启动计算机，也就是重新启动操作系统与程序。当计算机处于假死状态，即鼠标不能用，CPU 不工作，重新启动计算机即可。

4. Windows 10 鼠标与键盘的基本操作

鼠标的基本操作包括指向、单击、双击、右击、拖动与释放等，如表 2-1 所示。

表 2-1　Windows 10 鼠标的基本操作

基本操作	功　能　说　明
指向	移动鼠标指针到某个对象上
单击	快速按一下鼠标左键，立即释放，用于对象选取
双击	指向对象快速按两下鼠标左键，用于启动程序或打开窗口等
右击	指向对象按一下鼠标右键，右击后通常会弹出快捷菜单供用户选择
拖动	指向对象按住鼠标左键不放，然后移动指针至指定位置，再释放左键
释放	将按住鼠标指针的手指松开

在 Windows 10 环境下也会用到很多快捷键，表 2-2 为 Windows 10 环境下的常用快捷键。

表 2-2　Windows 10 环境下的常用快捷键

快　捷　键	功　能　说　明
Ctrl + C	复制选定项
Ctrl + V	粘贴选定项
Ctrl + X	剪切选定项
Ctrl + Z	撤销操作
Ctrl + A	选中所有对象
Alt + Tab	在打开的活动窗口之间切换
Alt + F4	关闭当前活动窗口或退出程序
Win + D	显示或隐藏桌面
Win + L	锁定计算机
Print Screen	复制屏幕到剪贴板
Alt + Print Screen	复制当前窗口、对话框或其他对象到剪贴板

5. Windows 10 系统桌面

系统启动完成后所显示的屏幕称为桌面。用户可以在桌面上存放经常使用的程序、文档或为它们创建桌面快捷方式。

1) 图标及图标操作

桌面左侧排列的带有文字标识的小图像，称为图标。它可以代表一个应用程序、一个文件或文件夹，也可以代表一个文档或设备等。图标分为系统图标和快捷图标两种。

(1) 系统图标：Windows 10 为用户设置的图标，一般不能删除。常见的系统图标有"此电脑""网络""回收站"等。

(2) 快捷图标：用户为应用软件设置的图标，又称为快捷方式。将快捷方式删除后，程序仍在计算机中存在，不影响程序的正常运行。

2) 任务栏

在桌面底部有一个重要的组成部分，称为任务栏。

任务栏最左面是开始按钮，可实现启动程序、打开文档、帮助、搜索等功能。开始按钮右侧是快速启动工具栏，直接单击某个图标，可快速启动对应的应用程序，一般包含浏览网页或桌面的功能按钮。中间是任务按钮栏，它显示了当前运行的程序，通过此栏可以快速切换应用程序。任务栏的最右边是指示区，显示系统时间、输入法指示器等按钮。

6. Windows 10 虚拟桌面

Windows 10 最大的特色就是多个虚拟桌面的出现。虚拟桌面可以让用户从多任务、多窗口的繁杂操作中解放出来，为不同任务定制一个相对独立的工作环境，使得桌面看起来排列整齐，令人耳目一新。

Windows 10 虚拟桌面相关快捷键如表 2-3 所示。

表 2-3　Windows 10 虚拟桌面相关快捷键

快 捷 键	功 能 说 明
Win + Ctrl + D	创建一个新的虚拟桌面
Win + Ctrl + F4	关闭虚拟桌面
Win + Ctrl + 左或右	在虚拟桌面间进行切换
Win + Shift + 左或右	将应用移动到另外一个显示屏
Alt + Tab	在当前虚拟桌面开启的窗口之间快速移动

7. Windows 10 窗口

下面以"此电脑"窗口为例介绍 Windows 10 窗口的组成和相关操作。

1) "此电脑"窗口的组成

"此电脑"窗口的组成如图 2-2 所示。该窗口主要包含标题栏、快速访问工具栏和窗口控制按钮等。

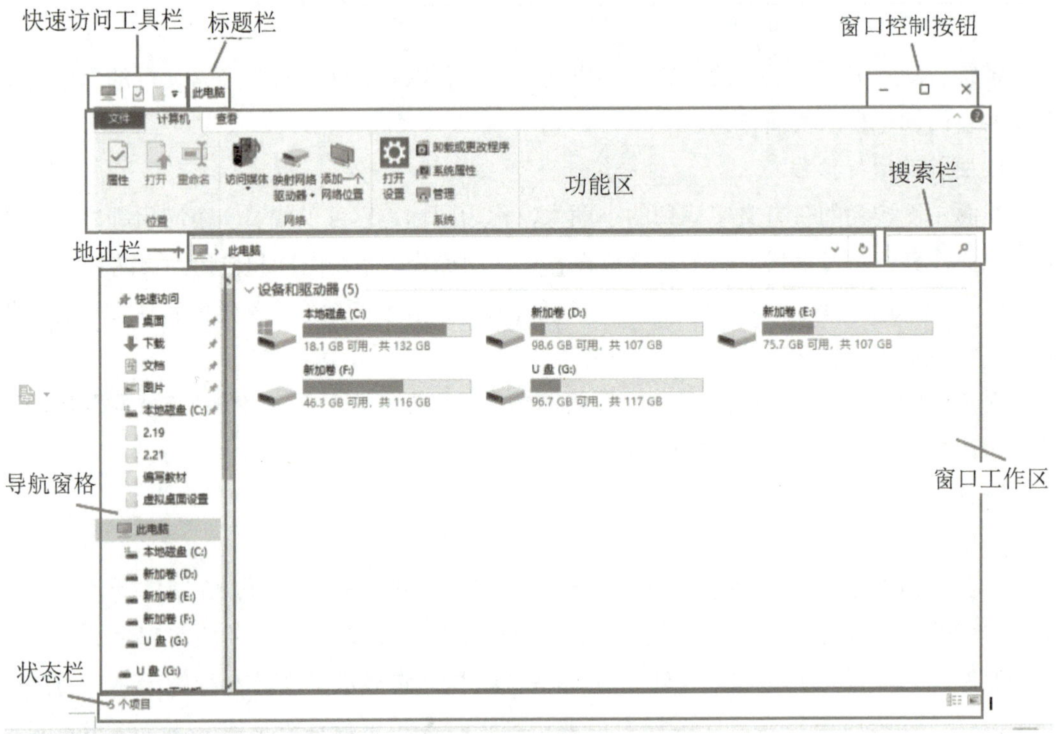

图 2-2 "此电脑"窗口

(1) 标题栏：用于显示窗口的标题，即程序名或文档名。

(2) 快速访问工具栏：可以快速访问频繁使用的工具。

(3) 窗口控制按钮：包括最小化按钮 ▬、最大化按钮 ▢ 和关闭按钮 ✕ 。

(4) 功能区：以选项卡的方式显示，单击选项卡名称可在不同选项卡之间切换。

(5) 地址栏：类似网页中的地址栏，用于显示和输入当前窗口的地址。

(6) 搜索栏：使用该功能搜索，能够快速地找到计算机上的对象。

(7) 导航窗格：窗口中划分出的一部分，位于窗口的左侧，在导航窗格中会显示一部分辅助信息，如文件夹列表，这样就可以迅速定位所需的目标。

(8) 窗口工作区：用于显示主要的内容，如多个不同的文件夹、磁盘驱动等。它是窗口中最主要的组成部分。

(9) 状态栏：位于窗口的最下方，显示当前窗口所包含项目的个数或项目的排列方式。

2) 移动窗口

打开桌面的"此电脑"，鼠标移至该窗口标题栏空白处，按下鼠标左键并拖动窗口到桌面的任意位置，再释放左键即可。

3) 改变窗口的大小

打开"此电脑"窗口，将鼠标移动到窗口的任一边缘上，当指针变成"↕""↖""↗"或"↔"状态时，按下鼠标左键并拖动到所需的位置，再释放左键即可。

4) 排列窗口 (窗口需处于非最大化状态)

当打开多个窗口且需要处于全部显示状态时可进行窗口排列。以"堆叠显示窗口"为例，方法如下：

(1) 右击任务栏空白处，在弹出的快捷菜单中选择"堆叠显示窗口"命令，如图 2-3 所示。

(2) 显示堆叠窗口效果，排列窗口操作完成。

5) 切换窗口

当桌面上启动多个窗口时，用户只对其中一个进行操作，该窗口称为活动窗口。其通常在所有打开的程序窗口的最前面，又称为前台运行。切换窗口的方法如下：

图 2-3　"堆叠显示窗口"命令

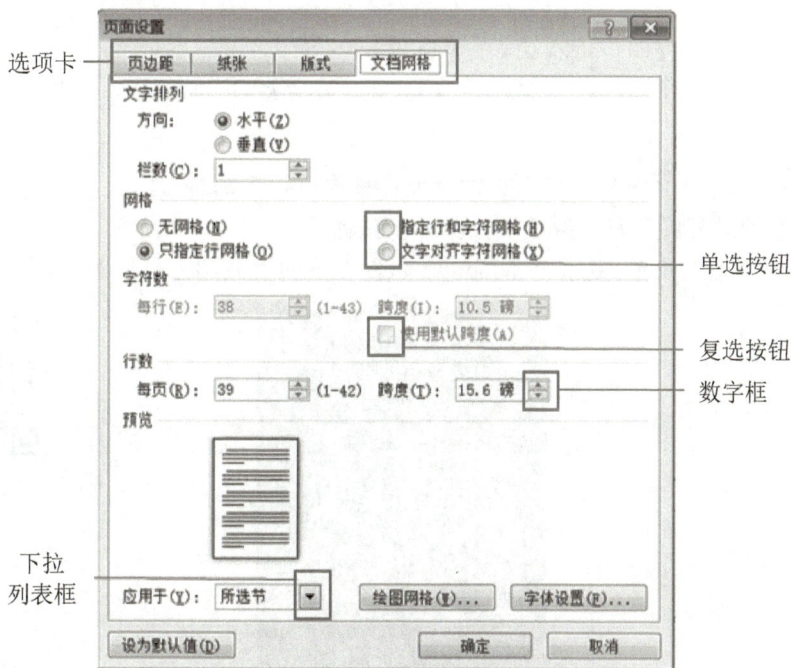

(1) 通过单击任务栏中的缩略图来切换窗口。

(2) 按下 Alt + Tab 组合键可以切换到先前的窗口。或者按住 Alt 键不放，重复按 Tab 键，可循环切换所有打开的窗口和桌面，释放 Alt 键可显示所选窗口。

8. Windows 10 对话框

对话框是一种特殊的窗口，它包含按钮和选项，是 Windows 10 中用于与用户进行信息交流的界面。Windows 10 对话框示例如图 2-4 所示。

图 2-4　Windows 10 对话框示例

1) 对话框的特点

它有标题栏但无菜单栏，有帮助和关闭按钮但无最大化与最小化按钮。只可改变其位置，不可改变窗口大小。在某些对话框不关闭的情况下，不能进行其他的操作。

2) 对话框中的元素

对话框中的元素主要有标题栏、选项卡等。

(1) 标题栏：其左侧是对话框的名称，右侧是帮助和关闭按钮。用鼠标拖动标题栏可移动对话框的位置。

(2) 选项卡：对话框中叠放的页，单击可以实现不同选项卡的切换。

(3) 复选按钮□：选择一个或若干个可选项。

(4) 单选按钮○：选择一组可选项中的单个选项。

(5) 数字框⬍：单击上方或下方的小三角可以调整数字信息。

(6) 下拉列表框⌄：单击此按钮，会弹出一个下拉列表，可以从中选择所需项目。

四、任务步骤

本任务可以分为启动 Windows 10、桌面截图 (认识桌面、截图工具软件、截图快捷键、画图软件)、创建快捷方式、虚拟桌面的创建、虚拟桌面的操作、退出或热启动 Windows 10 等几个部分。下面详细讲解每个部分的操作步骤。

1. 启动 Windows 10 系统

启动 Windows 10 系统的步骤如下：

(1) 接通电源，打开显示器开关，按下主机电源按钮，计算机进行系统自检，进入启动阶段。

(2) 屏幕显示登录界面，进入登录窗口。

(3) 选择登录的一个账户，系统会提示输入密码，输入正确的密码，即可进入桌面。

2. 桌面截图

启动 Windows 10 系统后，进入桌面，保存桌面有以下两种方法。

【方法 1】通过截图工具保存桌面，具体步骤如下：

(1) 打开"开始"菜单，选择"Windows 附件"下的"截图工具"选项，如图 2-5 所示。

桌面截图

图 2-5 "截图工具"选项

(2) 打开"截图工具"窗口，单击"新建"按钮，鼠标会变成十字形状，然后按住鼠标左键选中整个桌面，被选中的区域就会进入截图工具编辑区，如图 2-6、图 2-7 所示。

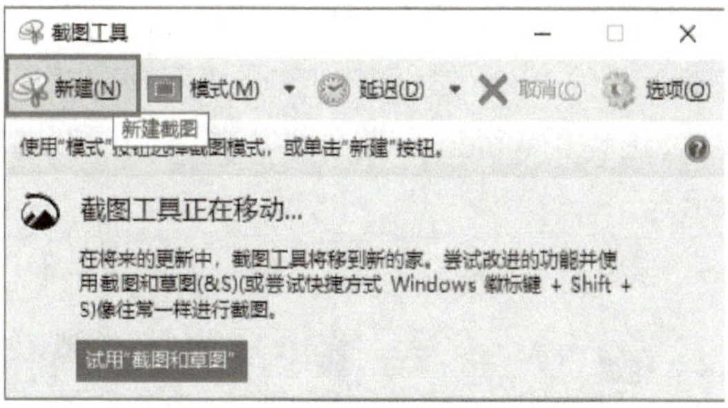

图 2-6　新建截图

图 2-7　截取桌面

(3) 选择"截图工具"中的"文件"菜单，单击"另存为"，弹出"另存为"对话框，保存图片名为"桌面截图"，保存类型为"可移植网络图形文件 (PNG)"，保存到 D 盘，如图 2-8 所示。

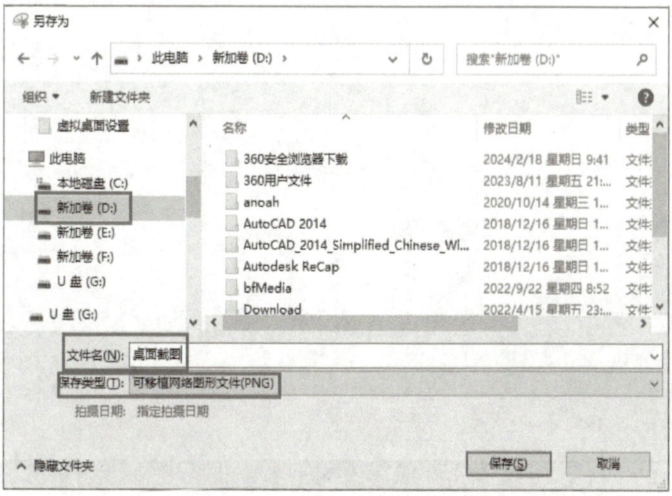

图 2-8　保存截图

【方法2】通过画图工具保存桌面，具体步骤如下：

(1) 进入桌面，按下键盘上的 PrtSc 键，复制整个桌面到剪贴板。

(2) 打开"开始"菜单，选择"Windows 附件"下的"画图"选项，打开"画图"软件。"画图"窗口如图2-9所示。

图2-9　"画图"窗口

(3) 单击"画图"软件中的"粘贴"按钮，选中"粘贴"，复制的桌面截图进入编辑区，如图2-10所示。

图2-10　粘贴桌面

(4) 选择"画图"工具中的"文件"菜单，单击"另存为"，弹出"另存为"对话框，保存图片名为"桌面截图"，类型为 PNG(*.png 或 *.PNG)，并保存到 D 盘。

创建快捷方式

3. 创建快捷方式

为 D 盘下的"桌面截图 .PNG"文件创建快捷方式"桌面截图"，放置在桌面上，主要有以下两种方法。

【方法 1】通用方法，具体步骤如下：

(1) 在桌面的空白区域单击右键 (在哪里创建快捷方式就在哪里单击右键)，选择"新建"下的"快捷方式"选项，如图 2-11 所示。

图 2-11 "快捷方式"选项

(2) 打开"创建快捷方式"对话框，找到创建快捷方式的源文件，即 D 盘下的"桌面截图 .PNG"文件，如图 2-12 所示。

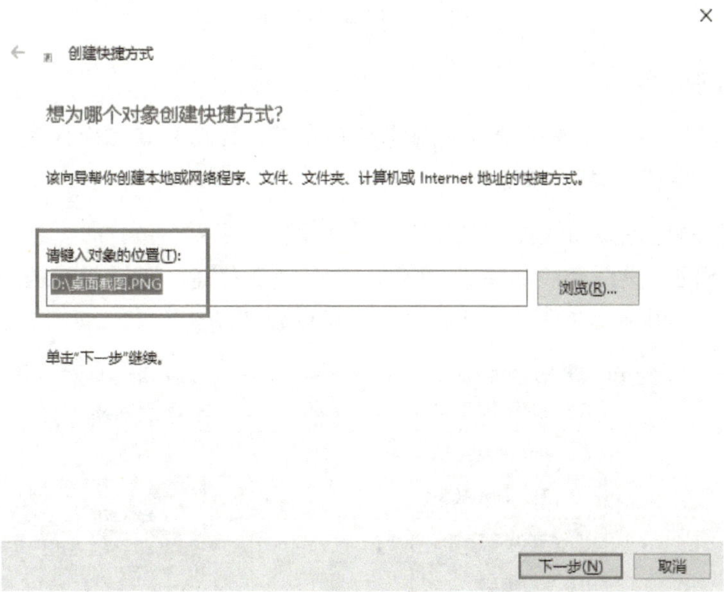

图 2-12 "创建快捷方式"对话框

(3) 单击"下一步"按钮，输入快捷方式的名称，如图 2-13 所示。可以保留源文件名称，也可以重新命名。

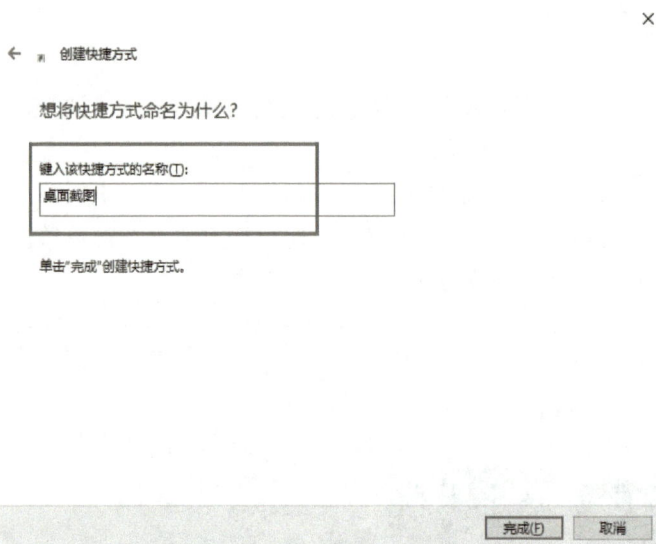

图 2-13　快捷方式命名

(4) 单击"完成"按钮，桌面上就创建了一个快捷方式，如图 2-14 所示。

图 2-14　快捷方式图标

🔍 补充知识

方法 1 是通用方法，如果快捷方式创建在 E 盘下，就在 E 盘空白区域右击，选择"新建"下的"快捷方式"选项。其余操作步骤同上。

【方法 2】针对创建桌面快捷方式使用，具体操作如下：

选中 D 盘下的"桌面截图 .PNG"文件，然后单击右键，选择"发送到"下的"桌面快捷方式"选项，如图 2-15 所示，快捷方式即可创建成功。

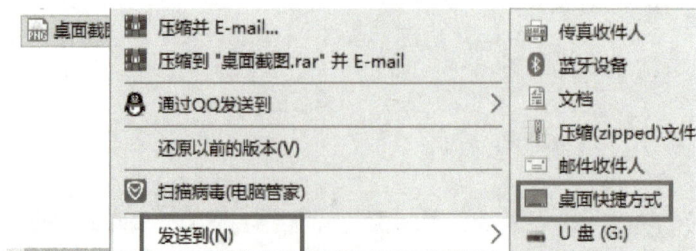

图 2-15　"桌面快捷方式"选项

4. 虚拟桌面的创建

创建多个虚拟桌面的步骤如下：

(1) 单击任务栏上的任务视图按钮，如图 2-16(a) 所示。如果任务栏中没有此按钮，可在任务栏空白处单击右键，再在弹出的菜单中选择"显示'任务视图'按钮"即可，如图 2-16(b) 所示。

虚拟桌面的创建

(a) 任务视图按钮

(b) 显示出任务视图按钮

图 2-16　显示任务视图

(2) 在桌面视图的左上方会出现"新建桌面"按钮，如图 2-17 所示，单击此按钮，即可创建桌面 2，如图 2-18 所示，当再次创建时会命名为桌面 3，后续创建桌面时会依此规律进行。

图 2-17　新建桌面

图 2-18　创建桌面 2

(3) 在创建的桌面中,依次打开所需要的文档或程序即可,这些将分别在不同的桌面上打开。

5. 虚拟桌面的操作

虚拟桌面的操作主要有虚拟桌面之间的切换、任务窗口在虚拟桌面的移动等。

(1) 虚拟桌面之间的切换。选择任务视图按钮,然后选择已创建的虚拟桌面即可。

(2) 任务窗口在虚拟桌面的移动。将鼠标放置在桌面 1 中,打开"画图"软件并右击,然后选择"移动到"虚拟桌面 2,即可实现虚拟桌面 2 出现打开的"画图"软件,如图 2-19 所示。

图 2-19　任务窗口相互移动

6. 退出或热启动 Windows 10 系统

1) 退出 Windows 10 系统

退出 Windows 10 系统的步骤如下:

(1) 保存并关闭所有的运行程序。

(2) 选择"开始"→"电源"→"关机"命令,如图 2-20 所示。系统会保存设置,自动关闭,最后拔掉电源即可。

2) 热启动

电脑热启动又称为键盘启动。在不断电状态 (即开机状态) 下进行的电脑程序启动,就叫作电脑热启动,简称热启动。利用快捷键 Ctrl + Alt + Del 可以进行热启动,如图 2-21 所示,单击"注销"即可完成热启动。

图 2-20　退出系统

图 2-21　热启动

📖 补充知识

　　长时间使用计算机，有时候会遇到系统没有反应或者软件卡住需要关闭但无法关闭的情况。此时，可以单击图 2-21 中的"任务管理器"实现关闭和查看已开启的程序。

任务 2.2　Windows 10 文件及文件夹的管理

一、任务描述

　　计算机中的数据是以文件的形式保存的，而文件又以文件夹的形式分类存储。公司员工通过学习对文件及文件夹的操作与管理，学会利用 Windows 10 操作系统对公司计算机的文件等资源进行管理，从而培养面对大量信息资源时统筹管理的能力。任务效果如图 2-22 所示。

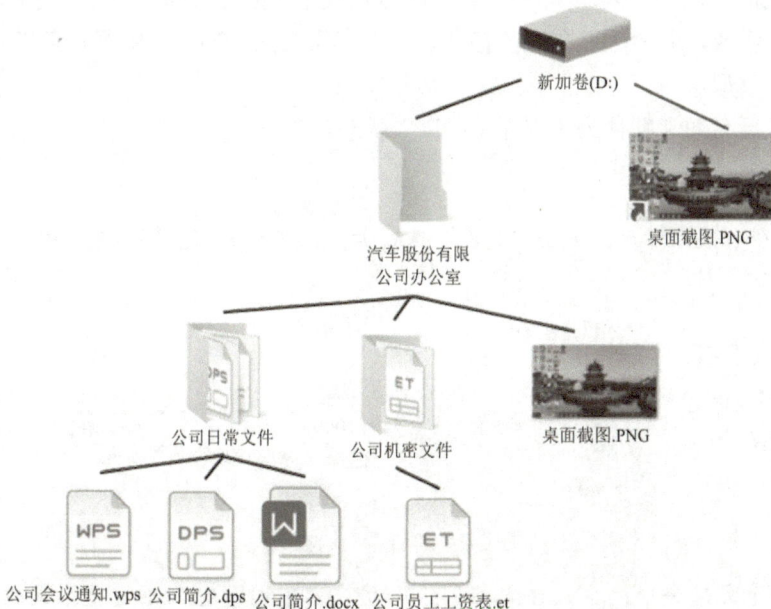

图 2-22　文件夹结构

二、任务分析

Windows 10 文件及文件夹的管理包括新建文件及文件夹、管理文件及文件夹。本任务需要新建 WPS 文件和文件夹，并用文件夹管理文件，设置文件及文件夹属性等。

三、相关知识点

1. Windows 10 文件与文件夹

下面介绍 Windows 10 文件与文件夹的相关概念。

1) 磁盘分区和盘符

硬盘是计算机的主要存储设备，但是它不能直接存储资料。需要将其划分为一个或多个空间，这个空间就是磁盘分区。为了区分每个分区，可将其命名为不同的名称，如"本地磁盘 C"等，这样的分区称为盘符，如图 2-23 所示。

图 2-23　磁盘分区和盘符

2) 文件

在 Windows 10 系统中，文件是存储在计算机上的一组信息集合。文件内容可以包含文本文档、图片、程序、快捷方式或其他内容。

每个文件都有其对应的名称，如"桌面截图 .PNG"，此文件名由主文件名和扩展名组成，它们之间用圆点分隔。其中，主文件名长度不可超过 255 个字符；扩展名通常由 3 或者 4 个字符组成，用来标识文件的格式，如"桌面截图 .PNG"，由圆点后的扩展名得知，此文件为图片类型。

文件的扩展名通常默认为不显示 (隐藏) 状态。

🔍 补充知识

• 若使文件拓展名显示，单击"查看"选项卡，在"显示 / 隐藏"组选中"文件扩展名"，如图 2-24 所示。

图 2-24　"查看"选项卡

• 在同一个文件夹中，主文件名相同，而扩展名不同，它们不是重名文件。文件扩展名不同代表不同的文件，如图 2-25 所示，第一个文件是扩展名为".docx"的 Word 文件，

第二个是扩展名为 ".dps" 的 WPS PPT 文件。

图 2-25　主文件名相同的不同文件

3) 文件夹

文件夹是若干个文件或文件夹的集合。为了有序地组织这些内容，文件夹通常会采用树形结构来进行管理。 为其图标。

2. Windows 10 快捷方式

快捷方式是一个链接对象的图标，是指向某个对象的指针，而并不是对象本身。双击建立好的快捷方式图标可以迅速方便地访问快捷方式链接到的项目。其左下角带有一个小的箭头图标 。对快捷方式的改名、移动、复制或删除只会影响快捷方式文件，而它对应的应用程序、文档或文件夹不会改变。例如任务 2.1 中创建的 "桌面截图" 快捷图标，如图 2-26 所示。

图 2-26　快捷图标

3. Windows 10 文件与文件夹的操作

对文件与文件夹进行组织与管理，可以使系统的信息资源更加有序和统一。

1) 打开与保存文件

在 "此电脑" 中找到要打开的文件或文件夹，双击即可打开。文件进行编辑后需要保存文件。

Windows 10 本身无法打开或保存文件，必须使用与所要打开的文件相关联的程序来执行此操作。

2) 选定文件或文件夹

用户对文件或文件夹进行复制、移动、重命名等操作时，因为面对的操作对象有时不止一个或几个，所以首先要学会选定文件或文件夹，再进行处理。

(1) 选定单个对象：单击该文件或文件夹，可选定该对象。

(2) 选定多个连续的对象：单击选定的第一个对象，按住 Shift 键，再单击选定最后一个对象，即可选中这一组连续的文件或文件夹。也可以直接拖动鼠标来选中多个连续的对象。

(3) 选定不连续的多个对象：按住 Ctrl 键不放，单击选定每一个对象即可。

(4) 选择全部对象：按下 Ctrl + A 组合键可实现。

(5) 反向选择文件或文件夹：选中不需要的对象，单击窗口中的 "主页" → "选择" → "反向选择" 命令即可。

3) 复制、移动文件或文件夹

以防计算机中病毒或其他原因导致文件或文件夹丢失，需要将重要的文件或文件夹复制一份进行备份。而移动是将文件或文件夹从原来的位置转移到另外一个位置。

复制、移动文件或文件夹常用的方法有两种：一种是利用右键菜单中的"剪切"或"复制"按钮或快捷键操作；另一种是直接用鼠标拖动文件或文件夹来完成。

4) 重命名文件或文件夹

重命名文件或文件夹主要有使用快捷菜单和两次单击对象法两种方法。

5) 删除和还原文件或文件夹

对于一些不必要的文件或文件夹，需要定期对其删除，达到节省空间容量的作用。删除文件或文件夹的方法如下：

(1) 选中要删除的对象，按下 Del 键完成删除。

(2) 选中对象，单击鼠标右键，在快捷菜单中选择"删除"命令。

(3) 选中文件，选中"主页"→"组织"→"删除"按钮，如图 2-27 所示。

图 2-27　"删除"按钮

对于删除的文件，系统会暂时将其存放到"回收站"中。如果再次需要可从"回收站"将其还原，具体步骤如下：

(1) 在桌面上双击"回收站"图标，打开"回收站"窗口。

(2) 选择要还原的文件。

(3) 在"回收站"窗口中，单击"管理回收站工具"选项卡，再单击"还原"分组中的"还原选定的项目"按钮，如图 2-28 所示。

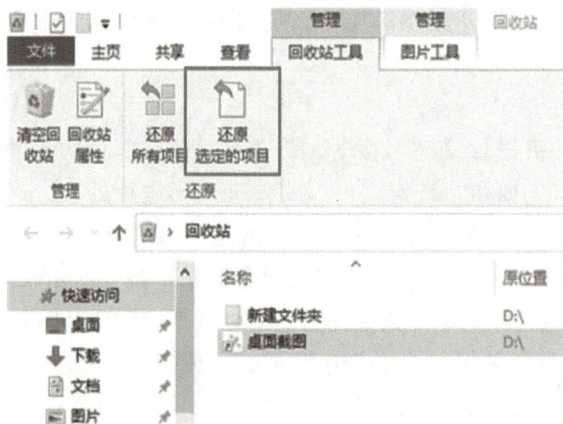

图 2-28　"还原选定的项目"按钮

🔍 补充知识

如果想彻底删除，则先选定对象，按下 Shift + Del 组合键将文件或文件夹彻底删除。这些文件或文件夹将不会被移入回收站。

6) 撤销操作

完成对象的复制、移动和删除等操作后，由于某种原因需要回到前一步的操作状态的方法如下：

(1) 使用快捷键 Ctrl + Z。

(2) 利用当前窗口，在快速访问工具栏单击撤销命令，如图 2-29 所示。

图 2-29　撤销按钮

7) 搜索文件或文件夹

Windows 10 系统为用户提供了非常便捷的查找功能，可以借助文件名称、文件类型等信息来查找文件或文件夹。对找到的对象还可以直接进行打开、复制、移动、重命名、删除和创建快捷方式等操作。

📖 补充知识

当遇到查找对象的信息不明确时，例如查找 D 盘下所有扩展名为 ".docx" 的文件，此时在主文件名未知的情况下，需用通配符 "?" 与 "*" 来表示。其中 "?" 表示任何一个字符，"*" 表示若干个字符。在搜索框中输入 "*.docx"，如图 2-30 所示，则搜索到了 D 盘下所有扩展名为 ".docx" 的 Word 文件。如果在搜索框中输入 "?A*.txt"，则搜索到的是名字的第二个字母为 "A" 的文件。

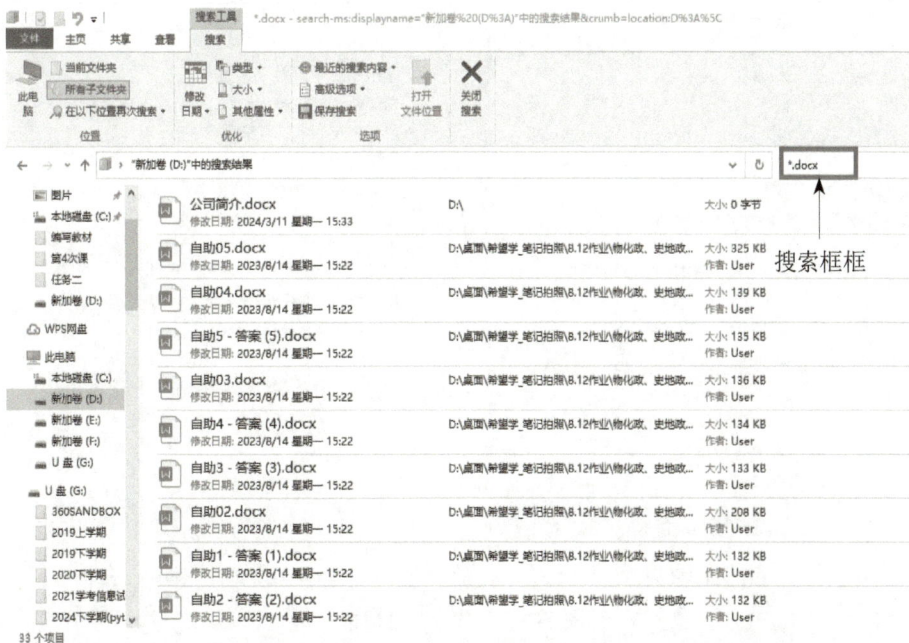

图 2-30　搜索框

8) 查看文件或文件夹的属性

为了更好地对文件或文件夹进行管理与操作，有时需要查看其属性。

可以选中需要查看属性的文件或文件夹，打开"属性"对话框来查看属性；也可以打开窗口中的"主页"选项卡，单击"属性"分组中的"属性"命令，如图 2-31 所示；还可以右击选定的文件或文件夹，再执行快捷菜单中的"属性"命令。

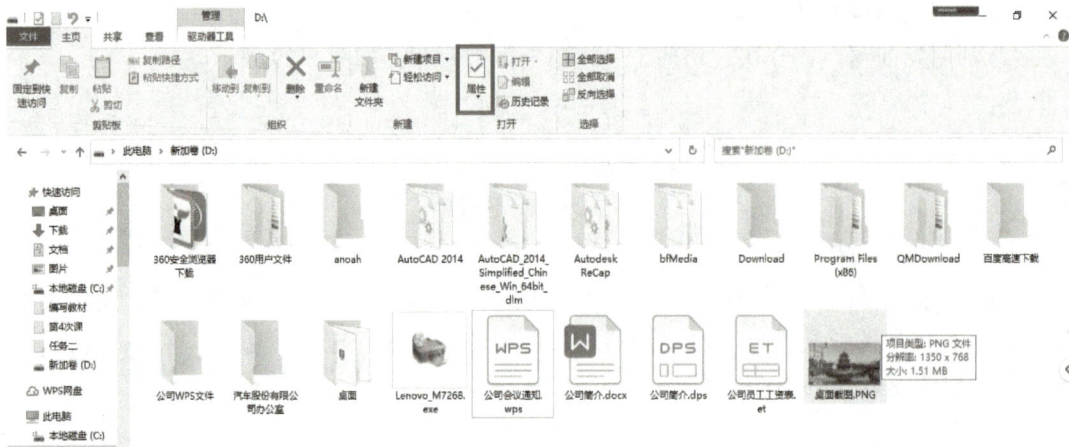

图 2-31　"属性"命令

属性对话框中显示了文件夹或文件的类型、位置、大小与占有空间等属性，如图 2-32 所示。

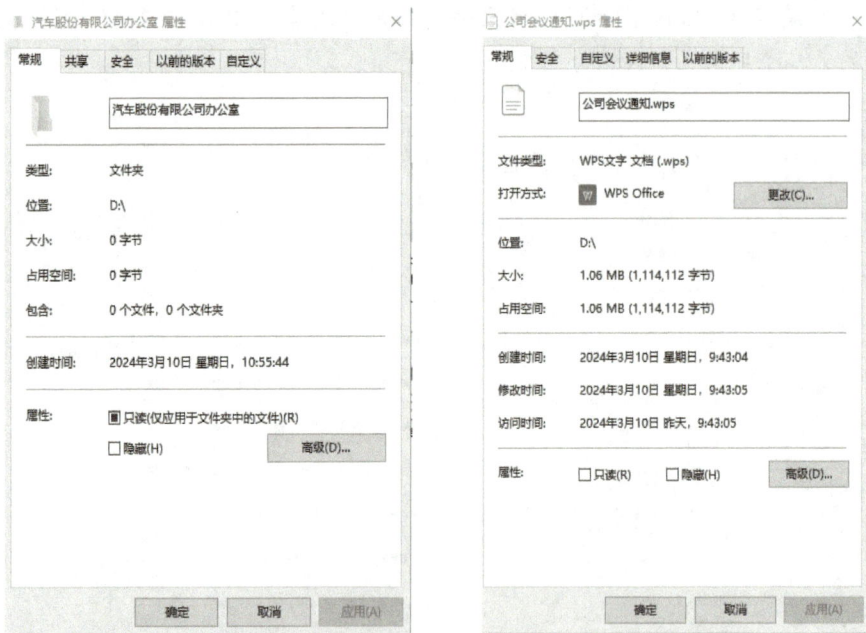

(a) 文件夹属性　　　　　　　　　　(b) 文件属性

图 2-32　"属性"对话框

补充知识

如果不希望其他用户执行查看等操作，可以对文件或文件夹的安全进行设置。文件或文件夹包括只读、隐藏与存档三种属性。

(1) 只读属性。用户可以读取该文件或文件夹，但是不能对其进行修改。

(2) 隐藏属性。设置隐藏属性后的文件或文件夹，将不会被用户看到。但是用户可以设置重新显示隐藏的文件或文件夹。

(3) 存档属性。用户可将文件或文件夹存档，以作为某些程序的备份。

四、任务步骤

本任务可以分为新建文件和文件夹、管理文件和文件夹 (如移动、复制、删除、搜索、设置文件和文件夹属性、创建快捷方式等)。下面详细讲解每个部分的操作步骤。

1. 新建文件和文件夹

1) 新建文件

在 D 盘新建"公司会议通知 .wps""公司简介 .docx""公司员工工资表 .et"和"公司简介 .dps"4 个文件，其操作步骤如下：

(1) 打开 D 盘，在空白区域右击鼠标，然后在弹出的列表栏中执行"新建"→"DOCX 文档"命令，如图 2-33 所示，新建"公司简介 .docx"文件。

图 2-33　新建文件

(2) 若 WPS 文件在"新建"中没有出现，则可以打开要创建文件的应用程序，完成创建。创建完成如图 2-34 所示。

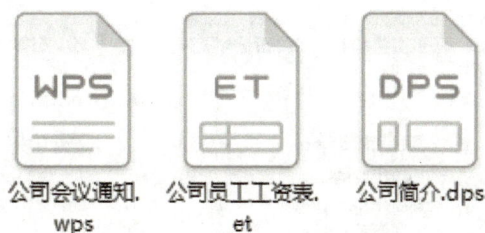

图 2-34　新建 WPS 文件

2) 新建文件夹

在 D 盘新建"汽车股份有限公司办公室""公司日常文件"和"公司机密文件"3 个文件夹，主要有以下 2 种方法。

【方法 1】打开 D 盘，在空白区域右击鼠标，然后在弹出的列表栏中执行"新建"→"文件夹"命令，即可新建文件夹。

【方法 2】在 D 盘窗口下，选择"主页"选项卡中"新建文件夹"选项，如图 2-35 所示，即可完成文件夹的创建。

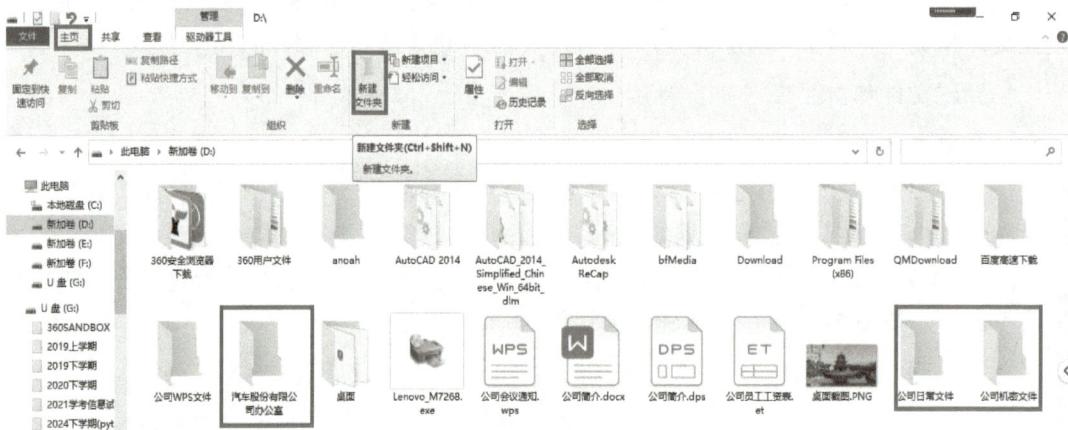

图 2-35　新建文件夹

2. 管理文件和文件夹

1) 文件和文件夹的移动、复制、删除

(1) 移动文件或文件夹。

在 D 盘，将"公司会议通知 .wps""公司简介 .docx"和"公司简介 .dps"3 个文件移动到"公司日常文件"文件夹中；将"公司员工工资表 .et"文件移动到"公司机密文件"文件夹中；将"公司日常文件"和"公司机密文件"移动到"汽车股份有限公司办公室"文件夹中。其操作步骤如下：

① 同时选中"公司会议通知 .wps""公司简介 .docx"和"公司简介 .dps"3 个文件，选中多个文件的方法参考知识点相关讲解部分。

② 在选中区域右击鼠标，再在出现的右键菜单中选择"剪切"命令 (或者利用快捷键 Ctrl + X) 剪切。

③ 打开"公司日常文件"文件夹，在空白区域右击，在出现的右键菜单中选择"粘贴"命令 (或者利用快捷键 Ctrl + V) 粘贴，如图 2-36 所示。

图 2-36　移动文件至"公司日常文件"文件夹

利用以上方法，也可以实现将"公司员工工资表 .et"文件移动到"公司机密文件"文件夹中，如图 2-37 所示。

图 2-37　移动文件至"公司机密文件"文件夹

同理，将"公司日常文件"和"公司机密文件"移动到"汽车股份有限公司办公室"文件夹中。

(2) 复制文件或文件夹。

将"桌面截图 .PNG"文件复制到"汽车股份有限公司办公室"文件夹中，其操作步骤如下：

① 打开 D 盘，选中"桌面截图 .PNG"文件。

② 在选中区域右击鼠标，然后在出现的右键菜单中选择"复制"命令 (或者利用快捷键 Ctrl + C) 复制。

③ 打开"汽车股份有限公司办公室"文件夹，在空白区域右击鼠标，然后在出现的右键菜单中选择"粘贴"命令 (或者利用快捷键 Ctrl + V) 粘贴，如图 2-38 所示。

图 2-38　复制文件

文件夹的复制和文件的复制方法一样。

(3) 删除文件或文件夹。

将 D 盘下的"桌面截图 .PNG"文件删除，其操作方法如下：

选中 D 盘下的"桌面截图 .PNG"，右击并执行"删除"命令，或者按键盘上的 Del 键，系统会将此文件直接移入回收站 (如果按下 Shift + Del 组合键将文件彻底删除，文件将不会被移入回收站)。

文件夹的删除和文件的删除方法一样。

2) 搜索文件或文件夹并创建快捷方式

搜索 D 盘下的"桌面截图 .PNG"文件，并建立一个名为"桌面截图"的快捷方式放在 D 盘下。其操作步骤如下：

搜索文件或文件夹
并创建快捷方式

(1) 打开 D 盘，在搜索框中输入"桌面截图 .PNG"并搜索，如图 2-39 所示。

图 2-39　搜索文件

(2) 选中搜索到的对象，单击"搜索"选项卡中的"打开文件位置"按钮，即可显示文件所在文件夹 (此为源文件路径)，如图 2-40 所示。

图 2-40　"搜索"选项卡

(3) 在 D 盘空白区域单击右键 (在哪里创建快捷方式就在哪里单击右键)，单击"新建"下的"快捷方式"选项，如图 2-41 所示。

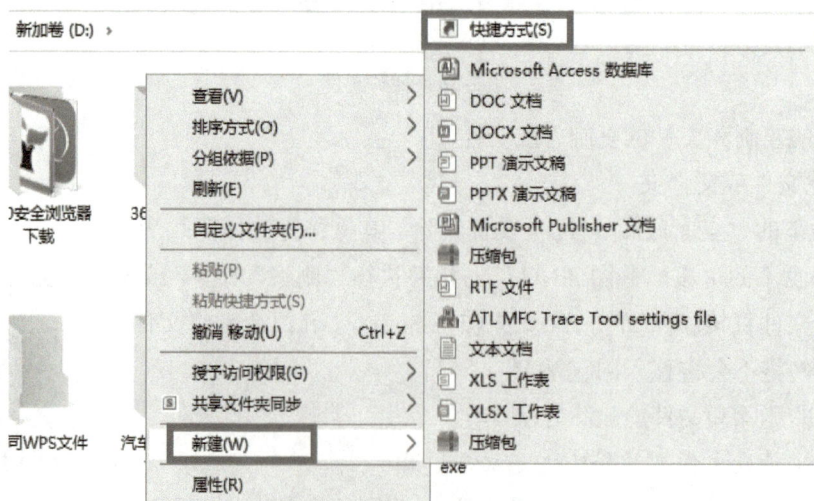

图 2-41　"快捷方式"选项

(4) 打开"创建快捷方式"对话框，找到创建快捷方式的源文件路径"D:\ 汽车股份有

限公司办公室 \ 桌面截图 .PNG"(在搜索时已确定)，如图 2-42 所示。

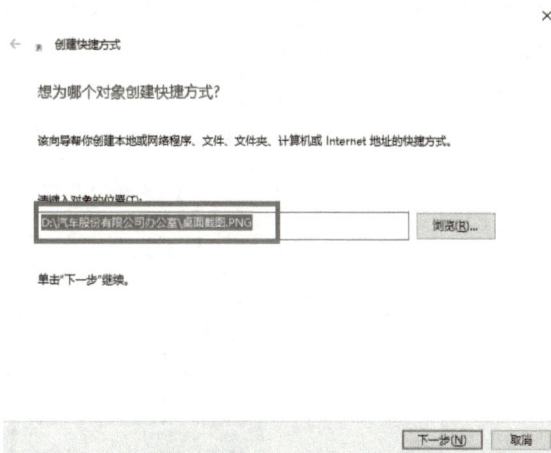

图 2-42　"快捷方式"对话框

(5) 单击"下一步"按钮，输入快捷方式的名称 (和源文件同名)，如图 2-43 所示。

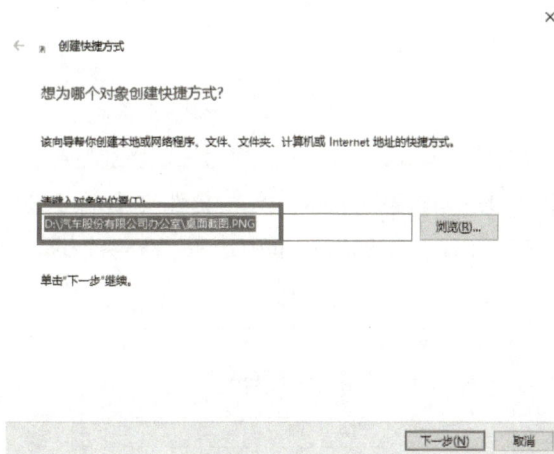

图 2-43　快捷方式命名

(6) 单击"完成"按钮，D 盘下就创建了一个快捷方式。

补充知识

　　文件或文件夹路径是指用户在计算机的磁盘上寻找文件时所途径的文件夹线路。路径分为绝对路径和相对路径，前者是从根文件夹开始的路径，以"\"作为开始；后者是从当前文件夹开始的路径。文件存放位置的命名格式为"磁盘名 :\ 文件夹名 \...\ 文件名"。

3) 隐藏与显示文件或文件夹

(1) 隐藏文件或文件夹。

将 D 盘下的"公司机密文件"文件夹隐藏，其操作步骤如下：

　　① 双击打开 D 盘，在 D 盘窗口中单击"文件"菜单，选中菜单下的"选项"，如图 2-44 所示，即可打开"文件夹选项"对话框。

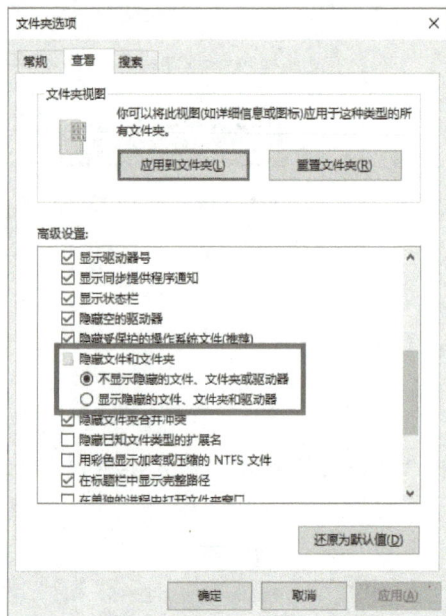

②　在弹出的"文件夹选项"对话框中，选择"查看"选项，在"隐藏文件和文件夹"下方选中"不显示隐藏的文件、文件夹或驱动器"选项 (这是默认设置，但在设置隐藏文件或文件夹之前，需要检查一下)，如图 2-45 所示。

图 2-44　"文件"菜单中的"选项"　　　　图 2-45　"文件夹选项"对话框

③　选中 D 盘下"汽车股份有限公司办公室"文件夹中的"公司机密文件"文件夹，右击对象选中"属性"选项，在弹出的对话框中选中"常规"选项卡中的"隐藏"属性，如图 2-46 所示。

图 2-46　"隐藏"属性

④ 单击"确定"按钮，打开"确认属性更改"对话框 (对于文件夹的设置隐藏一般会出现)。如果仅对本文件夹设置隐藏，可以选中第一个选项；如果对此文件夹下所有包含的文件和文件夹设置隐藏，可以选中第二个选项。本任务选中第二项，如图 2-47 所示。

⑤ 设置参数后，单击"确定"按钮，"公司机密文件"文件夹会被隐藏，如图 2-48 所示。

图 2-47　"确认属性更改"对话框

图 2-48　文件夹被隐藏

(2) 显示文件或文件夹。

显示隐藏的"公司机密文件"文件夹，并设置其文件夹下的"公司员工工资表 .et"文件为只读属性。其操作步骤如下：

① 双击打开 D 盘，在 D 盘窗口中单击"文件"菜单，选中菜单下的"选项"，即可打开"文件夹选项"对话框。

② 在弹出的"文件夹选项"对话框中，选择"查看"选项，在"隐藏文件和文件夹"下方选中"显示隐藏的文件、文件夹或驱动器"选项，单击"确定"按钮，"公司机密文件"文件夹将会出现，但该文件夹属于虚显状态，如图 2-49 所示。

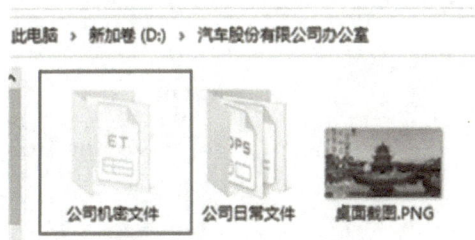

图 2-49　文件夹为虚显状态

③ 选中"公司机密文件"文件夹，右击对象选中"属性"选项，在弹出的对话框中去掉选中"常规"选项卡下的"隐藏"属性，文件夹就恢复了正常显示。

④ 打开"公司机密文件"文件夹，选中"公司员工工资表 .et"文件，右击对象选中"属性"选项，在弹出的对话框中选中"常规"选项卡下的"只读"属性，如图 2-50 所示。

图 2-50　设置只读属性

4) 设置文件存储属性

设置"桌面截图 .PNG"文件存档属性，其操作步骤如下：

(1) 打开 D 盘下的"汽车股份有限公司办公室"文件夹，选中"桌面截图 .PNG"文件，右击对象选中"属性"选项，在弹出的对话框中单击"常规"选项卡下的"高级"按钮，如图 2-51 所示。

(2) 打开"高级属性"对话框，选中"可以存档文件"，如图 2-52 所示，单击"确定"按钮完成操作。

图 2-51　"高级"按钮

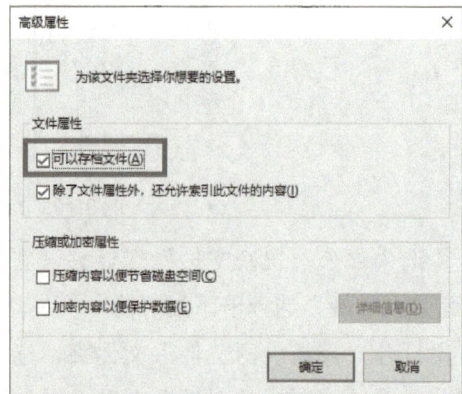

图 2-52　"高级属性"对话框

任务 2.3　Windows 10 控制面板

一、任务描述

Windows 10 的控制面板是一个重要的系统管理工具，它集成了各种系统设置和管理功能，允许用户对计算机进行个性化调整和设置。控制面板如图 2-53 所示。

图 2-53　控制面板

二、任务分析

控制面板的基础配置和高级功能，可以让我们更加方便地管理和调整计算机的各项设置，提升使用效率。本任务利用控制面板完成包括外观和个性化设置、用户账户管理、程序和功能管理等操作。

三、相关知识点

1. 外观和个性化

如果要个性化个人计算机桌面，可以在控制面板中设置任务栏、背景、屏保、字体等。

2. 账户管理

Windows 10 系统中，一台计算机可以允许多个用户使用，可以建立多个账户，并且每个账户之间互相不受影响。只有登录到各自的账户内，才能查看各自账户的资料。

3. 程序和功能设置

如果想管理或删除已安装的软件或程序，可以通过控制面板中的程序和功能设置来轻松实现；也可以查看已安装的程序列表，卸载不需要的程序，或者更改安装程序的一些设置。

四、任务步骤

本任务可以分为外观与个性化 (添加新字体)、账户管理 (增加新用户)、程序和功能 (卸载软件) 等几个部分。下面详细讲解每个部分操作步骤。

1. 外观与个性化

把网上下载的新字体 "方正胖头鱼简体 .ttf" (本书配套教学素材中也有该字体) 增加到字体库 (注意只有字体库里的字体才能被使用)，其具体步骤如下：

(1) 选中新文字，单击右键选中 "复制" 按钮。

(2) 右击 "此电脑" 图标，选择 "属性" 选项，如图 2-54 所示。

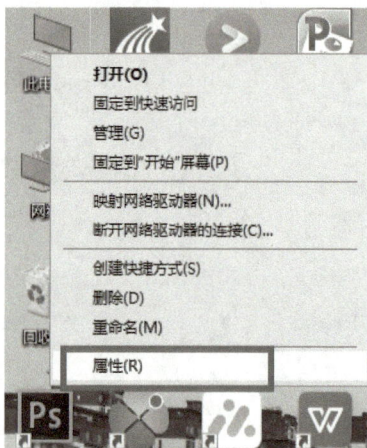

图 2-54 "此电脑" 中的 "属性" 选项

(3) 在弹出的 "系统" 窗口中，单击左侧的 "控制面板主页" 按钮，如图 2-55 所示。

图 2-55 "控制面板主页" 按钮

(4) 在弹出的"控制面板"窗口中，执行"外观和个性化"→"字体"命令，如图 2-56 所示。

图 2-56　"字体"命令

(5) 在"字体"窗口中的空白区域右击，选择"粘贴"按钮 (或用 Ctrl＋V 快捷键)，将新字体增加到字体库中，如图 2-57 所示。这样在 Word 编辑的文档中，方正胖头鱼字体就可以使用了。

图 2-57　字体库

2. 账户管理

创建新账户"汽车股份有限公司办公室"，并对该账户更改账户类型和设置密码，其具体步骤如下：

(1) 利用上面任务的方法打开"控制面板"窗口，选择"用户账户" (注：界面中"帐户"为误用，后同)

账户管理

(2) 选择"用户账户"下的"更改账户类型"，然后再选择打开窗口下的"在电脑设置中添加新用户"链接，如图 2-58 所示。

选择要更改的用户

图 2-58　添加新用户

(3) 打开"其他用户"设置，选中"将其他人添加到这台电脑"。

(4) 在打开的窗口中选中"用户"文件夹，在右侧"操作"窗格中单击"用户"，选择"更多操作"下的"新用户"命令，如图 2-59 所示。

图 2-59　创建新用户

(5) 在"新用户"对话框中输入用户名、密码等相关信息，如图 2-60 所示，单击"创建"按钮，新用户就创建成功了。

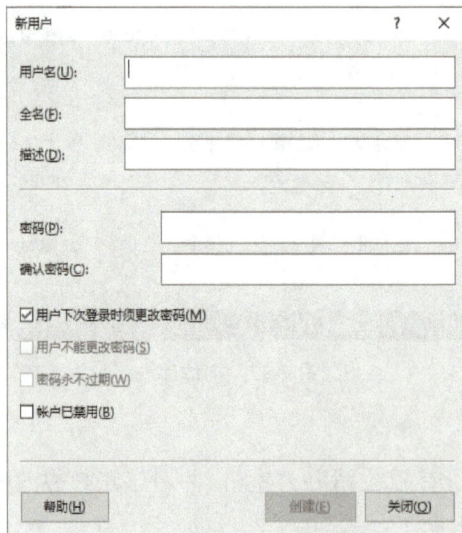

图 2-60　新用户信息注册

(6) 在"管理账户"下选中新建用户"汽车股份有限公司办公室"，如图 2-61 所示。

(7) 在"更改账户"窗口中，可以对该用户进行修改账号名称、更改密码、更改账户类型、删除账户等操作，如图 2-62 所示。单击链接可以按提示进行操作，这里不再赘述。

选择要更改的用户

Administrator
本地帐户
Administrator

汽车股份有限公司办公室
本地帐户

在电脑设置中添加新用户

图 2-61　管理账户

更改 汽车股份有限公司办公室 的帐户

更改帐户名称
创建密码
更改帐户类型
删除帐户

管理其他帐户

汽车股份有限公司办公室
本地帐户

图 2-62　更改账户信息

3. 程序和功能

卸载不常用的软件的步骤如下：

(1) 右击"此电脑"图标，选择"属性"选项。

(2) 在弹出的"系统"窗口中，单击左侧的"控制面板主页"按钮。

(3) 在弹出的"控制面板"窗口，执行"程序"→"卸载程序"命令。

(4) 在弹出的"程序和功能"主页面中，选择所需要卸载的程序，然后执行"组织"右侧的"卸载 / 更改"命令，如图 2-63 所示。

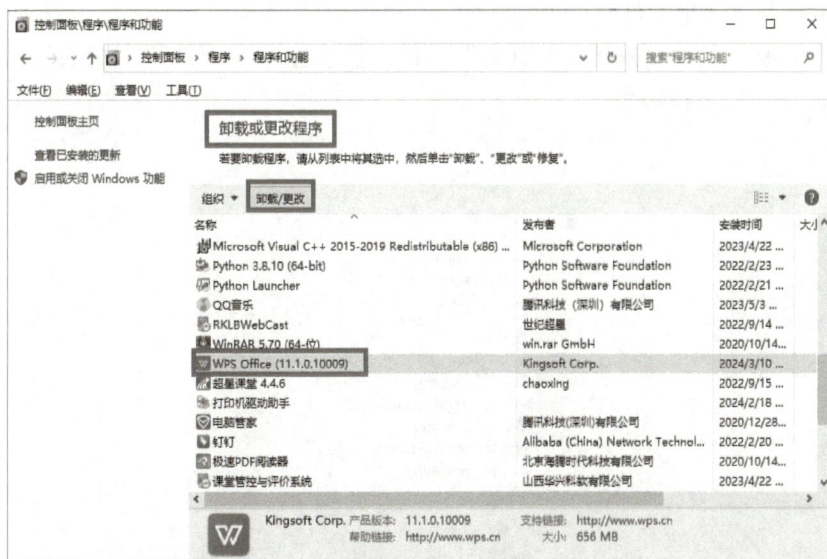

图 2-63　卸载程序

(5) 这时会弹出"确认卸载该程序"的提示，若确定要卸载该程序及组件，则单击"是"按钮，系统将会卸载该程序。在卸载的过程中，用户需要耐心等待直到卸载结束。

拓展任务　Windows 10 基本操作

一、任务描述

全国计算机等级考试是参加人数较多的计算机水平测试，且在国内影响较大。其中 Windows 基本操作属于必考内容。将本书配套教学素材中的考生文件夹放到 D 盘下，具体操作要求如下：

(1) 将考生文件夹下 TURO 文件夹中的 POWER.DOC 文件删除。

(2) 在考生文件夹下 KIU 文件夹中新建一个名为 MING 的文件夹。

(3) 将考生文件夹下 INDE 文件夹中的 GONG.TXT 文件设置为只读和隐藏属性。

(4) 将考生文件夹下 SOUP\HYR 文件夹中的 ASER.FOR 文件复制到考生文件夹下 PEAG 文件夹中。

(5) 搜索考生文件夹中的 READ.EXE 文件，并为其建立一个名为 READ 的快捷方式，放在考生文件夹下。

二、任务步骤

本任务可以分删除文件、新建文件夹、设置文件属性、复制文件、搜索文件并创建快捷方式等几个部分。

1. 删除文件

删除 POWER.DOC 文件的步骤如下：

(1) 双击打开"考生文件夹"，再双击打开"TURO"文件夹。

(2) 右击需要删除的"POWER.DOC"文件，在快捷菜单中选择"删除"命令，此文件将被删除，如图 2-64 所示。

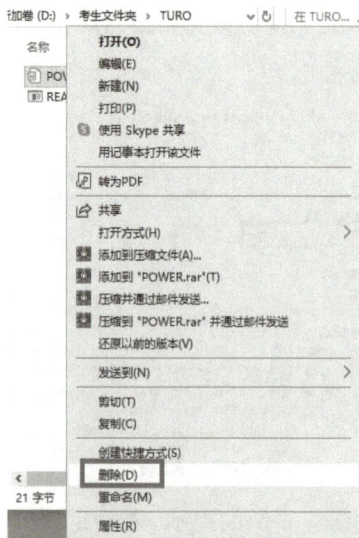

图 2-64　删除文件

2. 新建文件夹

新建名为 MING 的文件夹的步骤如下：

(1) 双击打开"考生文件夹"，再双击打开"KIU"文件夹。

(2) 右键单击空白处，选择"新建"→"文件夹"命令，如图 2-65 所示，然后在文件夹名称处填入"MING"。

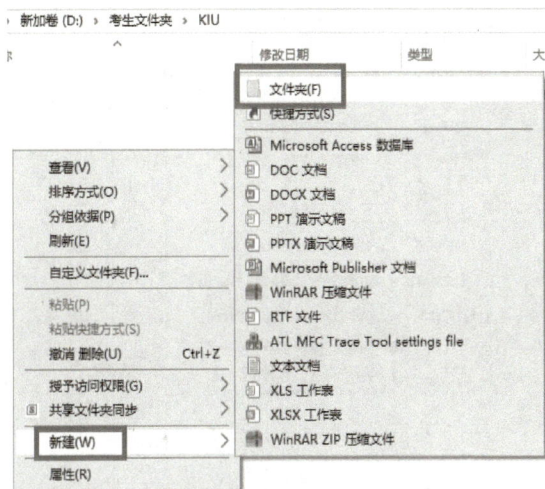

图 2-65　新建文件夹

3. 设置文件属性

为 GONG.TXT 设置文件属性的步骤如下：

(1) 双击打开"考生文件夹"，再双击打开"INDE"文件夹。

(2) 右击"GONG.TXT"文件，选择"属性"命令，如图 2-66 所示。

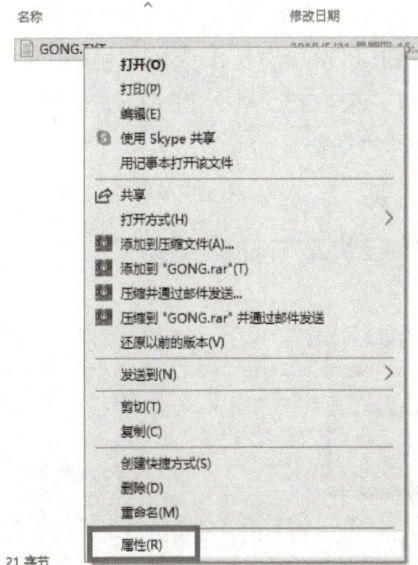

图 2-66　打开"属性"对话框

(3) 在弹出的文件属性对话框中，选择"常规"选项卡，然后可直接设置"只读"和"隐藏"属性，如图 2-67 所示。

图 2-67　设置属性

(4) 设置完成后，单击"确定"按钮。

4. 复制文件

将 ASER.FOR 复制到 PEAG 文件夹中的步骤如下：

(1) 双击打开"考生文件夹 \SOUP\HYR"，进入 HYR 文件夹。

(2) 右击需要复制的"ASER.FOR"文件，选择"复制"命令。

(3) 双击打开"考生文件夹 \PEAG"，进入 PEAG 文件夹。

(4) 右键单击空白处，选择"粘贴"命令。

5. 搜索文件并创建快捷方式

搜索 READ.EXE 文件并创建快捷方式的步骤如下：

(1) 双击打开"考生文件夹"。

(2) 在搜索框中输入"READ.EXE"，会出现搜索结果，如图 2-68 所示。

图 2-68　搜索结果

(3) 右击搜索到的"READ.EXE"文件，选择"创建快捷方式"命令，这样在同一个文件夹中就创建了此文件的快捷方式，如图 2-69 所示。

图 2-69　同文件夹下创建快捷方式

(4) 根据搜索到的文件可以看到 READ.EXE 文件所在文件夹路径"D:\ 考生文件夹 \TURO"。

(5) 根据路径打开"TURO"文件夹 (或在"搜索"窗口单击选项组功能区中的"打开文件位置"按钮)，如图 2-70 所示。

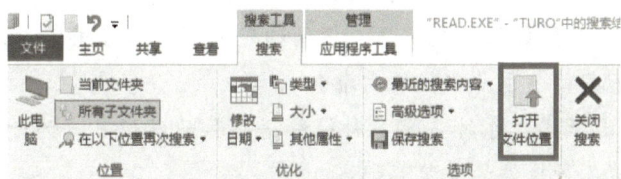

图 2-70　"打开文件位置"按钮

(6) 在打开的文件夹中，右击创建的快捷方式文件，选择"剪切"命令，如图 2-71 所示。

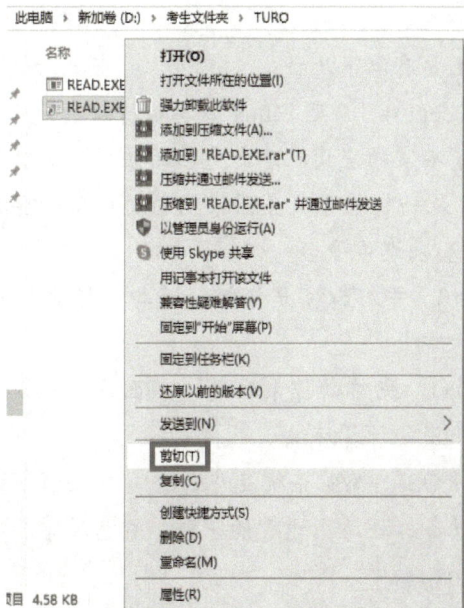

图 2-71　剪切快捷方式文件

(7) 打开"考生文件夹",右键单击空白处,选择"粘贴"命令,快捷方式文件创建完成。

补充知识

上述任务中采用了任务 2.1 中介绍的方法创建快捷方式,还可以参考任务 2.1 中介绍的通用方法,利用"创建快捷方式"对话框完成。

课程思政

国产操作系统作为中国自主研发的操作系统,近年来取得了显著的发展。这些系统多以 Linux 为基础进行二次开发,旨在提供安全、稳定、高效的计算环境,满足政府、企业、教育等各个领域的需求。

1. 国产操作系统的特点

国产操作系统的主要特点如下:

(1) 安全性高。国产操作系统通常采用自主知识产权的加密技术和安全机制,致力于保护用户数据和网络安全,减少了对国外技术的依赖。

(2) 适应性强。国产操作系统能够适应不同的硬件环境和应用场景,支持多种 CPU 架构和硬件设备,满足各种企事业单位的需求。

(3) 灵活性高。国产操作系统支持多种编程语言和开发工具,为开发人员提供了丰富的选择,同时也支持各种软件的安装和配置。

(4) 价格优势。相比国外品牌的操作系统,国产操作系统的价格更为实惠,有助于降低企事业单位的采购成本。

2. 国产操作系统的产品

国产操作系统的产品主要有以下几种:

(1) 深度 Linux(Linux Deepin)。深度 Linux 以其独特的桌面环境和简洁美观的界面设计受到用户喜爱,同时提供了丰富的应用程序和完善的应用商店功能。

(2) 安超 OS。安超 OS 是一款基于服务器架构的通用型云操作系统,为企业提供高性能、高可用、高效率的 IT 基础设施平台。

(3) 中标麒麟 (NeoKylin)。中标麒麟是银河麒麟与中标普华合并后的品牌,适配多种国产 CPU,支持多种主流架构。

(4) 统信操作系统 (UOS)。统信操作系统是一款面向桌面和服务器市场的操作系统,致力于提供稳定、安全、易用的计算环境。

(5) 鸿蒙系统 (Harmony OS)。鸿蒙系统是华为公司自主研发的分布式操作系统,它不仅支持手机、平板等移动设备,还适用于智能穿戴、智慧屏等全场景设备。

3. 国产操作系统的应用场景

国产操作系统在政府、企业、教育、大数据等场景都有着广泛的应用。

(1) 政府和企业。国产操作系统在政府和企业领域有着广泛的应用，如办公自动化、电子政务、企业资源规划等，有助于降低对外部系统的依赖，提高国家信息安全水平。

(2) 教育领域。许多学校将国产操作系统作为教学和实验的平台，为学生提供了丰富的学习资源和实践机会，培养了一大批 Linux 技术人才。

(3) 云计算和大数据。随着云计算和大数据技术的发展，国产操作系统在这些领域也发挥着重要作用，为基础设施建设提供了强有力的支持。

4. 国产操作系统的发展趋势

随着国家政策的支持和技术的不断进步，国产操作系统的发展前景十分广阔。未来，国产操作系统将继续加强自主研发能力，提高系统性能和安全性，扩大应用领域和市场份额。同时，也将面临着来自国外品牌的竞争和挑战，需要不断创新和完善自身的技术和产品。

第 3 单元
WPS 文字常用文档制作

情景导入

大学毕业后，小王找到了一份行政助理的工作，工作内容是利用文字排版软件制作通知、图文文档、表格等办公文档。公司使用的是国产办公软件 WPS Office，其中 WPS 文字文档是一款功能全面、操作简便的文字处理软件，能够满足用户在文档编辑、排版等方面的需求，是办公和学习中不可或缺的工具之一。为了让小王能更好地胜任工作，领导让他先熟悉一下 WPS Office 软件的界面和操作功能，然后通过几个常用办公文档的制作，来熟练 WPS 文字功能。

教学目标

【知识目标】

(1) 了解 WPS 文字文档的基本功能和特点，熟悉其操作界面和使用方法。

(2) 掌握 WPS 文字文档中文本输入、编辑和排版的基本知识，包括字体、字号、对齐方式、缩进等基本概念和设置方法。

(3) 掌握在 WPS 文字文档中插入图片、表格、形状等对象的基本方法和格式设置。

(4) 熟悉 WPS 文字文档的打印和输出设置，了解页面布局、页边距、纸张大小等打印相关知识。

【技能目标】

(1) 能够熟练运用 WPS 文字文档进行文本的输入、编辑和排版，制作出格式规范、美观大方的文档。

(2) 能够掌握在 WPS 文字文档中插入图片、表格、形状等对象的具体操作方法，并能够根据需要进行格式调整和优化。

(3) 能够独立完成文档的打印和输出，包括页面设置、打印预览和打印操作等。

(4) 能够通过 WPS 文字文档进行团队协作和文件共享，提高工作效率和团队协作能力。

【素质目标】

(1) 培养学生的信息素养和数字化学习能力，使其能够适应信息化时代的发展需求，熟练运用信息技术工具进行学习和工作。

(2) 提高学生的审美能力和创新能力，通过 WPS 文字文档的制作和编辑，创作出具有个性和美感的文档作品。

(3) 培养学生的自主学习能力和问题解决能力，鼓励其通过自主探究和合作学习，解决 WPS 文字文档使用过程中遇到的问题。

【思政目标】

(1) 增强国家认同感与自豪感。通过介绍 WPS 作为国产办公软件的代表，引导学生认识到我国在信息技术领域的自主创新能力和发展成就，从而增强学生对国家的认同感和自豪感。

(2) 培养信息安全意识。强调使用国产软件对于保障国家信息安全的重要性，引导学生在日常生活和工作中注重信息安全，防范信息泄露和网络攻击。

(3) 树立自主创新精神。鼓励学生在学习 WPS 文字文档的过程中，积极探索新功能、新技巧，培养自主创新的意识和能力，为未来的科技创新做好准备。

(4) 强化社会责任感。通过 WPS 文字文档的实际应用案例，引导学生理解信息技术在社会发展和国家建设中的重要作用，从而强化学生的社会责任感，激发其为社会进步和国家发展贡献力量的热情。

任务 3.1　制 作 公 文

一、任务描述

公司下周要召开一个关于 2024 年度战略规划与业务发展的会议，需要小王写一个会议通知，要求文档排版格式符合规范。任务效果如图 3-1 所示。

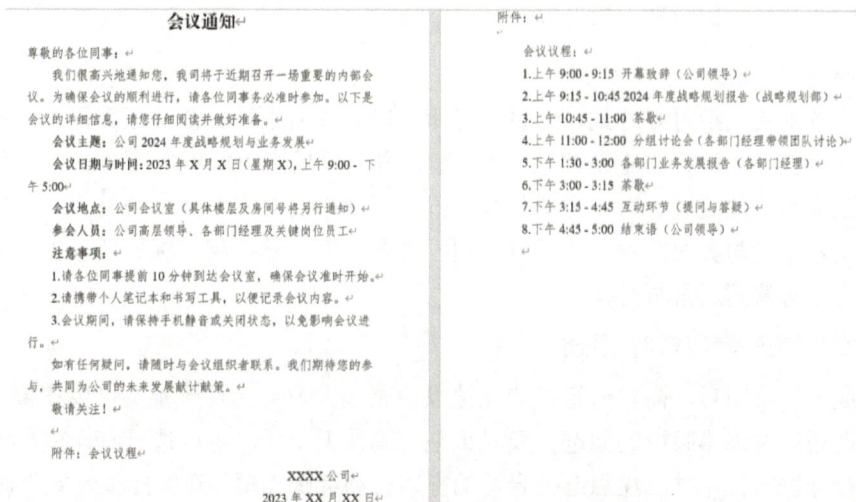

图 3-1　会议通知效果图

二、任务分析

使用 WPS 软件对会议通知进行排版时，需要确保内容清晰、格式规范，符合专业排版标准和规范，并满足打印或电子分发的需求。此任务涉及新建、保存文档，文本输入，插入附件、字体格式、段落格式的设置，文档页面设置，打印与打印预览。设置页面时，页边距设置需合理，避免文本过于靠近纸张边缘。根据需求选择适当的打印设置或导出为 PDF 等格式，确保最终文档呈现的效果符合预期。使用 WPS 软件进行会议通知的排版工作，不仅能够高效地完成格式调整和内容编辑，还能通过遵循专业排版标准和规范，提升文档的整体质量和专业度。

三、相关知识点

1. 公文排版标准和规范

公文排版要求严谨、规范，以体现其正式性和权威性。一般而言，公文应使用统一的模板，遵循固定的格式，包括标题、发文字号、主送单位、正文、附件、落款等元素。字体、字号、行距、段距等细节也需按照标准设置，确保整体视觉效果清晰、易读。

2. 页面设置

页面设置是公文排版的基础，主要包括纸张大小、页边距、纸张方向、页眉页脚等部分的设置。公文通常使用 A4 纸，其上、下、左、右页边距一般设置为 2.5～3 cm，确保文本内容不会过于靠近纸张边缘。页眉页脚可根据需要设置，但应避免过于花哨，以保证公文的正式性。

3. 字体设置

字体设置对公文的可读性和视觉效果至关重要，一般包括字体、字号、字形、字体颜色、字符间距和一些字体效果的设置。公文正文一般使用宋体、仿宋等清晰易读的字体，标题可使用黑体、楷体等突出显示。字号方面，正文一般使用小四号或五号字，标题则根据层级使用不同的字号，如一号、二号等。

4. 段落设置

段落设置主要包括对齐方式、缩进、行距、段前段后距等。公文正文段落一般设置为首行缩进 2 字符，行距为固定值或 1.5 倍行距，段前段后距可根据需要微调，以保持段落间的适当距离和整体美观。对齐方式是指文本在页面中的对齐方式。公文正文一般采用左对齐，使文本左侧与页边距对齐，右侧则根据文本长度自然排列。标题可根据需要居中对齐或左对齐，落款则通常右对齐。

5. 公文打印预览、打印及导出

在完成公文排版后，需要进行打印预览以检查最终效果。打印预览可以模拟实际打印效果，帮助用户发现排版中的问题并及时调整。确认无误后，可以选择打印或导出为 PDF 等格式进行分发。打印时应注意选择合适的打印机和纸张类型，确保打印效果清晰、整洁。导出为 PDF 时，应检查文件是否保留原格式且可正常打开阅读。

四、任务步骤

本任务可以分为新建和保存文档、页面设置、输入文本、编排文档、保存文档、预览与打印文档、关闭文档等几个部分。下面详细讲解每个部分的操作步骤。

制作公文

1. 新建和保存文档

1) 新建文档

打开 WPS Office 软件，单击窗口左上角的"WPS Office"→"新建"→"Office 文档文字"→"空白文档"，如图 3-2、图 3-3 所示。

图 3-2　"新建"按钮

图 3-3　"新建"选项窗口

2) 保存文档

单击"文件"→"另存为 (A)"，弹出"另存为"对话框，在"地址栏"中选择文件保存的位置 (保存在"第 3 单元 \ 任务 3.1"文件夹中)，在"文件名称"中输入文件名"会议通知"，单击"保存"按钮，文件保存完成，如图 3-4 所示。

图 3-4　"另存为"对话框

🔍 补充知识

· WPS 文档可以保存成多种格式，如图 3-5 所示。

保存文档副本

= WPS 文字 文件 (*.wps)

= WPS 文字 模板文件 (*.wpt)

W Word 97-2003 文件 (*.doc)

= Word 97-2003 模板文件 (*.dot)

W Word 文件 (*.docx)

? 其他格式(M)

图 3-5　文件保存类型

· 保存到我的云文档。

在"另存为"对话框中，选择"我的云文档"，将文件保存到我的云文档，可以实现多设备跨平台同步、历史版本恢复等，为用户提供了更加便捷、高效和安全的文档处理方式。

· 保存和另存为的区别。

保存是用原文件名并在原位置以原文件类型保存文件，特殊情况下如果当前文档未被保存过，单击"保存 (s)"，会弹出"另存为"对话框。

若选择"另存为"选项，则可更改文件的保存位置、文件名和文件类型等。

· 保存成 PDF 格式。

将文档保存成 PDF 格式，可以避免传送文件时因为不同版本产生的格式错误，而且 PDF 格式占用内存小，更便于传输。

· 分享文档。

在工作和生活中常需要传输各种各样的文件，普通的传输方式传输时间长，文件有被二次编辑的风险，此时就可以使用 WPS 云功能——分享，它会将文件以链接的方式发送给他人，减少了因文件过大带来的传输时间，还可以设置好友编辑权限、链接有效期，自定义关闭文件的分享权限，大大提高了文件传输的安全性。

单击窗口右上方的"分享"按钮，如图 3-6 所示，若选择"和他人一起编辑"，则会弹出如图 3-7 所示的窗口，可以将文档以链接的方式分享给他人，还可以设置好友编辑权限等。

· 开启云同步。

单击"WPS Office"→全局设置按钮，如图 3-8 所示。然后在列表中选择"设置"，打开"设置中心"，开启"文档云同步"，如图 3-9 所示，可以从手机或其他计算机登录相同账号来访问该计算机打开过的文档。

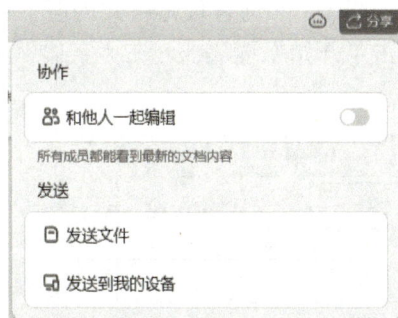

图 3-6　"分享"按钮

图 3-7　分享文档设置权限等

图 3-8　全局设置按钮

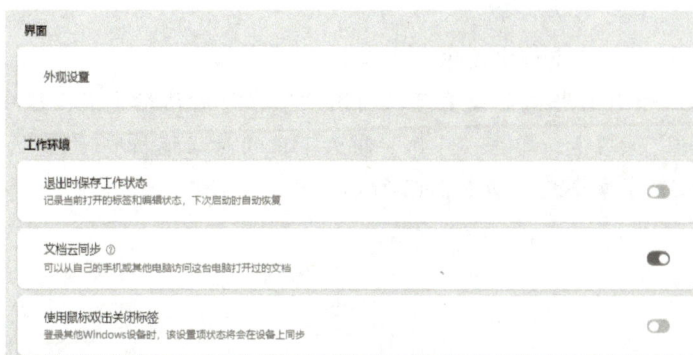

图 3-9　开启云同步

2. 页面设置

1) 页边距设置

单击"页面"选项卡，在"页面设置"组中设置上、下、左、右页边距，分别为 3 cm、2.5 cm、2.6 cm、2.5 cm，如图 3-10 所示。

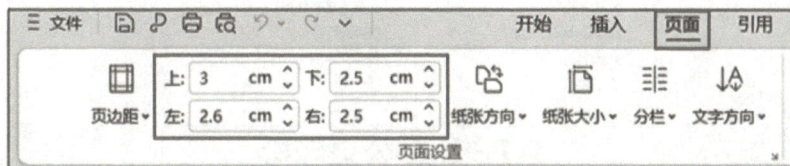

图 3-10　页边距设置

2) 纸张大小与方向

纸张大小为 A4，纸张方向为纵向。

单击"页面"选项卡,在"页面设置"组中单击"纸张大小",从列表中选择"A4",再单击"纸张方向",选择"纵向"。

3. 输入文本

在文档中输入公文标题"会议通知"。

4. 编排文档

1) 设置标题格式

设置标题"会议通知"的字体格式为方正小标宋简体、二号,段落格式为居中对齐。

(1) 设置字体。选中标题文字"会议通知",单击"开始"选项卡,在"字体"组设置字体与字号,如图 3-11 所示。

图 3-11　字体格式设置

📷 补充知识

• 方正小标宋简体字体需要安装。

• 字体格式的设置可以利用"字体"对话框完成,选中要设置格式的文本,单击"开始"选项卡,单击"字体"组右下角的对话框折叠按钮 ⌐,可弹出"字体"对话框,从而设置字体格式,如图 3-12 所示。

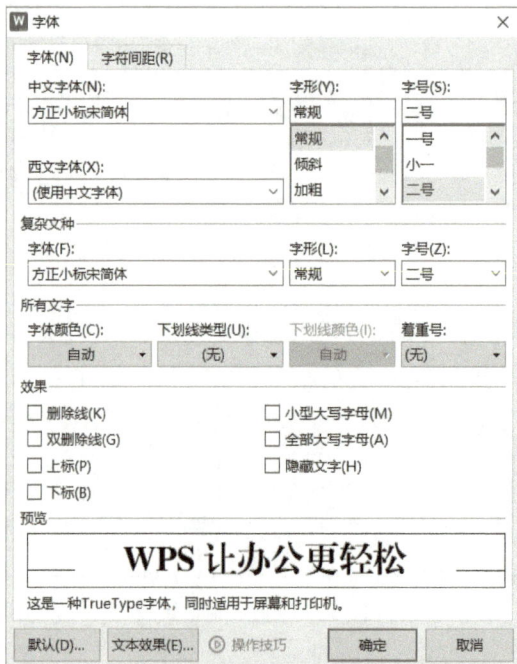

图 3-12　"字体"对话框

(2) 设置段落格式。选中标题文字"会议通知"，单击"开始"选项卡，在"段落"组单击居中对齐按钮，如图 3-13 所示。

图 3-13　居中对齐设置

📇 补充知识

段落格式的设置可以利用"段落"对话框完成，选中要设置格式的文本，单击"开始"选项卡，单击"段落"组的对话框折叠按钮，可弹出"段落"对话框，从而设置段落格式，如图 3-14 所示。

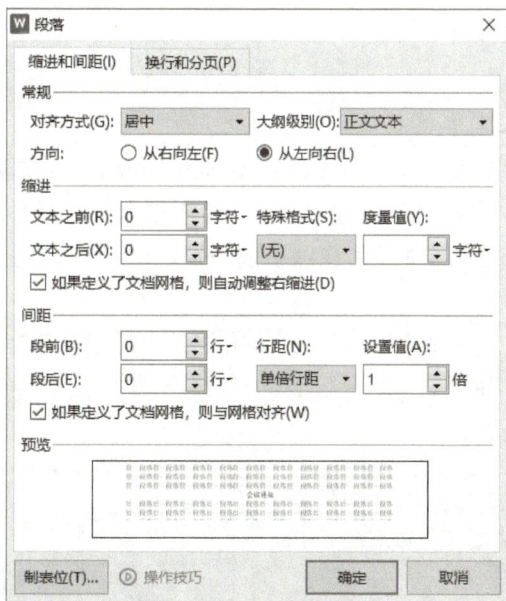

图 3-14　"段落"对话框

2) 插入文本

将本书配套教学素材中"第 3 单元 \ 任务 3.1 \ 素材 \ 3.1 会议通知素材文件 .docx"文档的文本复制到当前文档末尾。

在标题"会议通知"文字末尾按回车键，先单击"开始"选项卡，再单击"字体"组的清除格式按钮，然后单击"插入"选项卡，在"部件"组单击"附件"→"文件中的文字"，弹出"插入文件"对话框，选择要插入的文件，如图 3-15、图 3-16 所示。

📇 补充知识

复制文本也可利用复制、粘贴完成。先打开要复制文本的文件，按组合键 Ctrl＋A 选中所有文本，然后单击"开始"选项卡，在"剪贴板"组单击"复制"按钮打开目标文件，如"会议通知"，将光标移到文档末尾，再单击"粘贴"按钮。

图 3-15　插入附件　　　　　　　　　　图 3-16　"插入文件"对话框

3) 设置主送方和正文文本格式

设置主送方和正文字体格式为仿宋和 Times New Roman(西文)、三号，段落格式为左对齐、首行缩进 2 字符，行距为固定值 28 磅。部分文本 ("会议主题：""会议日期与时间：""会议地点：""参会人员：""注意事项：") 加粗显示。主送方无缩进。

(1) 设置字体格式。

选中文本 (从"尊敬的各位同事："到"附件：会议议程")，打开"字体"对话框，设置字体格式，如图 3-17 所示。

(2) 设置正文段落格式。

图 3-17　设置正文字体格式　　　　　　图 3-18　设置正文段落格式

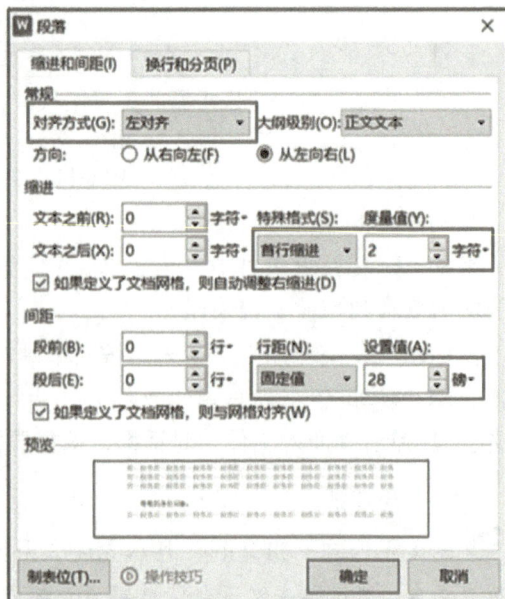

选中文本 (从 "我们很高兴地通知您" 到 "附件：会议议程")，打开 "段落" 对话框，设置段落格式，如图 3-18 所示。

(3) 文本加粗显示。

按住 Ctrl 键选中文本的 "会议主题："" 会议日期与时间："" 会议地点："" 参会人员："" 注意事项："，单击 "开始" 选项卡，在 "字体" 组单击加粗按钮 **B**。

🔍 补充知识

可利用格式刷快速复制和粘贴格式。使用格式刷的步骤如下：

(1) 先选中设置好格式的段落或文字。

(2) 单击格式刷按钮 (单击 "开始"，在 "剪贴板" 组单击格式刷按钮)。

(3) 将光标移到想要应用相同格式的位置。

(4) 使用格式刷刷过要应用格式的文本。

单击格式刷，只能复制一次格式；双击格式刷可以复制多次格式，直到再次单击格式刷按钮即可停止格式的复制。

4) 设置落款和日期格式

(1) 设置落款格式。

选中落款 ("XXXX 公司")，设置字体格式为仿宋、三号，段落格式为右对齐，行距为固定值 28 磅，如图 3-19、图 3-20 所示。

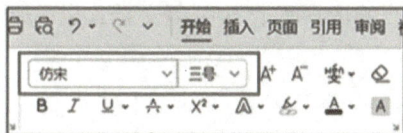

图 3-19　落款字体设置　　　　　　　图 3-20　落款段落设置

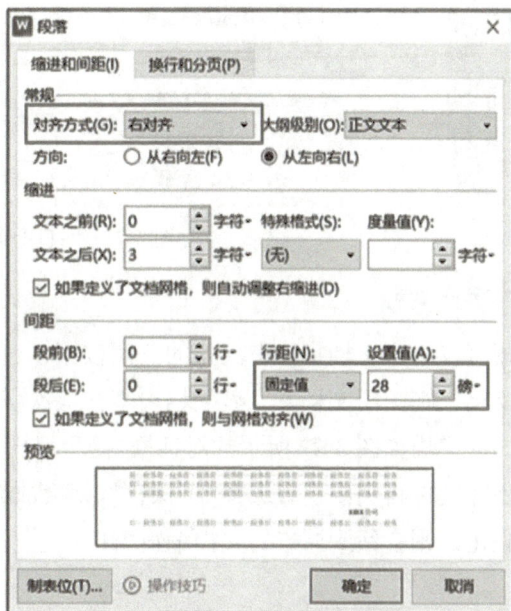

(2) 设置日期格式。

选中日期，设置格式为仿宋、三号、右对齐。

5) 设置附件的格式

设置 "附件" 文本格式为仿宋、三号，行距为固定值 28 磅。设置附件内容格式为仿宋、三号、首行缩进 2 字符，行距为固定值 28 磅。

5. 保存文档

单击快速访问工具栏中的保存按钮，文档默认以原文件名保存在"第 3 单元 \ 任务 3.1"
文件夹中。

6. 预览、打印文档

文档排版完成后，可以将其打印出来。在打印之前，一般会先使用打印预览功能查看
文档的整体编排效果，满意后再将其打印。其操作方法如下：

选择"文件"→"打印"→"打印预览"，进入如图 3-21 所示的界面，在窗口左侧可
以预览文档的打印效果，右侧可以设置打印机、打印份数、打印范围等参数，最后单击"打
印"按钮，即可将设置好的文档进行打印。

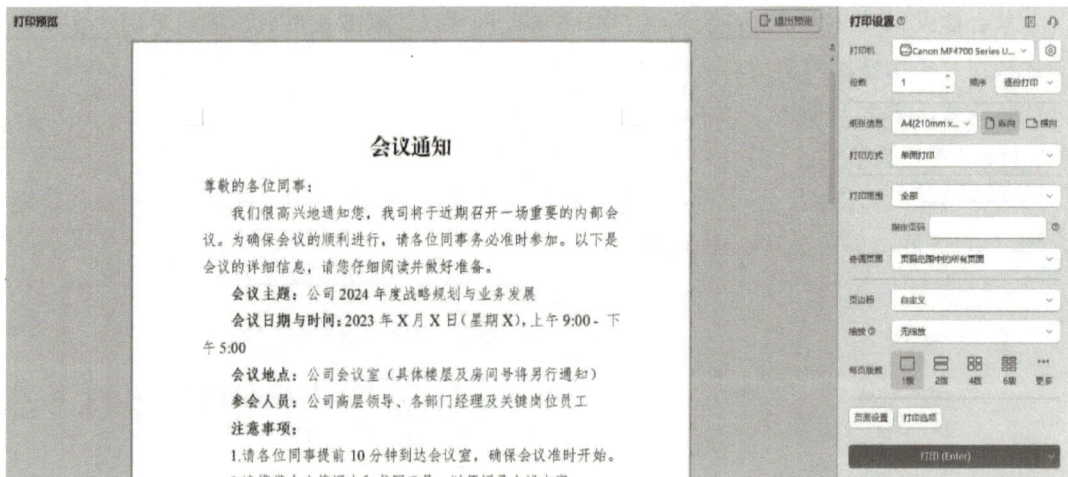

图 3-21　"打印预览"界面

7. 关闭文档

既可以单击文档窗口右上角的关闭按钮，也可以执行"文件"菜单下的"退出"命令
关闭文档。在关闭文档时，若文档内容在上次保存之后没有更新，则会直接关闭，否则在
关闭时会弹出如图 3-22 所示的对话框，提示用户是否保存所做的修改。若选择"保存"按钮，
则先保存文件再关闭；若选择"不保存"，则会放弃修改的内容而直接关闭文档；若选择"取
消"按钮，则会回到原来的文档编辑窗口。

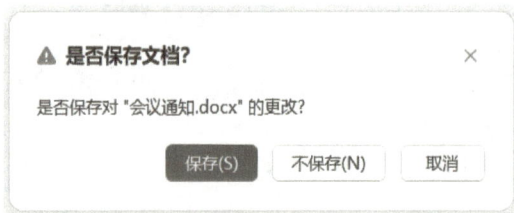

图 3-22　"是否保存文档"对话框

任务 3.2　制作公司简介

一、任务描述

小王接到一项新的任务，要利用 WPS 文字排版工具做一个公司简介来宣传公司。公司简介是目前各公司广泛使用的一种文体格式，是公司宣传最基本的文档资料。它主要通过简明扼要地描述公司背景、经营范围与产品特色、市场定位与竞争优势、公司优势与特点等信息，让客户从中得到所需的有价值的信息，从而起到宣传、推销公司及公司产品的作用。任务效果如图 3-23 所示。

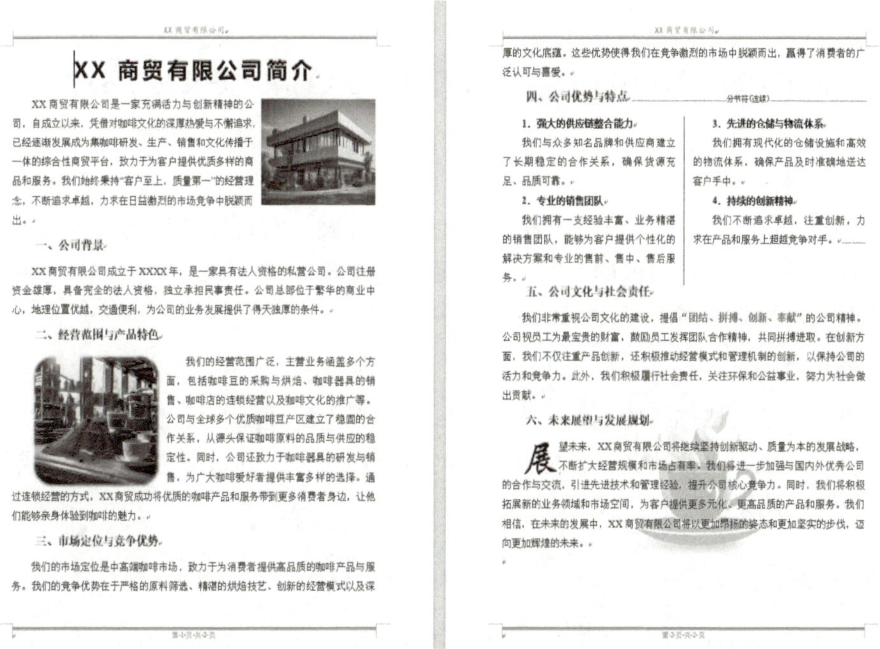

XX 商贸有限公司

XX 商贸有限公司简介

XX 商贸有限公司是一家充满活力与创新精神的公司，自成立以来，凭借对咖啡文化的深厚热爱与不懈追求，已经逐渐发展成为集咖啡研发、生产、销售和文化传播于一体的综合性商贸平台，致力于为客户提供优质多样的商品和服务。我们始终秉持"客户至上，质量第一"的经营理念，不断追求卓越，力求在日益激烈的市场竞争中脱颖而出。

一、公司背景

XX 商贸有限公司成立于 XXXX 年，是一家具有法人资格的私营公司。公司注册资金雄厚，具备完全的法人资格，独立承担民事责任。公司总部位于繁华的商业中心，地理位置优越，交通便利，为公司的业务发展提供了得天独厚的条件。

二、经营范围与产品特色

我们的经营范围广泛，主营业务涵盖多个方面，包括咖啡豆的采购与烘焙、咖啡器具的销售、咖啡店的连锁经营以及咖啡文化的推广等。公司与全球多个优质咖啡豆产区建立了稳固的合作关系，从源头保证咖啡原料的品质与供应的稳定性。同时，公司还致力于咖啡器具的研发与销售，为广大咖啡爱好者提供丰富多样的选择。通过连锁经营的方式，XX 商贸成功将优质的咖啡产品和服务带到更多消费者身边，让他们能够亲身体验到咖啡的魅力。

三、市场定位与竞争优势

我们的市场定位是中高端咖啡市场，致力于为消费者提供高品质的咖啡产品与服务。我们的竞争优势在于严格的原料筛选、精湛的烘焙技艺、创新的经营模式以及深

第 1 页 共 2 页

XX 商贸有限公司

厚的文化底蕴。这些优势使得我们在竞争激烈的市场中脱颖而出，赢得了消费者的广泛认可与喜爱。

四、公司优势与特点　分节符(连续)

1. 强大的供应链整合能力

我们与众多知名品牌和供应商建立了长期稳定的合作关系，确保货源充足、品质可靠。

2. 专业的销售团队

我们拥有一支经验丰富、业务精湛的销售团队，能够为客户提供个性化的解决方案和专业的售前、售中、售后服务。

3. 先进的仓储与物流体系

我们拥有现代化的仓储设施和高效的物流体系，确保产品及时准确地送达客户手中。

4. 持续的创新精神

我们不断追求卓越，注重创新，力求在产品和服务上超越竞争对手。

五、公司文化与社会责任

我们非常重视公司文化的建设，提倡"团结、拼搏、创新、奉献"的公司精神。公司视员工为最宝贵的财富，鼓励员工发挥团队合作精神，共同拼搏进取。在创新方面，我们不仅注重产品创新，还积极推动经营模式和管理机制的创新，以保持公司的活力和竞争力。此外，我们积极履行社会责任，关注环保和公益事业，努力为社会做出贡献。

六、未来展望与发展规划

展望未来，XX 商贸有限公司将继续坚持创新驱动、质量为本的发展战略，不断扩大经营规模和市场占有率。我们将进一步加强与国内外优秀公司的合作与交流，引进先进技术和管理经验，提升公司核心竞争力。同时，我们将积极拓展新的业务领域和市场空间，为客户提供更多元化、更高品质的产品和服务。我们相信，在未来的发展中，XX 商贸有限公司将以更加昂扬的姿态和更加坚实的步伐，迈向更加辉煌的未来。

第 2 页 共 2 页

图 3-23　XX 商贸有限公司简介效果图

二、任务分析

此任务涉及打开与另存、页面设置、编辑文本、查找与替换、设置文本格式、插入图片并编辑、分栏、设置编号、首字下沉、设置页眉和页脚等内容。使用 WPS 文字排版工具进行图文混排，可以达到图文并茂的效果。

三、相关知识点

1. 查找与替换

查找与替换是一项非常实用的功能，可以帮助用户快速定位并修改文档中的特定内容，

还支持通过格式的设置进行查找与替换。WPS 的查找与替换功能非常强大，可以帮助用户快速准确地修改文档内容，提高工作效率。

2. 图片

在文档中插入图片并编辑，是利用 WPS 文字工具制作图文并茂的文档时经常用到的功能。可以通过调整图片大小、裁剪图片、调整图片位置、设置图片样式、设置文字环绕、调整图片亮度和对比度等来编辑图片。插入图片时，注意保持图片与文档内容的协调性和一致性。

3. 分栏

在 WPS 文字中，分栏功能是一种常见的排版技巧，分栏时可以设置分栏数目、栏宽、间距、分隔线等。

4. 编号

在 WPS 文字中，编号功能可以为文档中的段落或项目添加编号，提高文档的可读性和整洁度。既可以使用预设的编号样式，还可以自定义新编号并设置其格式、字体、颜色等属性。

5. 首字下沉

在 WPS 文字中，首字下沉是一种常用的排版方式，它可以使段落首字变大并下沉，从而突出显示并增加文档的可读性。可以选择下沉位置、字体样式、下沉行数以及下沉字符与段落正文之间的距离等。

6. 页眉和页脚

页眉和页脚是文档排版的重要元素，分别位于页面的顶部和底部，常用来显示文档的标题、页码、日期、作者姓名、公司徽标或其他附加信息，可以使用预设样式或创建自定义样式来快速应用于页眉和页脚。

四、任务步骤

本任务可以分为打开与另存文档、页面设置、编辑文本、设置文本格式、插入图片并编辑、设置页眉与页脚、打印与打印预览、保存并关闭文档等几个部分。下面详细讲解每个部分的操作步骤。

1. 打开与另存文档

1) 打开文档

双击本书配套教学素材中的"第 3 单元 \ 任务 3.2 \ 素材 \ 3.2 公司简介素材文件 .docx"，打开该文件。

2) 将文件另存为

单击"文件"→"另存为 (A)"，在弹出的"另存为"对话框中选择文件的保存位置，输入文件名"公司简介 .docx"，单击"保存"按钮，则将文件保存在了"第 3 单元 \ 任务 3.2"文件夹中，如图 3-24 所示。

图 3-24　"另存为"对话框

2. 页面设置

设置纸张大小为 A4，上、下、左、右页边距均为 2.5 厘米，纸张方向为纵向，页眉、页脚距边界的距离分别为 1.6 厘米、1.8 厘米，如图 3-25 所示。

图 3-25　设置页眉、页脚距边界的距离

3. 编辑文本

编辑文本

编辑文本主要包括将标题"公司简介"修改为"XX 商贸有限公司简介"，查找和替

换文字、删除文中所有空行。

1) 查找和替换文字

将全文中所有的文本"企业"替换为"公司"的步骤如下：

(1) 单击"开始"选项卡，在"查找"组中单击"查找替换"按钮，然后在展开的列表中选择"替换"，如图 3-26 所示，打开"查找和替换"对话框并选择"替换"选项卡。

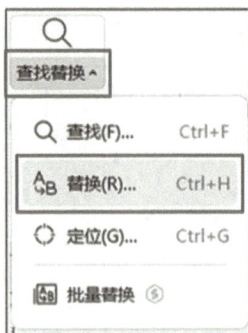

图 3-26　"替换"按钮

(2) 在"查找内容"编辑框中输入"企业"，在"替换为"编辑框中输入"公司"，单击"全部替换"按钮，如图 3-27 所示。

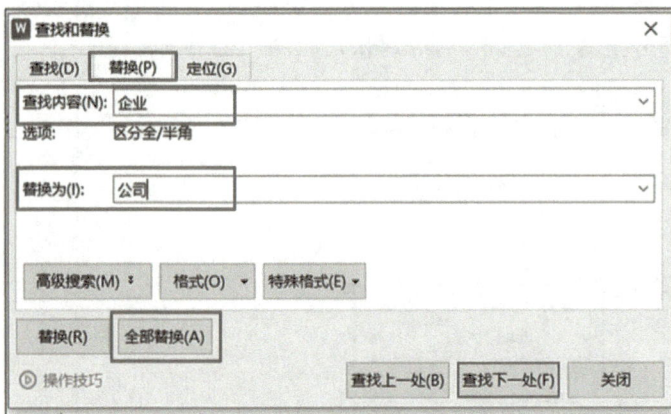

图 3-27　"查找和替换"对话框

(3) 在弹出的对话框中单击"确定"按钮，如图 3-28 所示，即可完成将文档中所有的文本"企业"替换为"公司"。确认替换后，单击"关闭"按钮关闭"查找和替换"对话框。

图 3-28　确认替换对话框

2) 删除文中所有空行

删除文中所有空行的步骤如下：

(1) 打开"查找和替换"对话框，选择"替换"选项卡。

(2) 在"查找内容"编辑框中单击"特殊格式 (E)"，在列表中选择两次"段落标记 (P)"，再将光标移到"替换为"编辑框，在"特殊格式 (E)"列表中选择一次"段落标记"，如图 3-29 所示。

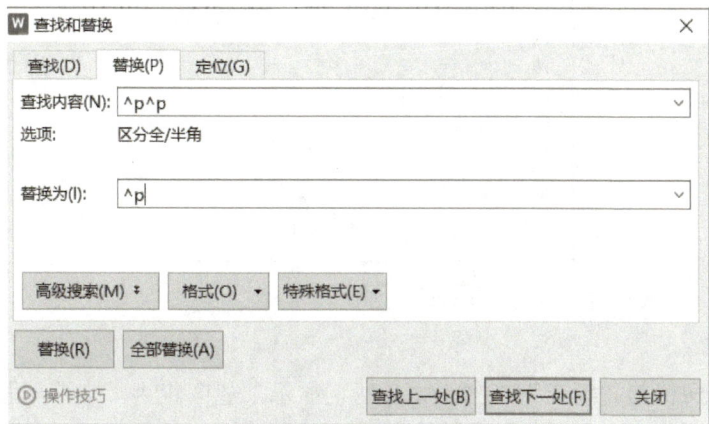

图 3-29　"替换"选项卡

(3) 单击"全部替换"按钮确认替换，直到删除文中所有空行，然后关闭"查找和替换"对话框。

4. 设置文本格式

1) 设置标题文本"XX 商贸有限公司简介"

将标题文本"XX 商贸有限公司简介"设置为微软雅黑、一号字、加粗、字符加宽 5 磅、居中对齐、段前间距为 0.5 行、段后间距为 1 行。

2) 设置正文

将正文设置为宋体和 Times New Roman、小四号、首行缩进 2 字符、1.5 倍行距。

3) 设置标题

将标题（"一、公司背景""二、经营范围与产品特色"等）设置为宋体、四号字、加粗、段前和段后间距均为 0.5 行。

4) 设置文本"团结、拼搏、创新、奉献"

将倒数第三段企业精神文本"团结、拼搏、创新、奉献"设置为标准色中的红色并加粗。

5) 设置"四、公司优势与特点"下的 4 个小标题及其文本内容

给"四、公司优势与特点"下的"强大的供应链整合能力""专业的销售团队""先进的仓储与物流体系"和"持续的创新精神"文本添加编号，并加粗显示。

按住 Ctrl 键拖动鼠标选中上述四段文本，单击"开始"选项卡，再单击"段落"组"编号"按钮右侧的三角按钮，在出现的列表中选择"编号"栏中的相应按钮，如图 3-30 所示，最后单击"字体"组的加粗按钮。

图 3-30 "编号"列表

6) 设置分栏

将"四、公司优势与特点"下的文本分两栏显示，栏间距为 2 字符，显示分隔线。其操作步骤如下：

(1) 选中文本 ("1. 强大的……竞争对手。")，单击"页面"选项卡中"页面设置"组的"分栏"按钮，在出现的列表中选择"更多分栏"，打开"分栏"对话框，如图 3-31 所示。

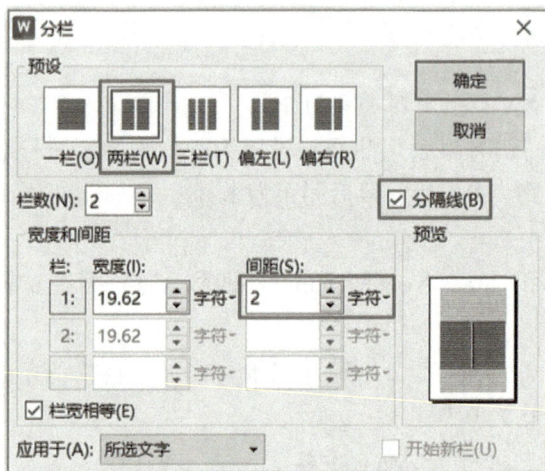

图 3-31 "分栏"对话框

(2) 在"预设"栏选择"两栏" (或"栏数"输入 2)，并设置"间距"为 2 字符，选中"分隔线"复选框，单击"确定"按钮即可。

7) 首字下沉

将最后一段首字下沉 2 行，字体为华文行楷。其操作方法如下：

将光标定位到最后一段文本，单击"插入"选项卡中"部件"组的"首字下沉"按钮，会弹出"首字下沉"对话框，在"位置"栏选择"下沉"，并设置下沉行数和字体，如图 3-32

所示。设置完成后，单击"确定"按钮。

图 3-32　"首字下沉"对话框

5. 插入图片并编辑

1) 插入图片"楼 .png"并编辑

插入图片"楼 .png"并编辑的步骤如下：

（1）插入图片"楼 .png"。将光标放在标题后面，单击"插入"选项卡，然后在"常用对象"组单击"图片"按钮，在出现的列表中选择"本地图片"，弹出"插入图片"对话框，选择本书配套教学素材中"第 3 单元 \ 任务 3.2 \ 素材 \ 图片素材"文件夹的"楼 .png"，再单击"打开"按钮，如图 3-33 所示。

图 3-33　"插入图片"对话框

（2）设置图片的环绕方式为四周型。选中图片，单击"图片工具"选项卡，在"排列"组中单击"环绕"，然后在列表中选择"四周型环绕"。

（3）设置图片的高度为 4.5 厘米，宽度为 5 厘米。选中图片，单击"图片工具"选项卡，然后单击"大小"组的"锁定纵横比"复选框，取消该选项的选中，再输入高度和宽度，如图 3-34 所示。

图 3-34　设置图片大小

(4) 设置图片位置。在"水平"选项组中，设置图片为相对于页边距、右对齐；在"垂直"选项组中，选择距页边距下侧 2.3 厘米。

选中图片，单击"图片工具"选项卡，再单击"大小"组右下角的对话框折叠按钮，打开"布局"对话框，在"位置"选项卡设置图片位置，如图 3-35 所示。设置完成后，单击"确定"按钮。

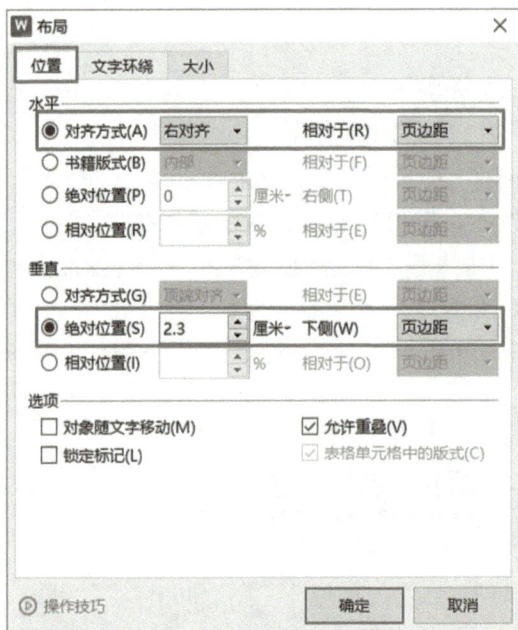

图 3-35　设置图片位置

2) 插入图片"图片 1.png"并编辑

插入图片"图片 1.png"并编辑的步骤如下：

(1) 将光标放到正文"我们的经营范围广泛……"的左侧，插入本书配套教学素材中的"第 3 单元\任务 3.2\素材\图片素材\图片 1.png"。

(2) 将图片大小缩放 21%，环绕方式设置为"紧密型"，环绕文字为"只在右侧"，如图 3-36 所示。

(3) 将图片裁剪成圆角矩形。单击"图片工具"选项卡，再单击"大小"组的"裁剪"，然后在列表中选择"圆角矩形"，调整圆角矩形。调整好大小后，单击图片外任意位置即可。

(4) 柔化边缘 5 磅。单击"图片工具"选项卡，再单击"图片样式"组的"效果"，然后在列表中选择"柔化边缘"，选择"5 磅"。

图 3-36　"文字环绕"选项卡

3) 插入图片"图片 2.png"并编辑

插入图片"图片 2.png"并编辑的步骤如下：

(1) 在最后一段文本中插入本书配套教学素材中的"第 3 单元 \ 任务 3.2 \ 素材 \ 图片素材 \ 图片 2.png"，大小缩放 37%，选择"衬于文字下方"环绕。

(2) 设置图片冲蚀效果。单击"图片工具"选项卡，在"图片样式"组中单击"色彩"，再在列表中选择"冲蚀"。

(3) 将图片移到最后一段合适位置。

6. 设置页眉与页脚

页眉和页脚分别位于页面的顶部和底部，常用来插入页码、日期、作者姓名或公司徽标等内容。

设置页眉与页脚

1) 设置页眉

设置页眉文字"XX 商贸有限公司"，其字体格式为楷体、五号字、居中对齐，并设置页眉线为上细下粗双实线。

单击"插入"选项卡，在"页"组中单击"页眉页脚"按钮，则会进入文档页眉编辑状态，输入页眉文字"XX 商贸有限公司"，设置字体 (楷体) 和字号 (五号)，并居中对齐。然后单击"页眉页脚"选项卡，在"页眉页脚"组中单击"页眉横线"按钮，选择页眉线后，单击"关闭"按钮，退出页眉页脚编辑。

2) 设置页脚

在页脚居中位置插入页码，页码格式为"第 1 页，共 x 页"，并设置页脚线为 1.5 磅上粗下细双实线。

(1) 插入页码并设置页码样式。

单击"插入"选项卡，在"页"组中单击"页码"按钮，然后在"预设样式"栏选择"页脚中间",单击页脚处的"页码设置"按钮,再在"样式"列表中选择"第 1 页,共 x 页",如图 3-37 所示。设置完成后,单击"确定"按钮。

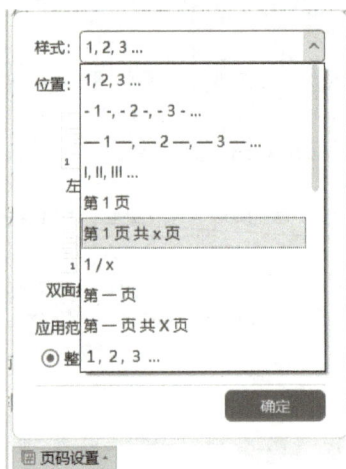

图 3-37　页码设置

(2) 设置页脚线。

单击"开始"选项卡,在"段落"组中单击"边框"按钮右侧的倒三角,然后在列表中选择"边框和底纹",打开"边框和底纹"对话框,单击"边框"选项卡,再在"设置"栏选择"自定义",在"线型"列表中选择线型,并设置宽度,在"应用于"下拉列表中选择"段落",在"预览"区单击上边框线按钮,如图 3-38 所示。设置完成后,单击"确定"按钮。

图 3-38　"边框和底纹"对话框

(3) 退出页眉页脚编辑状态。

单击"页眉页脚"选项卡,再单击"关闭"按钮即可。

🔍 补充知识

• 在"边框和底纹"对话框中,选择"边框"选项卡中"设置"栏的"方框"可以给选中的文本或段落设置相同的边框。如果想设置不同边框,可选择"自定义"。

・在"边框和底纹"对话框的"边框"选项卡的"应用于"列表中有"文字"和"段落"两种应用范围，文字边框和段落边框是不同的。

・双击页眉和页脚位置可快速进入页眉页脚编辑状态。

・双击正文可以快速退出页眉页脚编辑状态。

7. 打印与打印预览

单击快速访问工具栏的打印预览按钮，即可打印预览文档。

8. 保存并关闭文档

文档编辑完成后，若打印预览没有问题，则单击快速访问工具栏的保存按钮，再次保存文档。完成后，单击标题栏右侧的关闭按钮，将文档关闭。

任务 3.3　制作社团招新海报

一、任务描述

随着新学期的到来，学校社团为了吸纳更多新鲜血液，壮大社团力量，提升社团活跃度与影响力，计划开展新一轮的招新活动。为此，需制作一款具有吸引力、创意性的海报，吸引更多优秀人才。任务效果如图 3-39 所示。

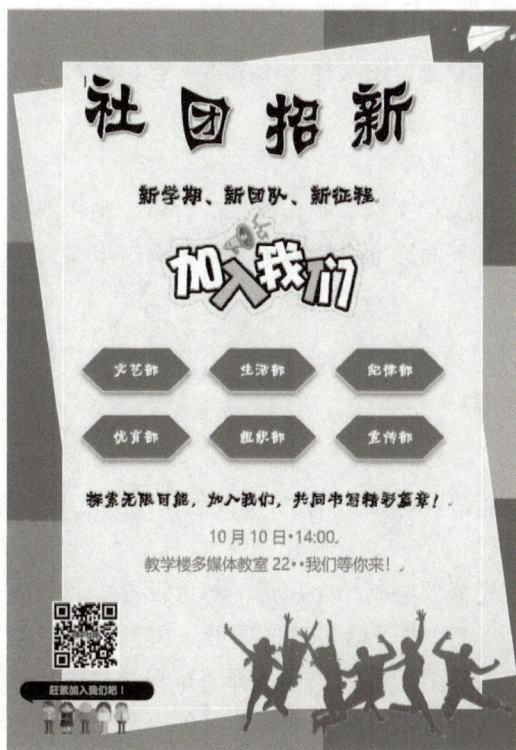

图 3-39　社团招新海报效果图

二、任务分析

此任务涉及插入艺术字、图片、文本框、形状、二维码等对象，可利用 WPS 文字工具制作一款具有吸引力、创意性的社团招新海报。

三、相关知识点

1. 艺术字

在 WPS 文字中，插入艺术字是一种常见的美化文档的方式，可以为文本添加独特的视觉效果。艺术字是一种特殊的图形，它以图形的形式展示文字，具有艺术效果。输入艺术字后可进一步进行设置和调整。

2. 文本框

在 WPS 文字中，文本框是一种允许在文档的任何位置插入并自由调整大小的文本容器。可以对文本框设置各种边框格式、填充色、阴影效果等，还可以为文本框内的文字应用艺术字效果。

3. 形状

形状功能可以用来插入各种预设的图形形状，或自定义绘制形状，还可以用来设置形状的填充色、轮廓、大小、位置、阴影、文字环绕等效果。

4. 二维码

二维码比传统的条形码能存储更多的信息，也能显示更多的数据类型。在 WPS 文字中插入二维码，还可以修改颜色、图案样式、文本内容、嵌入 LOGO 等。

四、任务步骤

本任务可以分为新建与保存文档、制作海报的背景、制作海报的内容、打印预览及调整各部分格式等几个部分。下面详细讲解每个部分的操作步骤。

1. 新建与保存文档

打开 WPS Office 软件，新建文字空白文档，并将文档以"社团招新"为名保存在"第 3 单元 \ 任务 3.3"文件夹中。

2. 制作海报的背景

海报的背景主要包括蓝色、橘黄色、橙色、橘红色和浅灰色 5 个背景。

1) 蓝色背景图的制作

制作蓝色背景图，首先需要绘制一个矩形，然后设置矩形的格式。

插入形状并编辑

(1) 绘制一个矩形形状。单击"插入"选项卡，在"常用对象"组中单击"形状"按钮，然后在展开的列表中选择"矩形"栏中的"矩形"按钮。此时，光标变成"＋"字形状，在文档编辑区拖动鼠标即可画出一个任意大小的矩形。

(2) 设置矩形格式。该部分主要包括设置矩形的大小、颜色、边框和位置。

① 设置矩形大小。选中矩形,单击"绘图工具"选项卡,在"大小"组中设置矩形大小,如图 3-40 所示。

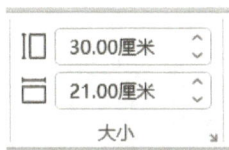

图 3-40　设置矩形大小

② 设置矩形的填充颜色。选中矩形,单击"绘图工具"选项卡,在"形状样式"组中单击"填充"右侧的三角按钮,如图 3-41 所示。在展开的列表中选择"主题颜色"中的"钢蓝,着色 1"。

图 3-41　"形状样式"组

③ 设置矩形的边框。选中矩形,单击"绘图工具"选项卡,在"形状样式"组中单击"轮廓"右侧的三角按钮,如图 3-41 所示。在展开的列表中选择"无边框颜色"。

④ 设置矩形在页面的位置。选中矩形,单击"绘图工具"选项卡,在"排列"组中单击"对齐"按钮,在展开的列表中先选择"相对于页",如图 3-42 所示,再选择"左对齐",最后选择"顶端对齐"。

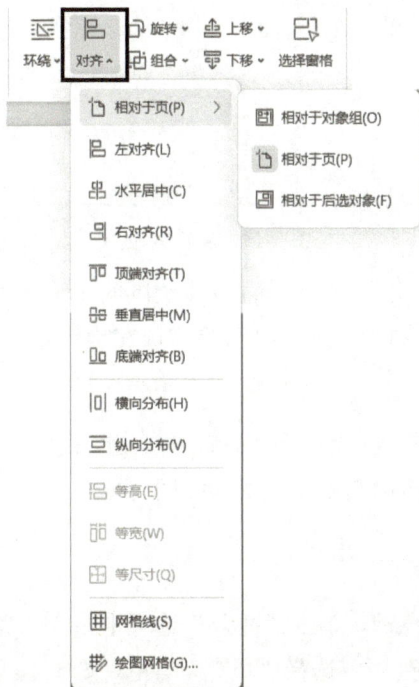

图 3-42　"排列"组

2) 巧克力黄背景图的制作

制作巧克力黄背景图的步骤如下：

(1) 绘制矩形形状。

(2) 设置矩形的高度为 9.3 厘米，宽度为 13 厘米。

(3) 设置矩形的边框为"无边框颜色"，填充主题颜色中的"巧克力黄，着色 2"。

(4) 设置矩形的位置为相对于页、顶端对齐、左对齐。

3) 橙色背景图的制作

按住 Ctrl 键，拖动上面创建的小矩形进行复制，然后设置其填充主题颜色列表中的"橙色，着色 3"，位置为相对于页、右对齐、垂直居中。

4) 橘红色背景图的制作

复制一个小矩形，填充颜色为自定义颜色 RGB(254，110，80)，位置为相对于页、底端对齐、左对齐。

5) 浅灰色背景图的制作

制作浅灰色背景图的步骤如下：

(1) 绘制一个矩形，其长为 25.8 厘米，宽为 17.1 厘米，并为其填充"白色，背景 1，深色 5%"，选择"无边框颜色"，然后放到合适位置。

(2) 复制上一步绘制的矩形，利用旋转按钮向左旋转，如图 3-43 所示，将其放到合适位置。

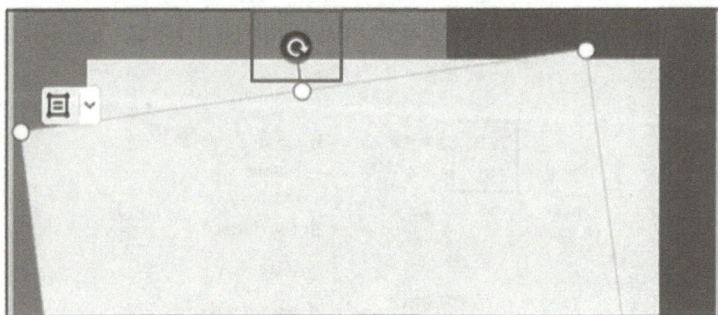

图 3-43　旋转按钮

(3) 调整两个矩形的叠放次序，选中第 (1) 步绘制的矩形，利用"绘图工具"选项卡中"排列"组的"上移"按钮，将它放在旋转矩形的上面。

3. 制作海报的内容

海报的内容制作部分主要包括制作正标题、小标题，设置图片格式，制作社团招新部门按钮、宣传语文本框、招新时间与地点文本框以及二维码等。

插入艺术字并编辑

1) 制作正标题

(1) 插入艺术字"社团招新"。单击"插入"选项卡，在"常用对象"组中单击"艺术字"，然后在"艺术字预设"列表中选择"填充 - 黑色，文本 1，阴影"样式，创建如图 3-44 所示的文本框，并输入文字"社团招新"。

请在此放置您的文字

图 3-44　插入艺术字

(2) 设置艺术字文本格式，其步骤如下：

① 设置文本框的字体格式。通过单击文本框的边框来选中文本框，设置字体格式为汉仪雁翎体简，字号为 72 磅，字符加宽 0.45 厘米，加粗。

② 设置艺术字效果。选中艺术字文本框，单击"文本工具"选项卡，在"艺术字样式"组中单击"轮廓"右侧的三角按钮，如图 3-45 所示，在展开的列表中选择"主题颜色"中的"白色,背景 1"。在"艺术字样式"组中单击"效果"按钮,从列表中选择"转换"→"弯曲"→"正 V 形"；再次单击"效果"按钮，从列表中选择"阴影"→"外部"→"右下斜偏移"。

图 3-45　"艺术字样式"组

(3) 设置艺术字文本框的位置。选中艺术字文本框，单击"绘图工具"选项卡，在"大小"组中单击右下角的对话框折叠按钮，打开"布局"对话框，选择"位置"选项卡，设置艺术字文本框位置，如图 3-46 所示。

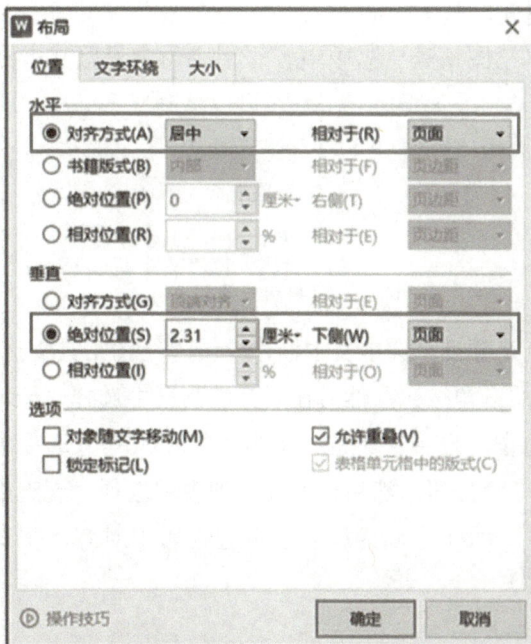

图 3-46　设置艺术字文本框位置

2) 制作小标题

制作小标题的步骤如下：

(1) 绘制横向文本框并输入文本。单击"插入"选项卡，在"常用对象"组中单击"文本框"右侧的三角按钮，如图 3-47 所示，在展开的列表中选择"横向"，此时光标会变成"＋"形状，按下鼠标左键并拖动，绘制出一个任意大小的文本框，在文本框中光标闪烁处输入文本"新学期、新团队、新征程"。

插入文本框并编辑

图 3-47　"文本框"按钮

(2) 设置文本的格式。选中文本框，设置字体为汉仪雁翎体简，字号为 25 磅。

(3) 设置文本的艺术字效果。选中文本框，单击"文本工具"选项卡，在"艺术字样式"组中单击艺术字库右侧的按钮，如图 3-48 所示。然后在"艺术字预设"列表中选择"填充 - 黑色，文本 1，阴影"按钮。

图 3-48　艺术字按钮

(4) 设置文本框的格式，其方法如下：

① 选中文本框，在"绘图工具"选项卡的"大小"组中设置文本框大小，如图 3-49 所示。

图 3-49　设置文本框大小

② 设置文本框的填充颜色。选中文本框，单击"绘图工具"选项卡，在"形状样式"组中单击"填充"右侧的三角按钮，然后在展开的列表中选择"无填充颜色"。

③ 设置文本框的边框。选中文本框，单击"绘图工具"选项卡，在"形状样式"组中单击"轮廓"右侧的三角按钮，然后在展开的列表中选择"无边框颜色"。

④ 设置文本框位置。水平方向为相对于页边距居中对齐，垂直方向为相对于页边距下侧 3.88 厘米。

3) 插入图片并设置格式

插入图片并设置格式的步骤如下：

(1) 插入图片。插入本书配套教学素材中"第 3 单元 \ 任务 3.3 \ 素材"文件夹的"图 1.png"图片。

(2) 设置图片的环绕方式为浮于文字上方。

(3) 设置图片大小为锁定纵横比，缩放为 51%。

(4) 设置图片位置。水平方向为相对于页边距居中对齐，垂直方向为相对于页边距下侧 5.2 厘米。

4) 制作社团招新部门按钮

制作社团招新部门按钮的步骤如下：

(1) 绘制形状。单击"插入"选项卡，在"常用对象"组中单击"形状"按钮，选择"流程图"列表中的"流程图：准备"，拖动鼠标，绘制任意大小的形状。

(2) 输入文本。右击形状，在快捷菜单中选择"编辑文字"，输入文字"文艺部"。

(3) 设置文字格式。单击选中形状，设置字体为汉仪雁翎体简，字号为 18 磅，并加粗，居中对齐。

(4) 设置形状格式。设置其高度为 1.75 厘米，宽度为 4.5 厘米。在"绘图工具"选项卡"形状样式"组选择预设样式，如图 3-50 所示。

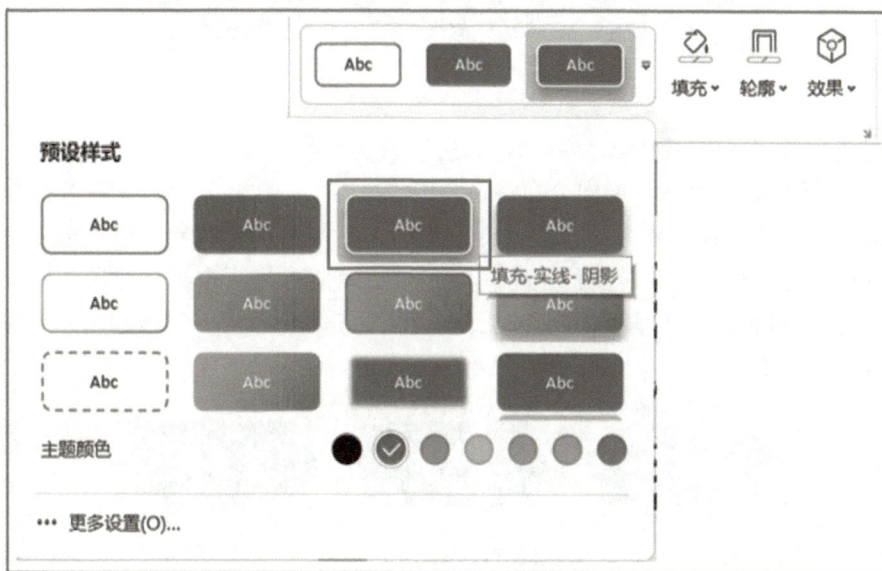

图 3-50　设置形状样式

(5) 设置形状文字边距，上、下、左、右边距均为 0 厘米。

选中形状，单击"绘图工具"选项卡，然后单击"形状样式"组右下角的对话框折叠按钮，在窗口右侧打开"属性"窗格，单击"文本选项"→"文本框"选项，再单击"文本框"左侧的三角形按钮，然后单击"文字边距"，在列表中选择"无边框"，如图 3-51 所示。

(6) 复制出两个形状并分别输入文字，如图 3-52 所示。

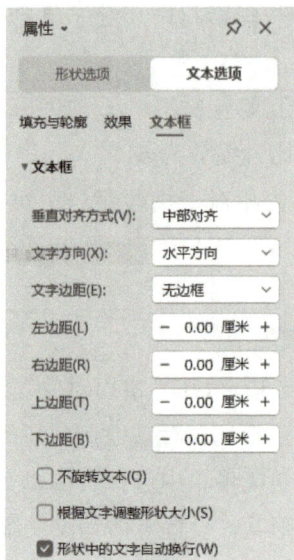

图 3-51　设置文字边距

图 3-52　形状文字及排列

(7) 按住 Shift 键同时选中三个形状，利用"绘图工具"选项卡"排列"组的"对齐"按钮相对于对象组顶端对齐、横向分布，再利用"组合"按钮将三个形状进行组合。

(8) 选中上面的组合对象，并按住 Ctrl 键拖动，复制出组合对象，然后输入文字，如图 3-53 所示。调整两个组合对象的上下间距到合适距离，将两个组合对象相对于对象组水平居中，然后组合。再在垂直方向移动到合适位置，利用"对齐"按钮将组合对象相对于页水平居中。

图 3-53　新组合对象

5) 制作宣传语文本框

制作宣传语文本框的步骤如下：

(1) 绘制横向文本框。

(2) 输入文字"探索无限可能，加入我们，共同书写精彩篇章！"。

(3) 设置文字格式。设置字体为汉仪雁翎体简，字号为 20 磅，并居中对齐。

(4) 设置文本框大小。设置其高度为 1.73 厘米，宽度为 16.3 厘米。

(5) 设置文本框文字边距上、下、左、右均为 0 厘米，垂直对齐方式为中部对齐。

(6) 设置文本框边框为无边框颜色、无填充颜色。

(7) 设置文本框位置。在垂直方向上利用鼠标拖动文本框到合适位置，水平方向则相对于页居中对齐。

6) 制作招新时间与地点文本框

制作招新时间与地点文本框的步骤如下：

(1) 绘制横向文本框并输入文字"10 月 10 日 14:00 教学楼多媒体教室 22·· ·我们等你来！"，将时间和地点分两行显示。

(2) 设置文字格式。字体为汉仪哈哈体简、18 磅，标准色中的红色，水平居中对齐。

(3) 设置文本框边框为无边框颜色、无填充颜色。

(4) 设置文本框位置。在垂直方向上将其拖动到合适位置，相对于页水平居中。

7) 插入图片并编辑

插入图片并编辑的步骤如下：

(1) 插入图片。将本书配套教学素材中"第 3 单元 \ 任务 3.3 \ 素材"文件夹的"纸飞机 .png""图 2.png"和"图 3.png"插入到文档中。

(2) 设置"纸飞机 .png"图片格式。文字环绕方式为浮于文字上方，锁定纵横比，高度为 4.3 厘米，然后将其放到页面右上角合适位置。

(3) 设置"图 2.png"图片格式。文字环绕方式为浮于文字上方，锁定纵横比，高度为 3.16 厘米，相对于页底端对齐，左对齐。

(4) 设置"图 3.png"图片格式。文字环绕方式为浮于文字上方，设置图片背景为透明色，水平相对于页面右侧 7.8 厘米，垂直相对于页面 19.18 厘米。

8) 制作二维码

(1) 制作二维码。单击"插入"选项卡，在"更多对象"组中单击"更多素材"，然后在列表中选择"二维码"，会出现"插入二维码"对话框，如图 3-54 所示。在"输入内容"框中可以输入网址"https://www.bvtc.com.cn/"，单击"嵌入文字"选项卡，然后在"输入文字"框中输入"保职社团"，单击"确定"按钮即可。

图 3-54　插入二维码

(2) 设置二维码格式。文字环绕方式为浮于文字上方，大小为 2.75 厘米×2.75 厘米，并移动到页面左下角合适位置。

📖 补充知识

在"插入二维码"对话框中，样式设置不是必需的操作，如果只需要默认的二维码样式，在输入文本内容后单击"确定"按钮即可。

4. 打印预览及调整各部分格式

社团招新海报完成后，首先保存文件，然后预览海报的打印效果。对海报的整体版面设计和色彩搭配等效果进行仔细检查，合理调整各部分的格式、位置、大小、比例等，使整体版面看起来简洁大方、信息清晰、赏心悦目。

任务 3.4　制作个人简历表格

一、任务描述

随着求职市场竞争的日益激烈，一份专业且独特的个人简历显得尤为重要。一份完整、准确、专业且有针对性的个人简历，可以很好地展示个人的教育背景、工作经历、技能特长以及特点，从而吸引招聘方的注意，增加获得面试机会的可能性。下面利用 WPS 文字排版工具，制作一份具备个人特色的个人简历以提升竞争力。任务效果如图 3-55 所示。

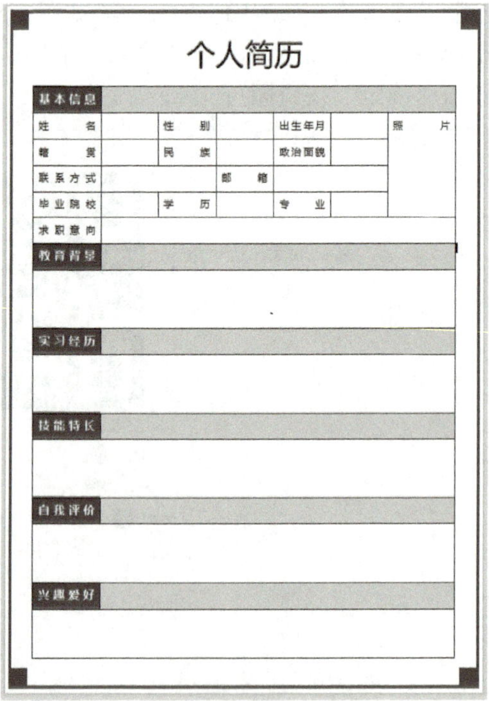

图 3-55　个人简历表格效果图

二、任务分析

首先新建文档并设置页面，在文档中创建一个表格，输入文本，然后调整表格框架，如调整行高、列宽、单元格以及插入行、列等，设置表格内文本的格式，为表格添加边框和底纹，以美化表格，最后设置表格与页面的对齐方式并插入形状来美化页面。

三、相关知识点

1. 个人简历表格设计要求

表格布局应简洁明了，确保各项内容清晰易读，选用易于阅读的字体和配色方案，根据实际需要调整表格尺寸，确保内容完整且不过于拥挤，注重表格整体美观度。填写表格内容时，应真实客观地展示求职者的能力与经历，避免夸大或虚假宣传。

2. 创建表格

WPS 表格由行和列组成，行与列交叉构成的矩形框称为单元格。创建表格的方法有多种，根据需要选择创建表格的方法，对表格的编辑包括调整表格框架 (插入行或列、删除行或列、合并单元格、拆分单元格、设置行高和列宽等)、设置单元格格式、设置表格的边框与底纹美化表格等。

四、任务步骤

本任务可以分为新建文档并保存、页面设置、输入标题并设置格式、创建表格、输入文本、调整表格框架、设置字体格式和单元格格式、美化表格、美化页面、打印预览及调整各部分格式等几个部分。下面详细讲解每个部分的操作步骤。

1. 新建文档并保存

打开 WPS Office 软件，新建文字空白文档，并将文档以 "个人简历表格" 为名保存在 "第 3 单元 \ 任务 3.4" 文件夹中。

2. 页面设置

选择 A4 纸，上、下、左、右页边距均为 1 厘米，纵向。

3. 输入标题并设置格式

输入标题 "个人简历"，字体为微软雅黑、小初、居中对齐，段后距为 0.5 行。

4. 创建表格

创建一个 16 行 7 列的表格。

在标题后按下回车键，清除格式，单击 "插入" 选项卡，在 "常用对象" 组中单击 "表格" 按钮，然后在列表中选择 "插入表格" 命令按钮，会弹出 "插入表格" 对话框，在 "表格尺寸" 设置区域，输入行数、列数，如图 3-56 所示。设置完成后，单击 "确定" 按钮，则在当前文

创建表格并
调整表格

档光标所在位置创建了一个 16 行 7 列的表格。

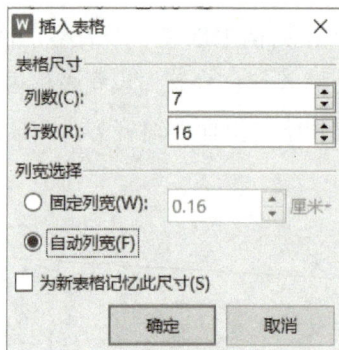

图 3-56 "插入表格"对话框

🔍 补充知识

WPS 中提供了多种创建表格的方法，如图 3-57 所示。

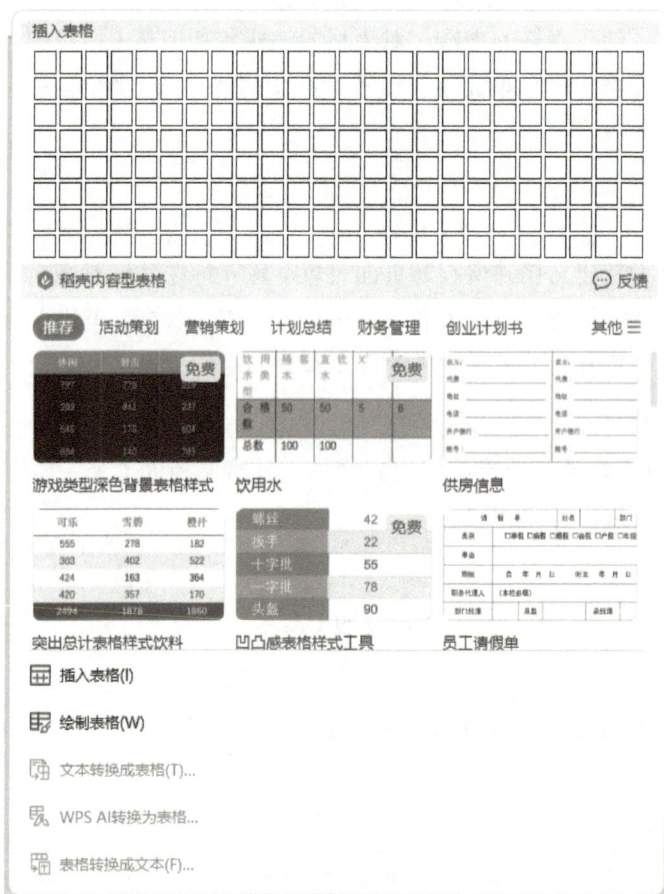

图 3-57 创建表格的方法

• 在创建规则的表格时，可以直接使用 WPS 提供的虚拟表格快速创建，在虚拟表格中拖动鼠标，创建表格，如图 3-58 所示。也可以利用"插入表格"命令按钮，打开"插入表格"对话框来创建，这种方法不受表格行数、列数的限制。

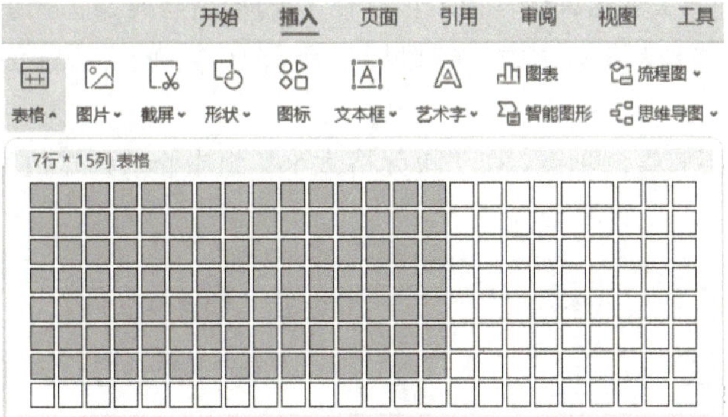

图 3-58　快速创建表格

• 在创建不规则的表格时，可以使用"绘制表格"命令按钮，拖动鼠标手动绘制，如果绘制出现错误，还可以使用擦除功能将其擦除。

• 可以将文本转换成表格。

5. 输入文本

输入图 3-59 中的文本内容。

基本信息					
姓名		性别		出生年月	照片
籍贯		民族		政治面貌	
联系方式			邮箱		
毕业院校		学历		专业	
求职意向					
教育背景					
实习经历					
技能特长					
自我评价					
兴趣爱好					

图 3-59　输入表格文本内容

6. 调整表格框架

1) 调整行高与列宽

第 1～7、9、11、13、15 行（即输入文本的行）的行高为 1 厘米，其余行（空白行）为 2.5 厘米；第 1、7 列的列宽为 3 厘米，其余列宽为 2.5 厘米。其具体操作步骤如下：

(1) 将鼠标指针移到表格第 1 行左侧空白处，待鼠标指针变为斜向右上的空心箭头时，按下鼠标左键并向下拖动，选中第 1～7 行。

(2) 单击"表格工具"选项卡，在"单元格大小"组中修改行高值为 1 厘米，如图 3-60 所示。

(3) 将鼠标移到第 9 行左侧空白处，待鼠标指针变为斜向右上的空心箭头时，单击鼠标左键选中第 9 行，用同样的方法设置其行高值为 1 厘米。第 11、13、15 行用同样的方法修改行高值为 1 厘米，第 8、10、12、14、16 行的行高修改为 2.5 厘米。

(4) 将光标指针移到第 1 列上方，待鼠标指针变为向下的实心箭头时，按下鼠标左键选中第 1 列。

(5) 单击"表格工具"选项卡，在"单元格大小"组中修改列宽值为 3 厘米，如图 3-61 所示。

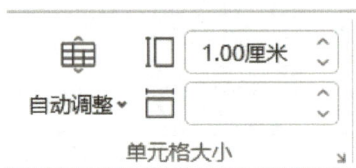

图 3-60　设置行高　　　　　　　图 3-61　设置列宽

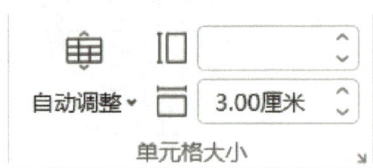

(6) 选中第 7 列，修改其列宽值为 3 厘米，用同样的方法修改第 2～6 列的列宽值为 2.5 厘米。

补充知识

调整行高和列宽也可以通过鼠标拖动来调整。

• 调整行高：将鼠标指针移动到要调整行高的下边框线上，当鼠标指针变为上下箭头时拖动鼠标即可调整该行行高。

• 调整列宽：将鼠标指针移动到要调整列宽的右边框线上，当鼠标指针变为左右箭头时拖动鼠标即可调整该列列宽。

2) 合并单元格

参照效果图合并单元格，具体方法如下：

(1) 选中第 1 行的第 2～7 列单元格，单击"表格工具"选项卡，在"合并拆分"组中单击"合并单元格"按钮，如图 3-62 所示。

(2) 用同样的方法合并其他单元格。

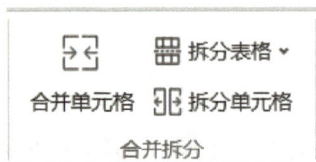

图 3-62　合并单元格　　　　　　图 3-63　拆分单元格

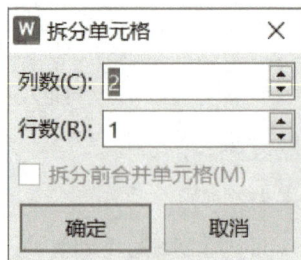

补充知识

• 合并单元格还可以使用快捷菜单。先选中要合并的单元格，然后在选中区域右击，再在快捷菜单中选择"合并单元格"命令。

• 拆分单元格。先选中要拆分的单元格，单击"表格工具"选项卡，在"合并拆分"

组中单击"拆分单元格"按钮，弹出"拆分单元格"对话框，如图 3-63 所示，输入要拆分的行数和列数即可。

· 插入 / 删除行或列。单击"表格工具"选项卡，在"行和列"组中单击"插入"按钮，可以从展开的列表中选择插入行或列，如图 3-64 所示。

· 删除行、列、单元格、表格。单击"表格工具"选项卡，在"行和列"组中单击"删除"按钮，可以从展开的列表中选择删除行、列、表格或单元格，如图 3-65 所示。

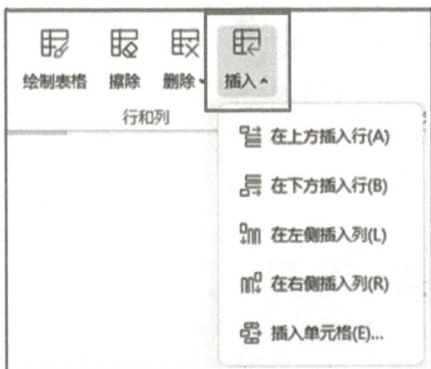

图 3-64　插入行或列

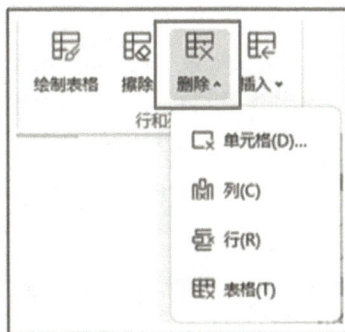

图 3-65　删除列表

· 选中单元格。将鼠标指针移到要选定单元格的左边框线上，当鼠标指针变为斜向右上的黑色箭头时单击鼠标即可选中该单元格。

7. 设置字体格式和单元格格式

1) 设置字体格式

表格第 1、7、9、11、13、15 行的文字为微软雅黑、四号、加粗、分散对齐；其他文字为微软雅黑、小四号、分散对齐。其操作步骤如下：

(1) 先选中第 1 行，按下 Ctrl 键再选中第 7、9、11、13、15 行，利用"表格工具"选项卡中的"字体"组设置字体格式，也可以利用"开始"选项卡中的"字体"组相关按钮设置字体。单击"开始"选项卡，在"段落"组中单击分散对齐按钮，如图 3-66 所示。

图 3-66　分散对齐按钮

(2) 选中第 2～6 行，用同样的方法设置文本格式为微软雅黑、小四号、分散对齐。

补充知识

设置单元格的对齐方式还可以通过单击"表格工具"选项卡中"对齐方式"组的相应按钮来设置，如图 3-67 所示。

2) 设置单元格格式

设置单元格左、右边距均为 0.25 厘米。

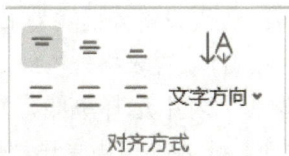

图 3-67　"对齐方式"组

　　将鼠标指针放到表格任意单元格中，单击"表格工具"选项卡，在"属性"组中单击"表格属性"按钮，打开"表格属性"对话框，再在"表格"选项卡中单击"选项"按钮，打开"表格选项"对话框，然后在"默认单元格边距"栏修改左、右边距值，如图 3-68所示。设置完成后，单击"确定"按钮，再次单击"确定"按钮。

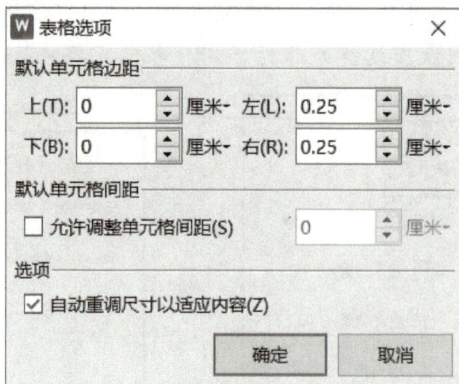

图 3-68　设置单元格边距

补充知识

　　利用"表格选项"对话框可调整表格中所有单元格的边距，也可单独设置某个单元格的边距，方法如下：

　　选中要调整边距的单元格，打开"表格属性"对话框，单击"单元格"选项卡的"选项"按钮，打开"单元格选项"对话框。先取消勾选"与整张表格相同"，如图 3-69所示，再修改上、下、左、右边距数值，即可修改选中单元格的边距。

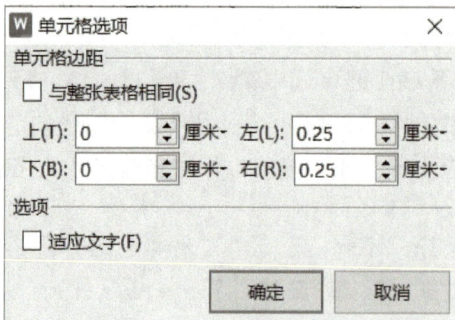

图 3-69　"单元格选项"对话框

设置表格边
框线与底纹

8. 美化表格

1) 设置表格边框线

设置表格外框线为 1.5 磅黑色单线，内部框线为 0.75 磅黑色单线。其操作步骤如下：

(1) 设置表格外框线。选中表格，单击"表格样式"选项卡，在"绘制边框"组的"线型"列表中选择单线，然后在"线型粗细"列表中选择"1.5 磅"，如图 3-70 所示。在"表格样式"组中单击"边框"按钮右侧的三角按钮，在展开的列表中选择"外侧框线"，如图 3-71 所示。

图 3-70　设置线型

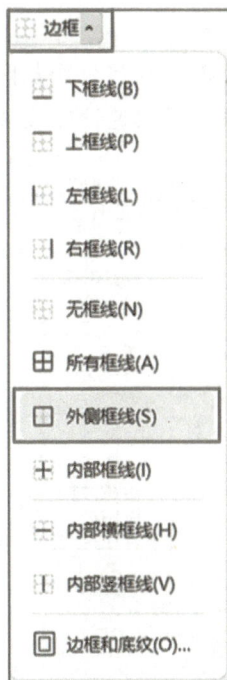

图 3-71　设置表格框线

(2) 设置表格内框线。选中表格，用同样的方法设置表格的内框线为 0.75 磅黑色单线。

2) 设置底纹

将第 1、7、9、11、13、15 行的底纹设置为"白色，背景 1，深色 15%"，并将这几行第 1 列单元格的底纹设置为"黑色，文本 1，浅色 25%"。

(1) 按住 Ctrl 键选中第 1、7、9、11、13、15 行，单击"表格样式"选项卡，在"表格样式"组中单击"底纹"右侧的三角按钮，然后在展开的列表中选择"主题颜色"中的"白色，背景 1，深色 15%"，如图 3-72 所示。

图 3-72　设置底纹颜色

(2) 选中第 1、7、9、11、13、15 行的第 1 列单元格，用同样的方法设置底纹颜色为"黑色，文本 1，浅色 25%"。

📇 补充知识

　　美化表格可以利用内置表格样式快速美化。单击"表格样式"选项卡，在"表格样式"组中选择内置样式快速设置表格的边框和底纹进行表格美化，如图 3-73 所示。

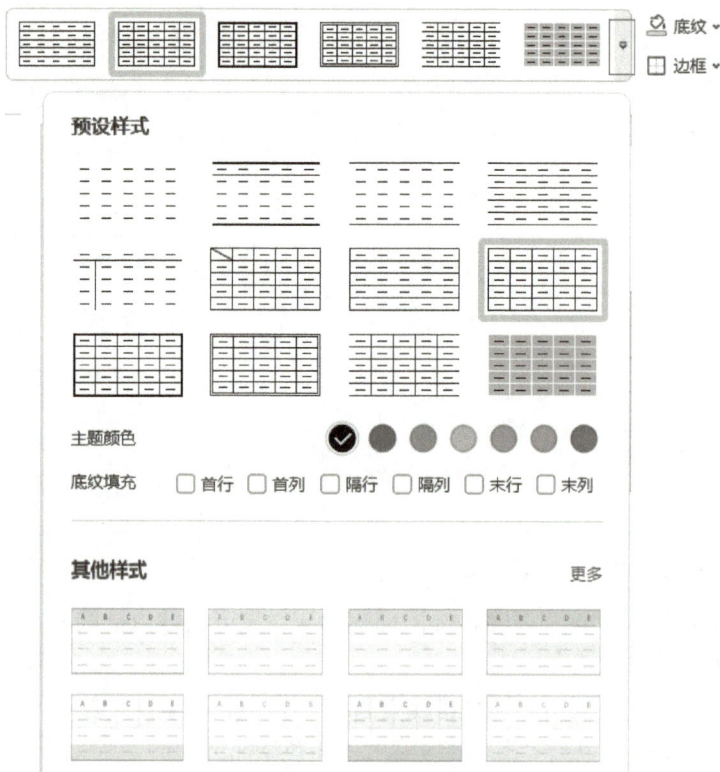

图 3-73　美化表格内置样式

9. 美化页面

1) 设置表格在页面居中

选中表格，单击"开始"按钮，在"段落"组中单击居中对齐按钮。

2) 绘制矩形并编辑

绘制矩形并编辑的步骤如下：

(1) 绘制一个矩形。

(2) 设置矩形大小，高度为 29.11 厘米，宽度为 20.49 厘米。

(3) 设置矩形的轮廓线为 3 磅，颜色为"黑色，文本 1，浅色 25%"，无填充颜色。

(4) 设置矩形的位置为相对于页、水平居中、垂直居中。

(5) 再绘制一个矩形，设置高度和宽度为 0.77 厘米，无轮廓，填充颜色为"黑色，文本 1，浅色 25%"。

(6) 先选中小矩形，按住 Shift 键再选中大矩形，利用"绘图工具"选项卡中"排列"组的"对齐"按钮，选择"相对于后选对象""右对齐""顶端对齐"，将小矩形放置于大矩形的右上角，如图 3-74 所示。

图 3-74　两个矩形的位置

(7) 复制出三个小矩形，利用同样的方法分别将三个小矩形放置于大矩形的左上角、左下角和右下角，如效果图所示。

补充知识

可以利用设置页面边框来美化页面。单击"页面"选项卡，在"效果"组中单击"页面边框"按钮，打开"边框和底纹"对话框，然后在"页面边框"选项卡中设置页面边框，如图 3-75 所示，还可以在"艺术型"列表中选择艺术型页面边框。

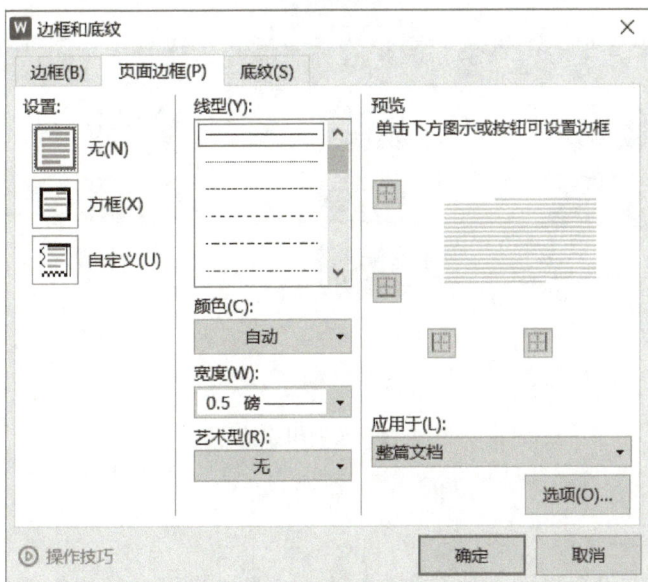

图 3-75　"页面边框"选项卡

10. 打印预览及调整各部分格式

表格制作完成后，首先保存文件，然后预览表格的打印效果。对表格整体设计进行检查，合理调整表格。

补充知识

根据求职岗位的要求，突出自己的优势与特长，可以根据自己的需求调整表格的结构和内容，以更好地展示自己的优势。最后，记得在简历中附上一份简洁明了的个人陈述或求职信，进一步表达自己对求职岗位的热情和期望，将有助于提升简历的吸引力，增加获得面试机会的可能性。

任务 3.5　制作公司组织结构图

一、任务描述

小王接到一项新任务，根据有关公司组织结构的文档绘制出一份公司组织结构图。任务效果如图 3-76 所示。

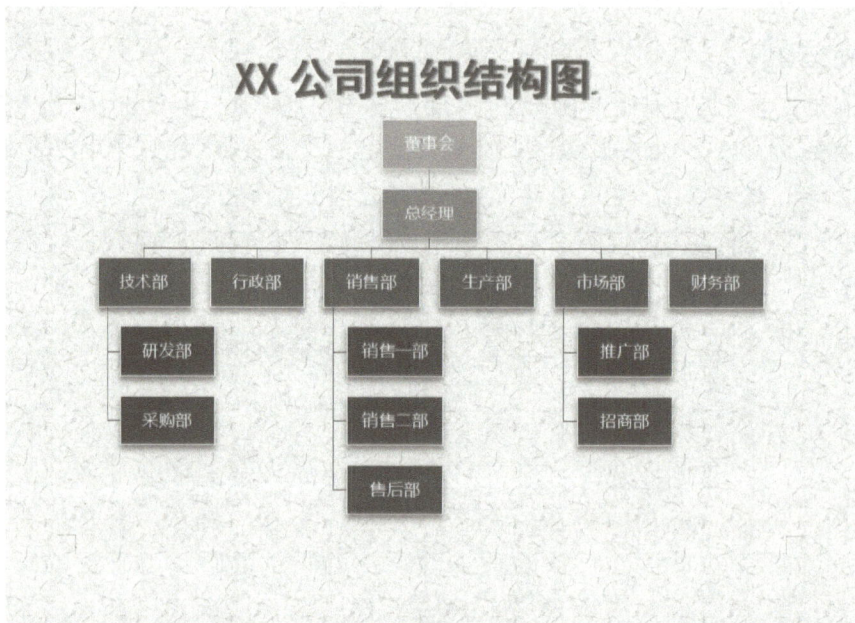

图 3-76　公司组织结构

二、任务分析

首先新建文档并设置页面，然后在文档中插入智能图形中的组织结构图，接着按要求添加形状并输入文本，再对组织结构图的样式、配色进行修改，利用横向文本框输入组织结构图标题，最后设置页面背景美化文档。

三、相关知识点

1.组织结构图

组织结构图是 WPS 智能图形中的一种，可以直观地展示各部门之间的关系，方便公司内部或外部人士了解公司的组织结构。

2.页面背景

在"页面"选项卡中，可以用单一颜色、渐变色、纹理、图案或图片等设置页面的背景色，以达到美化页面的目的。

四、任务步骤

本任务可以分为新建文档并保存、页面设置、插入 SmartArt 图形、输入文本并编辑 SmartArt 图形、美化 SmartArt 图形、设置页面背景、保存文档与打印预览等几个部分。下面详细讲解每个部分的操作步骤。

1. 新建文档并保存

打开 WPS Office 软件，新建文字空白文档，并将文档以"公司组织结构图"为名保存在"第 3 单元 \ 任务 3.5"文件夹中。

2. 页面设置

选择 A4 纸，纸张方向为横向。

3. 插入 SmartArt 图形

插入 SmartArt 图形的步骤如下：

(1) 单击"插入"选项卡中"常用对象"组的"智能图形"按钮，打开"智能图形"对话框。

(2) 单击对话框的"SmartArt"选项卡，从列表中选择"层次结构"按钮，如图 3-77 所示，即可在文档中插入一个组织结构图。

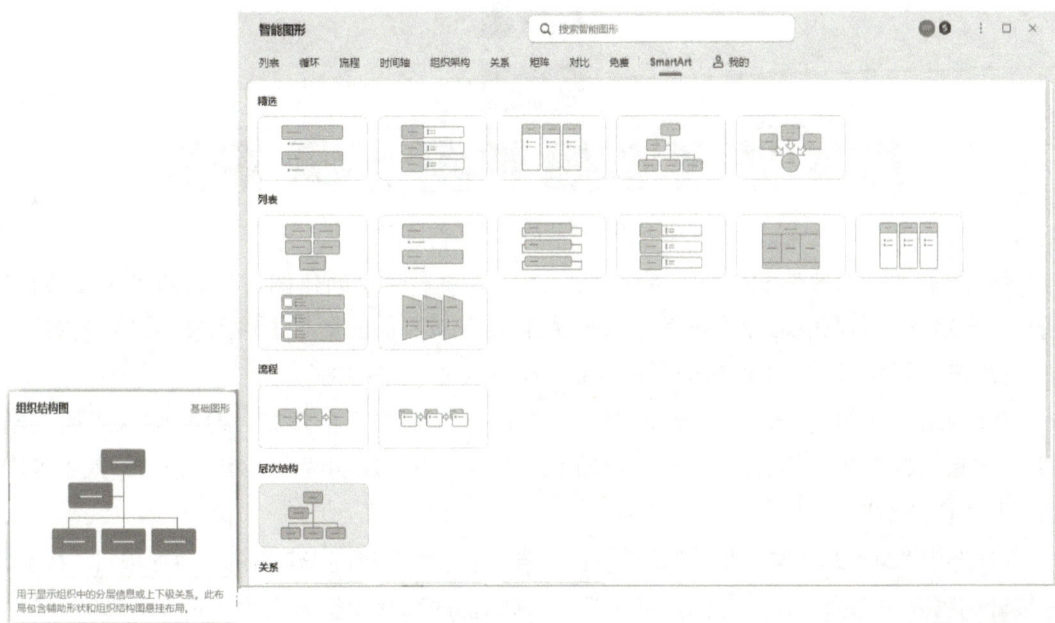

图 3-77 "智能图形"对话框

4. 输入文本并编辑 SmartArt 图形

输入文本并编辑 SmartArt 图形的步骤如下：

(1) 单击最上方的文本占位符，输入"总经理"。

(2) 选中第 2 行的文本占位符，按键盘上的 Del 键删除。

插入 SmartArt
图形并编辑

(3) 使用同样的方法，依次输入公司组织结构图的其他文本，如图 3-78 所示。

(4) 选中"销售部"文本框，单击"设计"选项卡中"创建图形"组的"添加项目"按钮，在展开的列表中选择"在后面添加项目"，如图 3-79 所示，在新添加的形状中输入文本"生产部"。

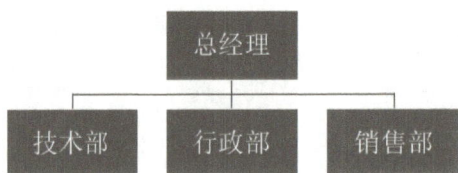

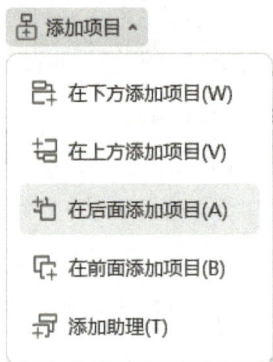

图 3-78　输入文本　　　　　　　　　　图 3-79　"添加项目"列表

(5) 按照同样的方法在"生产部"后面添加两个形状，分别输入"市场部"和"财务部"，如图 3-80 所示。

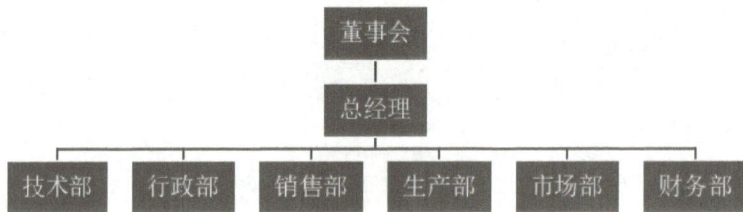

图 3-80　添加形状并输入文本

(6) 选中"技术部"文本框，单击"设计"选项卡中"创建图形"组的"添加项目"按钮，在展开的列表中选择"在下方添加项目"，在新添加的形状中输入文本"研发部"。

(7) 在"研发部"文本框后面添加形状，输入文本"采购部"。

(8) 利用同样的方法，在"销售部"文本框下方添加三个形状，分别输入"销售一部""销售二部"和"售后部"；在"市场部"文本框下方添加两个形状，分别输入"推广部"和"招商部"。

(9) 选中"总经理"文本框，单击"设计"选项卡中"创建图形"组的"添加项目"按钮，在展开的列表中选择"在上方添加项目"，在新添加的形状中输入文本"董事会"。

5. 美化 SmartArt 图形

美化 SmartArt 图形主要包括设置图形颜色、样式、文字格式和环绕方式等。

1) 设置 SmartArt 图形颜色

选中 SmartArt 图形，在"设计"选项卡的"智能图形样式"组中单击"系列配色"，然后在展开的列表中选择"彩色"中的第 4 个按钮，如图 3-81 所示。

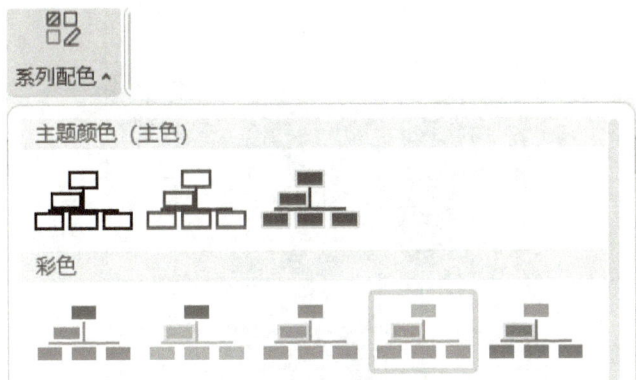

图 3-81　更改图形颜色

2) 设置 SmartArt 图形样式

选中 SmartArt 图形，在 "设计" 选项卡的 "智能图形样式" 组中，单击样式列表中的第 2 个按钮，如图 3-82 所示。

智能图形样式

图 3-82　更改图形样式

3) 设置 SmartArt 图形的文字格式

将整个 SmartArt 图形的文字格式设置为微软雅黑、16 磅，然后调整 SmartArt 图形大小，使其占整个文档编辑区。

4) 设置 SmartArt 图形的环绕方式和在页面的位置

设置 SmartArt 图形的环绕方式为紧密型，相对于页水平居中。

5) 设置图形标题

设置图形标题的具体步骤如下：

(1) 绘制一个文本框，输入标题文本 "XX 公司组织结构图"，设置其字符格式为黑体、初号、加粗，并设置文字在文本框中水平居中。

(2) 将文本框的文字添加艺术字效果 "填充 - 钢蓝，着色 1，阴影"，效果为阴影、外部中的向右偏移。

(3) 文本框无边框颜色、无填充颜色。

(4) 将文本框放到 SmartArt 图形上方合适位置，设置其在水平方向上相对于页水平居中。

(5) 利用键盘上的方向键调整文本框和 SmartArt 图形的垂直位置，直至美观。

6. 设置页面背景

单击 "页面" 选项卡，在 "效果" 组中单击 "背景" 按钮，在展开的列表中选择 "其他背景" 中的 "纹理"，打开 "填充效果" 对话框，然后在 "纹理" 选项卡中选择 "纸纹 2"，如图 3-83 所示。选择完成后，单击 "确定" 按钮。

图 3-83　纹理背景

7. 保存文档与打印预览

制作完组织结构图后，首先保存文件，然后预览图形的打印效果。对图形整体设计进行检查，合理调整。

拓展任务 1　制作关于举办公司内部培训活动的通知文件

一、任务描述

现需要制作一份关于举办公司内部培训活动的通知文件，任务效果如图 3-84 所示。

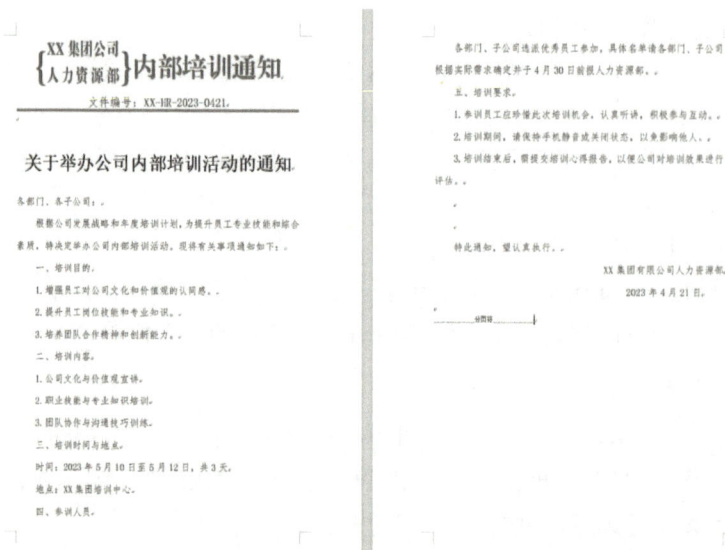

附件：

培训活动日程安排表

时间	内容	主讲人
5 月 10 日·09:00-12:00	公司文化与价值观宣讲	XX（集团副总裁）
5 月 10 日·14:00-17:00	职业技能与专业知识培训（一）	XX（行业专家）
5 月 11 日·09:00-12:00	团队协作与沟通技巧训练	XX（资深培训师）
5 月 11 日·14:00-17:00	职业技能与专业知识培训（二）	XX（部门经理）
5 月 12 日·09:00-12:00	分组讨论与案例分析	各组导师
5 月 12 日·14:00-16:00	培训总结与心得分享	全体参训员工

注：以上日程安排如有调整，请以现场通知为准。

图 3-84　培训通知文件效果图

二、任务步骤

本任务可以分为打开与另存文档、编排文档、打印预览并保存文档等几个部分。

1. 打开与另存文档

打开 WPS Office 软件，再打开"第 3 单元\拓展任务 1\素材\内部培训通知素材文件 .docx"文件并另存到"拓展任务 1"文件夹中。

2. 编排文档

编排文档主要包括中文版式的双行合一、绘制线条、设置字体和段落格式等，其具体要求如下：

（1）"XX 集团公司人力资源部"为双行合一，带大括号，其字体为方正小标宋简体、48 磅、红色、缩放 80%，与"内部培训通知"同一行 (方正小标宋简体、36 磅、红色)，并居中对齐。

（2）"文件编号：……"为仿宋、16 磅，居中对齐。

（3）绘制一条红色上细下粗双线，宽度为 3 磅。

（4）"关于举办公司内部培训活动的通知"为宋体、26 磅、加粗，间距为段前 2 行，并居中对齐。

（5）"各部门、各子公司："为仿宋、四号，间距为段前 1 行，行距为 1.5 倍行距。

（6）正文为仿宋、四号，首先缩进 2 字符，行距为 1.5 倍行距。

（7）落款和日期右对齐，日期右缩进 3 字符。

（8）将光标放到"附件："前面，然后插入分页符（"页面"选项卡中"结构"组的"分隔符"中的"分页符"）。

（9）"附件："为仿宋、四号、加粗。

(10) "培训活动日程安排表"为宋体、五号、加粗,并居中对齐。

(11) 将文字转换成 3 列 7 行的表格,应用预设样式等编排表格。

(12) 最后一段文字为仿宋、四号,间距为段前 0.5 行。

3. 打印预览并保存文档

预览文档的打印效果,并保存文档。

拓展任务 2　制作活动通知

一、任务描述

1024 金山程序员节快到了,公司为程序员准备了丰富的活动,现需拟一则通知,请协助行政专员丽丽制作活动通知。任务效果如图 3-85 所示。

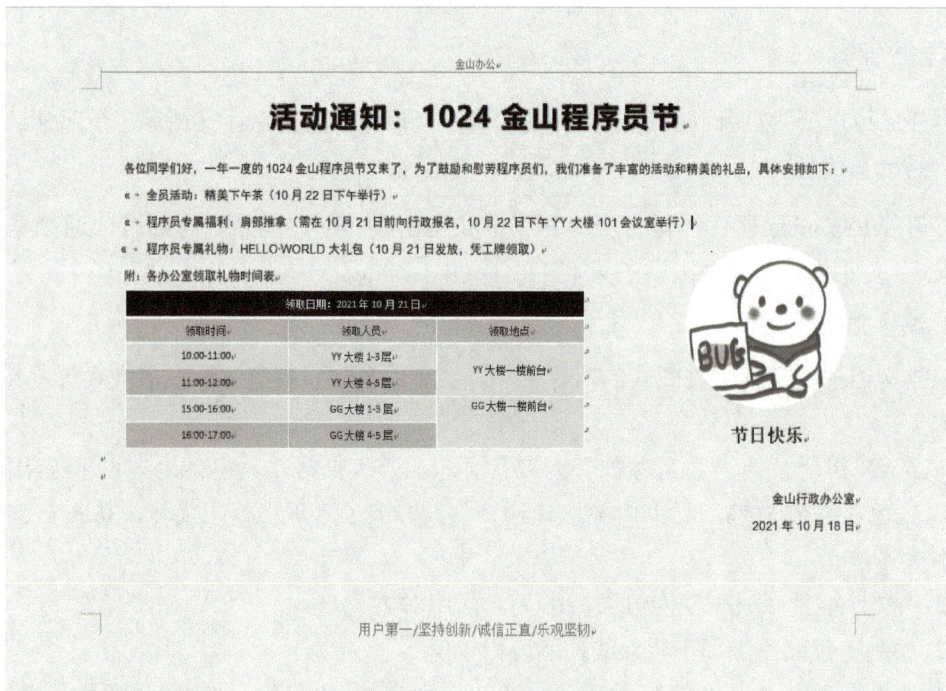

图 3-85　活动通知效果图

二、任务步骤

本任务分为打开与保存文档、查找与替换、页面布局的设置、字体和段落格式的设置、项目符号的使用、将文字转换成表格并编辑表格、页眉与页脚的设置、插入图片并编辑等几个部分。首先打开本书配套教学素材中的"第 3 单元 \ 拓展任务 2 \ 素材 \WPS.docx"(.docx 为文件扩展名),再进行后续操作。

1. 查找与替换

将文中所有的错词"程序源"替换为"程序员"。

2. 设置文档页面布局

文档页面布局要求如下：

(1) 纸张方向为横向，纸张大小为 A4，设置上、下页边距为 2.5 厘米，左、右页边距为 3 厘米。

(2) 设置页面背景颜色为"白色，背景 1，深色 5%"。

3. 设置文档中的标题和正文格式

文档中标题和正文的格式要求如下：

(1) 为标题内容"活动通知：1024 金山程序员节"添加文字效果中的"填充 - 黑色，文本 1，阴影"艺术字效果；设置字体为微软雅黑、小一、加粗，字符间距加宽 0.05 厘米，并居中对齐，段前间距为 0 磅，段后间距为 10 磅。

(2) 为正文的 2～4 段落添加自定义项目符号"《"(字体为 Arial)，具体步骤如下：

① 选中正文中的 2～4 段落，单击"开始"选项卡中"段落"组的"项目符号"按钮右侧的三角按钮，在展开的列表中选择"自定义项目符号"，打开"项目符号和编号"对话框。

② 在打开的对话框中任意选择一种项目符号，单击右下角的"自定义"按钮，打开"自定义项目符号列表"对话框。

③ 在"自定义项目符号列表"对话框中单击"字符"按钮，打开"符号"对话框。

④ 在"符号"选项卡中，找到所需的符号，如图 3-86 所示，然后单击"插入"按钮，返回上一级对话框，再单击"确定"按钮即可。

图 3-86　自定义项目符号设置

(3) 设置正文的 1～15 段落的字体为黑体、西文字体为 Arial，字号为五号，行距为 1.5 倍行距，首行缩进 2 字符。

(4) 设置正文的 14、15 段落 (落款与日期) 对齐方式为右对齐。

4. 将段落转换为表格并设置

将正文的 6～11 段落转换为一个 6 行 3 列的表格，并进行以下设置：

(1) 设置表格尺寸为指定宽度的 60%，整体表格左对齐，左缩进 1 厘米，行高为固定值，指定高度为 0.8 厘米。

(2) 将第 1 行的 3 个单元格、第 3 列的 3～4 行和 5～6 行单元格分别合并单元格，水平居中对齐。

(3) 为表格套用中色系样式：中度样式 2。

5. 为文档添加页眉和页脚

页眉和页脚的设置要求如下：

(1) 插入内容为"用户第一 / 坚持创新 / 诚信正直 / 乐观坚韧"的页脚，并居中对齐。

(2) 添加一条单直线的页眉横线，输入内容"金山办公"，并居中对齐。

6. 插入本书配套教学素材中的"第 3 单元 \ 拓展任务 2 \ 素材 \ 金小獴 .png"图片并调整

"金小獴 .png"图片的格式要求如下：

(1) 设置环绕方式为浮于文字上方，取消图片锁定纵横比，设置图片的高度为 5 厘米，宽度为 5 厘米，将图片裁剪为椭圆，移至文档右侧空白处。

(2) 在图片下方插入一个文本框，输入文字"节日快乐"，并设置无形状填充与边框。

拓展任务 3　制作邀请函

一、任务描述

在过去的一年里，公司取得了优异成绩，公司董事决定邀请合作伙伴一起参加年度庆典大会，一起分享去年所取得的硕果，请协助秘书小王制作邀请函。任务效果如图 3-87 所示。

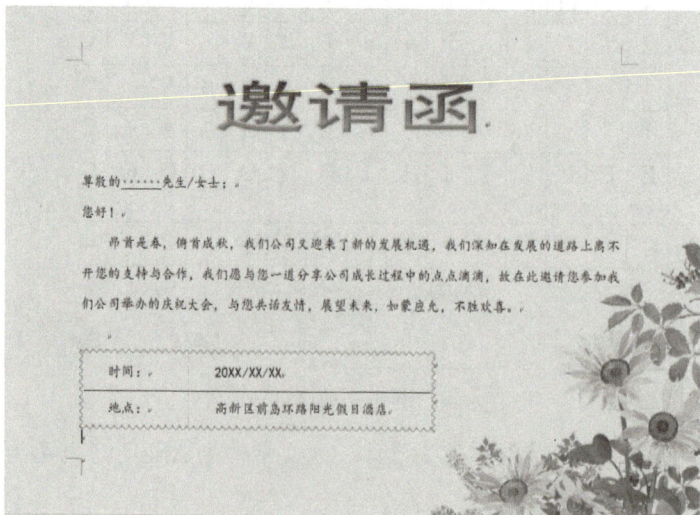

图 3-87　邀请函效果图

二、任务步骤

本任务分为打开与保存文档、设置文档页面布局、查找与替换、字体和段落格式的设置、将文字转换成表格并设置、页脚的设置等几个部分。首先打开本书配套教学素材中的"第 3 单元 \ 拓展任务 3 \ 素材 \WPS.docx"（.docx 为文件扩展名），再进行后续操作。

1. 设置文档页面布局

文档页面布局要求如下：

(1) 纸张方向为横向，纸张大小为 16 开。

(2) 设置页面的上、下页边距为 2 厘米，左、右页边距为 3 厘米。

(3) 设置页面背景颜色为主题颜色"灰色 -25%，背景 2"。

2. 查找与替换

开启"显示段落标记"，将文中所有的"手动换行符"全部替换为"段落标记"，并删除所有的无内容段落。

3. 设置文档题目"邀请函"格式

文档题目"邀请函"的格式要求如下：

(1) 中文字体为黑体，字号为 56 磅，字符间距为缩放 170%。

(2) 对齐方式为居中对齐，段落间距为段前 0 行、段后 1 行。

(3) 设置文本效果。艺术字样式为"渐变填充 - 亮石板灰"，阴影效果为"内部右下角"，发光效果为"灰色 -50%，5pt 发光，着色 3"。

4. 设置除文档标题以外的所有内容的格式

除文档标题以外的所有内容的格式要求如下：

(1) 中文字体为楷体、四号。

(2) 为"尊敬的"至"先生"中间的空白区域，设置下划线。

(3) 将"昂首是春……"所在的段落，设置首行缩进 2 字符，行距为 1.5 倍行距。

(4) 在"昂首是春……"所在段落的后面插入一个空白段落。

5. 将文字转换成表格并设置

文档最后两行为时间和地点 (以空格分隔)，请将它们转换为 2 行 2 列的表格，并对表格进行以下设置：

(1) 将表格尺寸设置为指定宽度 18 厘米，表格的对齐方式为左对齐，并将左缩进设置为 1 厘米。

(2) 将表格"选项"中的"默认单元格边距"设置为上、下 0.1 厘米，左 1 厘米，右 0.2 厘米。

(3) 将表格边框设置为单波浪线，主题颜色"灰色 -25%，背景 2，深色 50%"，宽度 1.5 磅，并将表格边框设置为不显示内部竖框线。

(4) 将表格的第 1 列设置为指定宽度 4 厘米。

6. 页脚的设置

为文档添加页脚，在页脚处插入本书配套教学素材中的"第 3 单元 \ 拓展任务 3\ 素材 \ 页脚 .png"，并按以下要求设置：

(1) 取消图片的锁定纵横比设置，将图片大小设置为高度 10 厘米、宽度 10 厘米。

(2) 将图片的文字环绕方式由默认的嵌入型修改为衬于文字下方。

(3) 将图片固定在页面上的特定位置，要求修改图片布局，水平方向上的对齐方式为右对齐、相对于页面；垂直方向上的对齐方式为下对齐、相对于页面。

拓展任务 4　制作技术指南文档

一、任务描述

为方便社区群众了解接种新冠病毒疫苗的禁忌症、注意事项、不良反应等相关知识，请协助街道办小王制作新冠病毒疫苗接种技术的宣传手册。任务效果如图 3-88 所示 (可扫描图中的二维码查看详细内容)。

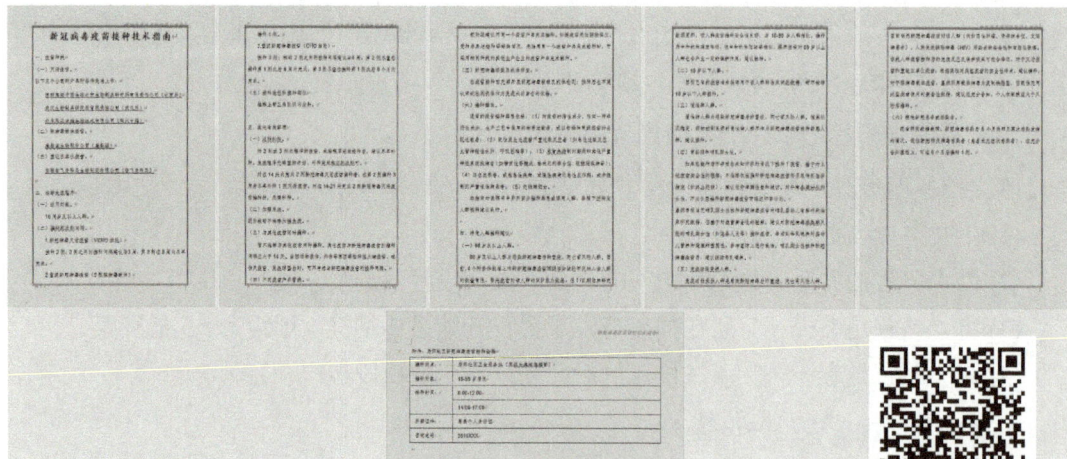

图 3-88　技术指南效果图

二、任务步骤

本任务分为打开与保存文档、设置文档页面布局、插入页码、查找与替换、字体和段落格式的设置、页眉的设置、页面边框的设置、将文字转换成表格并设置表格等几个部分。首先打开本书配套教学素材中的"第 3 单元 \ 拓展任务 4\ 素材 \ WPS.docx"(.docx 为文件扩展名)，再进行后续操作。

1. 设置文档页面布局

请按照如下要求对文档的页面布局进行调整：

(1) 将纸张大小设置为大 16 开，上、下页边距为 2.2 厘米，左页边距为 2 厘米，右页边距为 3 厘米，装订线位置为靠左，装订线宽为 1 厘米。

(2) 将页面背景颜色设置为"培安紫，文本 2，浅色 80%"。

(3) 将文档最后一页的纸张方向设置为横向。

2. 插入页码

为整篇文档插入页码，在页脚内侧显示，页码样式为"第 x 页"。

3. 查找与替换

将文中所有的错词"新官"更改为"新冠"；查找文中的所有字母并将其字体格式更改为大写。

4. 字体和段落格式的设置

分别为文档中的标题和正文进行以下格式设置：

(1) 标题内容"新冠病毒疫苗接种技术指南"的中文字体为楷体，字号为一号，字形加粗，字符间距为加宽 0.05 厘米；其对齐方式为居中对齐，段前间距为 0 行，段后间距为 1 行。

(2) 正文内容 (除标题以外的内容) 的中文字体为仿宋，西文字体为 Arial，字号为四号。

(3) 为第 1 页"一、疫苗种类"中的 5 个公司名称添加下划线，并设置首行缩进 2 字符，文本之后缩进 1 字符，行距为固定值 35 磅。

5. 页眉的设置

为整篇文档设置页眉，在页眉区域插入一个横向文本框，需对文本框执行以下操作：

(1) 在文本框中输入文本"新冠病毒疫苗接种技术指南"，设置文本字体为楷体，字号为四号，字形加粗并倾斜，颜色为"培安紫，文本 2"。

(2) 将文本框的布局选项修改为固定在页面上的特定位置，要求水平方向的对齐方式为右对齐，相对于栏；垂直方向的对齐方式为顶端对齐，相对于行。

(3) 设置文本框的高度为绝对值 0.95 厘米，宽度为绝对值 6.5 厘米。

(4) 将文本框设置为无线条颜色，无填充颜色。

6. 页面边框的设置

在文档的第 1 页添加页面边框，仅应用于本节。边框的格式要求如下：

(1) 边框类型为方框，线型为上粗下细的双实线。

(2) 边框颜色为主题颜色"培安紫，文本 2，深色 25%"，宽度为 1.5 磅。

7. 将文字转换成表格并设置

将最后一页的附件内容"接种地点……"，以空格作为分隔符将文本转换为一个 5 行

2 列的表格，并对表格进行以下操作：

(1) 将表格设置为指定宽度 25 厘米，表格的对齐方式为居中，表格选项的上、下单元格边距为 0.1 厘米，左、右单元格边距为 0.5 厘米。

(2) 将表格第 1 列设置为指定宽度 4 厘米。

(3) 将表格第 3 行第 2 个单元格拆分为 2 行 1 列，并将“14:00—17:00”剪切粘贴到空白单元格中。

拓展任务 5 制作会议通知

一、任务描述

为了更好地完成公司下半年所制定的业务任务，总经理助理小许拟定了一份公司上半年总结表彰大会的会议通知。按照需求完成文档外观与格式的制作工作。任务效果如图 3-89 所示。

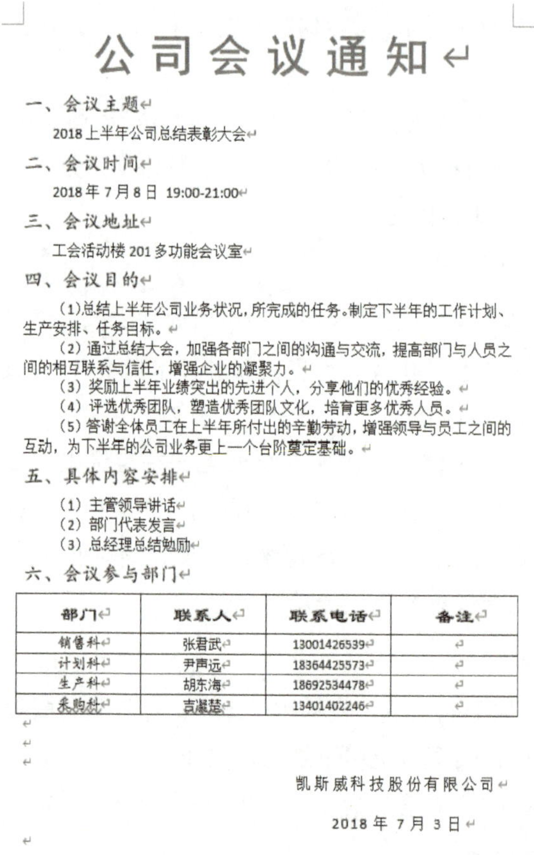

公 司 会 议 通 知

一、会议主题

2018 上半年公司总结表彰大会

二、会议时间

2018 年 7 月 8 日 19:00-21:00

三、会议地址

工会活动楼 201 多功能会议室

四、会议目的

(1)总结上半年公司业务状况，所完成的任务。制定下半年的工作计划、生产安排、任务目标。

(2) 通过总结大会，加强各部门之间的沟通与交流，提高部门与人员之间的相互联系与信任，增强企业的凝聚力。

(3) 奖励上半年业绩突出的先进个人，分享他们的优秀经验。

(4) 评选优秀团队，塑造优秀团队文化，培育更多优秀人员。

(5) 答谢全体员工在上半年所付出的辛勤劳动，增强领导与员工之间的互动，为下半年的公司业务更上一个台阶奠定基础。

五、具体内容安排

(1) 主管领导讲话

(2) 部门代表发言

(3) 总经理总结勉励

六、会议参与部门

部门	联系人	联系电话	备注
销售科	张君武	13001426539	
计划科	尹声远	18364425573	
生产科	胡东海	18692534478	
采购科	吉凝慧	13401402246	

凯斯威科技股份有限公司

2018 年 7 月 3 日

图 3-89 会议通知效果图

二、任务步骤

本任务分为打开与保存文档、设置页面、设置字体和段落格式、将文字转换成表格并设置表格格式等几个部分。首先打开本书配套教学素材中的"第 3 单元 \ 拓展任务 5 \ 素材 \ WPS.docx"（.docx 为文件扩展名），再进行后续操作。本任务的主要要求如下：

(1) 调整文档纸张上、下页边距为 2.8 厘米，左、右页边距为 3.5 厘米。

(2) 将文档的第一行文字内容设置为居中格式，字体为黑体，字号为 36，字体的颜色为红色，字符间距为加宽 0.2 厘米。

(3) 将标题一到标题六的文本设置为楷体、三号。

(4) 将标题一到标题五中的文本（除标题以外）设置为小四号、首行缩进 2 字符。

(5) 将标题六下的 5 行内容转换成 5 行 4 列的表格，整个表格内容为水平居中格式，表格标题行文本为隶书、三号，部门标题列下文本为楷体、小四号。

(6) 将"凯斯威科技股份有限公司"设置为小四号，字符间距为加宽 0.05 厘米，对齐方式为右对齐，文本之后缩进 1 字符。

(7) 将"2018 年 7 月 3 日"设置为小四号，字符间距为加宽 0.05 厘米，对齐方式为右对齐，文本之后缩进 3.5 字符，段前间距为 1 行。

注：编辑排版后的效果参照本书配套教学素材中的"第 3 单元 \ 拓展任务 5 \ 素材 \ WPS 样张 .JPG"。

课程思政

国产软件的骄傲——WPS

国产软件在许多领域都取得了显著的进步，成为国家和民族的骄傲。以下是一些在国产软件中备受瞩目的亮点。

• 办公软件：WPS Office 是国产办公软件的杰出代表，它提供了文字、表格、演示等多种功能，并且完全兼容微软的 Office 格式。WPS Office 不仅功能强大，而且界面简洁易用，受到了广大用户的喜爱。此外，永中 Office、金山快盘等软件也在办公软件领域也有着不俗的表现。

• 杀毒软件：在杀毒软件领域，国产软件也取得了令人瞩目的成绩。360 安全卫士、金山毒霸、瑞星杀毒软件等都是国产杀毒软件的佼佼者。它们能够有效地保护用户的计算机免受病毒、木马等恶意软件的侵害，保护用户的数据安全。

• 输入法：在输入法领域，国产软件同样表现出色。搜狗输入法、百度输入法、讯飞输入法等都是国内知名的输入法软件。它们不仅提供了丰富的词库和智能联想功能，还支持多种输入方式，如拼音、五笔、手写等，满足了不同用户的需求。

• 浏览器：国产浏览器也在不断发展壮大。360 安全浏览器、QQ 浏览器、UC 浏览器等都是国内知名的浏览器软件。它们不仅提供了快速的浏览速度和丰富的功能，还注重用户隐私和安全，为用户提供更加安全、便捷的上网体验。

• 图像处理软件：在图像处理领域，国产软件也展现出了一定的实力。例如，美图秀秀就是一款备受欢迎的国产图像处理软件。它提供了丰富的滤镜和美化功能，可以帮助用户轻松地处理照片，让照片变得更加美丽动人。

此外，还有一些在特定领域具有竞争力的国产软件，如 CAD 软件、财务软件、项目管理软件等。这些软件在各自的领域内取得了显著的进步，为国产软件的发展作出了重要贡献。

总的来说，国产软件在多个领域都取得了令人瞩目的成绩，成为国家和民族的骄傲。未来，随着技术的不断进步和市场的不断扩大，国产软件将继续发展壮大，为更多的用户提供优质的服务和体验。

第4单元 WPS 电子表格处理

情景导入

为了提高教师的职业技能，优化教师的业务素质，学院教务处组织了青年教师基本功大赛，小李负责本次基本功大赛的各项成绩统计工作，并对成绩进行分析与处理。学院使用的是国产办公软件 WPS Office，小李为了完成此次任务，开始了 WPS 表格的学习。

教学目标

【知识目标】

(1) 学会 WPS 表格工作簿、工作表、单元格的基本操作。

(2) 掌握 WPS 表格中常规和快速录入数据的方法。

(3) 掌握对 WPS 表格进行格式化和美化的操作方法。

(4) 掌握利用常用公式和函数对 WPS 表格中的数据进行计算的方法。

(5) 掌握对 WPS 表格中的数据进行排序、分类汇总、建立图表、筛选和建立数据透视表等操作的方法。

【技能目标】

(1) 能够熟练运用 WPS 表格进行数据表结构的设计，并录入数据，同时根据需要编辑、美化工作表。

(2) 能够熟练运用 WPS 表格中的常用函数。

(3) 能够熟练地对 WPS 表格中的数据进行统计分析与处理。

(4) 能够运用 WPS 表格对大量数据进行快速的统计，提高工作效率。

【素质目标】

(1) 培养学生实事求是，科学严谨的求知意识，在建立工作表时，要理论联系实际。

(2) 了解数据安全的重要性。

(3) 培养学生认真负责的工作态度和求真务实的科学态度。

【思政目标】

(1) 引导学生在工作中具有精益求精的钻研精神。

(2) 使学生认识到信息安全的重要性，从而形成对数据的保护意识。

(3) 通过数据表的设计与建立，教育学生在工作中敢于提出问题，勇于创新。

(4) 对工作表中的数据进行筛选与分析时，培养学生求真务实的职业道德。

任务 4.1　制作教师基本功大赛成绩表

一、任务描述

小李首先要完成的任务是本次教师基本功大赛成绩表的制作，包括数据的录入、表格的美化与编辑等工作。任务效果如图 4-1 所示。

	A	B	C	D	E	F	G	H
1	教师基本功大赛成绩表							
2	序号	姓名	学科	所属系部	教案成绩	板书设计	教学能力	现场答辩
3	0001	王*桔	自动化	机电系	80	65	60	70
4	0002	砾*岩	园林技术	农林系	85	87	79	85
5	0003	张*亮	电子技术	机电系	78	81	85	78
6	0004	王*瑜	软件技术	计算机系	89	87	85	63
7	0005	文*勇	新能源	机电系	88	89	86	87
8	0006	王*丽	网络技术	计算机系	63	59	58	90
9	0007	张*瑞	机械制造	机电系	88	85	84	82
10	0008	赵*涛	园艺技术	农林系	96	92	94	87
11	0009	温*婉	新能源	机电系	89	87	88	93
12	0010	张*为	园林技术	农林系	76	60	75	65
13	0011	李*平	自动化	机电系	86	87	89	87
14	0012	王*平	新能源	机电系	81	81	84	81
15	0013	赵*英	园林技术	农林系	89	87	86	75
16	0014	林*如	物联网技术	计算机系	92	89	86	64
17	0015	顾*强	园艺技术	农林系	61	65	55	60
18	0016	黄*英	物联网技术	计算机系	92	90	84	72
19	0017	宋*刚	自动化	机电系	92	90	94	69
20	0018	徐*珍	园林技术	农林系	86	85	88	82
21	0019	张*英	网络技术	计算机系	78	75	74	89
22	0020	张*元	大数据	计算机系	96	95	94	91

图 4-1　教师基本功大赛成绩表效果图

二、任务分析

目前教务处已经收集了参加技能大赛的教师的基本信息以及参赛成绩的纸质版资料，需要使用 WPS 表格功能建立新的工作表，并录入相关数据，数据格式有文本型、数字型等。在基本数据录入完毕后，将其保存成电子版，同时也需要将录入的数据打印出来，用纸质版进行存档。

三、相关知识点

1. 工作簿

工作簿是用来存储并处理数据的文件，利用 WPS 表格可以制作多种数据表，并对数据进行统计与分析。WPS 表格文件的扩展名为 .et，同时文件还可以保存为 .xls 或 .xlsx 格式。

2. 工作表

工作表是显示在工作簿窗口中的表格，如图 4-2 所示，工作表的名字显示在工作簿文件窗口底部的标签里。一个工作表可以由行和列构成，行的编号从 1 开始，列的编号依次用字母 A、B……Ⅳ表示，行号显示在工作簿窗口的左侧，列号显示在工作簿窗口的上方。

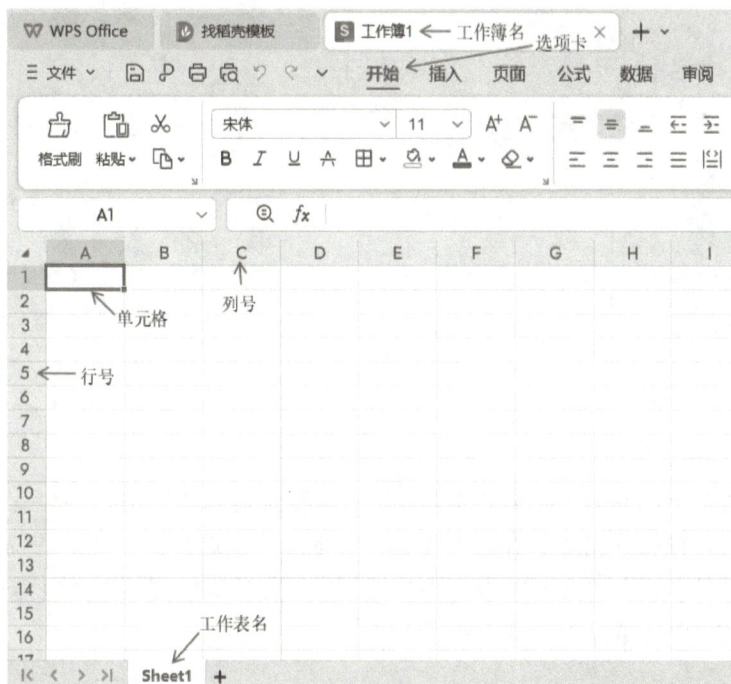

图 4-2　工作表

3. 单元格

单元格是表格中行与列的交叉部分，它是组成工作表的最小单位。单个数据的输入和修改都是在单元格中进行的。每个单元格都有固定的地址，简称单元格地址，按照单元格所在的行列位置来命名，例如，"C3"指的是 C 列与第 3 行交叉位置上的单元格。

4. 工作表页面设置及打印

在完成数据表的录入后，可以进行打印预览以检查最终效果。打印时应注意选择合适的打印机和纸张类型，确保打印效果清晰、整洁。

四、任务步骤

本任务可以分为新建工作簿并保存、工作表基础数据的录入、格式化表格、页面设置与打印预览、保存与关闭工作簿等几个部分。下面详细讲解每个部分的操作步骤。

1. 新建工作簿并保存

1) 新建工作簿

打开 WPS Office 软件，单击窗口顶部或左侧"新建"按钮，选择"Office 文档"中的"表格"→"空白表格"，即可创建工作簿，如图 4-3、图 4-4 所示，然后可进入工作表的工作界面。

图 4-3 "＋新建"按钮 　　　　图 4-4 "新建"窗口

2) 保存工作簿

单击"文件"→"保存"，或通过工具栏的保存快捷方式图标，即可保存文件。若是第一次保存文件，则会弹出"另存为"窗口，在地址栏中选择保存文件的位置，在"文件名称"中输入文件名，在"文件类型"下拉选项中选择"WPS 表格文件 (*.et)"，单击"保存"按钮，文件保存完成，如图 4-5 所示。

图 4-5　保存界面

2. 工作表基础数据的录入

1) 修改工作表名称

双击窗口左下角的工作表名称"Sheet1",或者对着"Sheet1"单击鼠标右键选择"重命名",待变为蓝色背景白色字后即进入工作表名称的编辑状态,输入新的工作表名"大赛成绩表"。输入完毕后,在其他任意位置单击鼠标即可完成表名的修改操作。

2) 表格标题录入

单击 A1 单元格,输入文字"教师基本功大赛成绩表"。

3) 数据录入

依次在 A2 至 H2 单元格中输入各字段名,在姓名列、学科列、所属系部列、教案成绩列、板书设计列、教学能力列、现场答辩列录入相应的数据。可参照本书配套教学素材中的"第 4 单元\教师基本功大赛成绩表 .xlsx"。

补充知识

当输入的数据长度超出列宽时,单元格中会显示"#####"号。这时,需要调整列宽。将鼠标指针移到该列列编号右侧的边框线上,待鼠标指针变为左右双向箭头形状时,按住鼠标左键并向右拖动,待列宽大小合适后释放鼠标,该列数据即可完全显示在该列中。

4) 自动填充序号列

选中 A3 单元格,输入英文单引号"'"和 0001,即"'0001"。将鼠标移动到 A3 单元格右下角的填充柄上,待鼠标指针变为实心的"+"字形状后,按住鼠标左键并向下拖动,至 A22 单元格后释放鼠标,可以看到 A3:A22 单元格区域完成了序号的自动填充。

补充知识

· WPS 表格中,常用的数据类型分为数值型、字符型 (文本型) 和日期时间型 3 种。数值型和日期时间型数据在单元格中的默认对齐方式为右对齐,可以进行数学运算;字符型默认对齐方式为左对齐,不能进行数学运算。汉字、英文字母、不能进行运算的数字、空格及键盘能输入的其他符号都视为字符型数据。

· 前置零的数字应作为字符型数据录入,可以采用输入英文单引号的方法,也可以先设置单元格格式为文本型,然后直接输入字符串。

3. 格式化表格

1) 设置表格标题栏

合并居中 A1:H1 单元格,设置行高为 35,字体为黑体、12 磅、加粗、标准色中的蓝色,如图 4-6 所示。其具体步骤如下:

(1) 利用鼠标拖动选择 A1:H1 区域,单击"开始"→"合并及居中",完成单元格合并。

标题文字水平居中对齐。

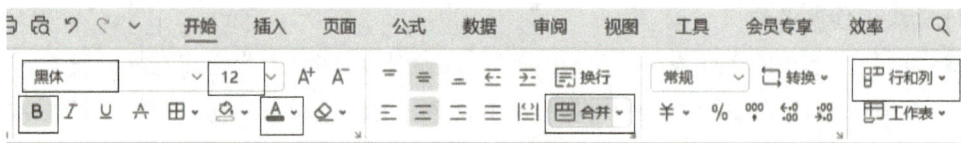

图 4-6　合并单元格

(2) 选择"开始"→"行和列",在弹出的快捷菜单中选择"行高",再在打开的对话框中输入行高值"35",单击"确定"按钮,如图 4-7 所示。

图 4-7　设置行高

(3) 在"字体"设置组中设置其字符格式为黑体、12 磅、加粗、标准色中的蓝色。

2) 设置表格中 2 至 22 行的格式

设置 2 至 22 行行高为 18,字体格式为宋体、10 磅,单元格对齐方式为水平居中、垂直居中。其具体步骤如下:

(1) 将鼠标移动到左侧行编号"2"上,当鼠标变成向右的箭头时,按下鼠标左键,并向下拖动鼠标,一直到行编号"22"处释放鼠标,此时,第 2 至 22 行同时被选中。单击"行与列",在弹出的快捷菜单中选择"行高",再在打开的对话框中输入行高值"18",单击"确定"按钮。

(2) 在"字体"设置组中设置其字体格式为宋体、10 磅。

(3) 单击"设置单元格格式"→"对齐",选择水平居中和垂直居中按钮,如图 4-8 所示。

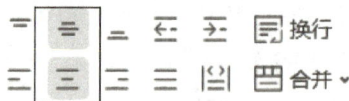

图 4-8　设置对齐方式

3) 为 A2:H22 单元格添加边框

要求内部框线为细实线,外部框线为双实线。选中 A2:H22 单元格区域,右击鼠标,在弹出的快捷菜单中选择"设置单元格格式"选项,再在打开的对话框中选择"边框"选项卡。在"线条"的"样式"组中选择单实线,在"预置"组中选择"内部",然后在"线条"的"样式"组中选择双实线,在"预置"组中选择"外边框",单击"确定"按钮,即可完成边框的设置,如图 4-9 所示。

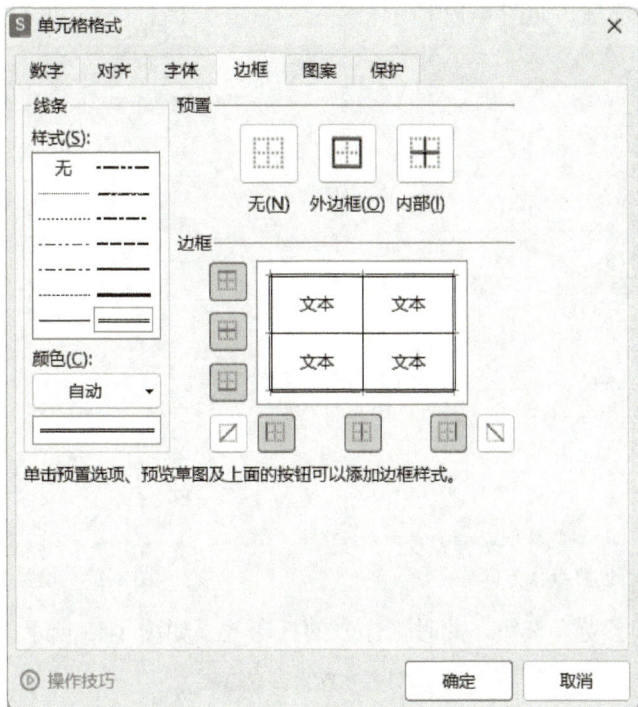

图 4-9　设置边框

4) 为 A2:H2 单元格区域添加底纹

选中 A2:H2 单元格区域，在"字体"组的"填充颜色"列表中选择"浅绿，着色 4，浅色 80%"，如图 4-10 所示。

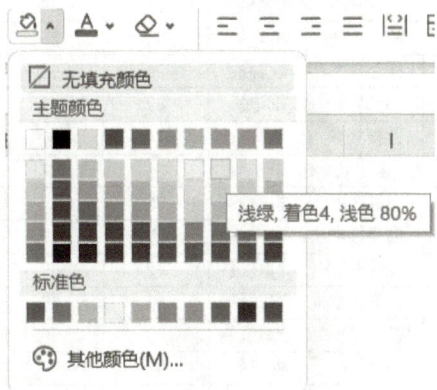

图 4-10　设置底纹

4. 页面设置与打印预览

页面设置与打印预览的方法如下：

(1) 选中 A1:H22 单元格区域，单击"页面"→"页边距"，选择"自定义页边框"。

(2) 打开"页面设置"对话框，在"页面"选项卡中选择纸张方向为"横向"，如图 4-11 所示。在"页边距"选项卡中设置工作表的上、下页边距为 2，左、右页边距为 3，并选中"水平"复选框，如图 4-12 所示。

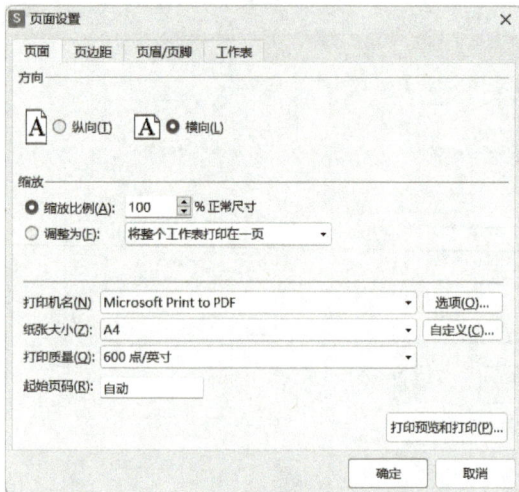

图 4-11　设置纸张方向　　　　　　　图 4-12　设置页边距

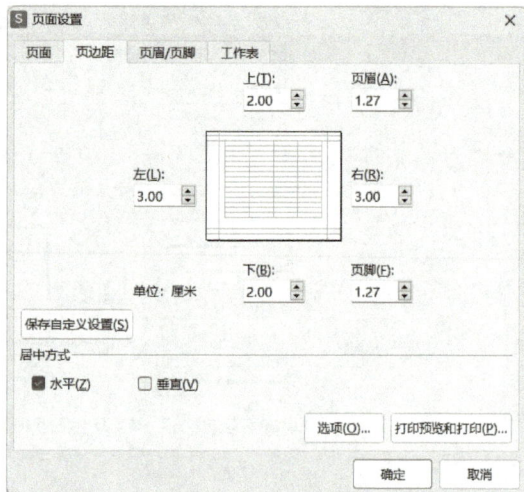

(3) 单击"打印预览"按钮，此时工作表的打印效果如图 4-13 所示。

教师基本功大赛成绩表

序号	姓名	学科	所属系部	教案成绩	板书设计	教学能力	现场答辩
0001	王*桔	自动化	机电系	80	65	60	70
0002	砾*岩	园林技术	农林系	85	87	79	85
0003	张*亮	电子技术	机电系	78	81	85	78
0004	王*瑜	软件技术	计算机系	89	87	85	63
0005	文*勇	新能源	机电系	88	89	86	87
0006	王*丽	网络技术	计算机系	63	59	58	90
0007	张*瑞	机械制造	机电系	88	85	84	82
0008	赵*涛	园艺技术	农林系	96	92	94	87
0009	温*婉	新能源	机电系	89	87	88	93
0010	张*为	园林技术	农林系	76	60	75	65
0011	李*平	自动化	机电系	86	87	89	87
0012	王*平	新能源	机电系	81	81	84	81
0013	赵*英	园林技术	农林系	89	87	86	75
0014	林*如	物联网技术	计算机系	92	89	86	64
0015	顾*强	园艺技术	农林系	61	65	55	60
0016	黄*英	物联网技术	计算机系	92	90	84	72
0017	宋*刚	自动化	机电系	92	90	94	69
0018	徐*珍	园林技术	农林系	86	85	88	82
0019	张*英	网络技术	计算机系	78	75	74	89
0020	张*元	大数据	计算机系	96	95	94	91

图 4-13　打印预览效果图

5. 保存与关闭工作簿

(1) 单击快速访问工具栏中的保存按钮即可保存文件。

(2) 单击窗口右上角的关闭按钮，关闭工作簿，同时退出 WPS 表格应用程序。

任务 4.2 制作成绩分析表

一、任务描述

小李根据教师基本功大赛成绩表中的数据，对参赛教师的比赛成绩进行排名，并对成绩进行分析。任务效果如图 4-14 所示。

	A	B	C	D	E	F	G	H	I	J	K
1	序号	姓名	学科	所属系部	教案成绩	板书设计	教学能力	现场答辩	综合评价	排名	等级
2	0001	王*桔	自动化	机电系	80	65	60	70	68	19	
3	0002	砾*岩	园林技术	农林系	85	87	79	85	83.6	9	
4	0003	张*亮	电子技术	机电系	78	81	85	78	80.7	14	
5	0004	王*瑜	软件技术	计算机系	89	87	85	63	79.6	15	
6	0005	文*勇	新能源	机电系	88	89	86	87	87.3	5	优秀
7	0006	王*丽	网络技术	计算机系	63	59	58	90	68.8	18	
8	0007	张*瑞	机械制造	机电系	88	85	84	82	84.40	8	
9	0008	赵*涛	园艺技术	农林系	96	92	94	87	91.90	2	优秀
10	0009	温*婉	新能源	机电系	89	87	88	93	89.50	3	优秀
11	0010	张*为	园林技术	农林系	76	60	75	65	69.20	17	
12	0011	李*平	自动化	机电系	86	87	89	87	87.40	4	优秀
13	0012	王*平	新能源	机电系	81	81	84	81	81.90	12	
14	0013	赵*英	园林技术	农林系	89	87	86	75	83.50	10	
15	0014	林*如	物联网技术	计算机系	92	89	86	64	81.20	13	
16	0015	顾*强	园艺技术	农林系	61	65	55	60	59.70	20	
17	0016	黄*英	物联网技术	计算机系	92	90	84	72	83.20	11	
18	0017	宋*刚	自动化	机电系	92	90	94	69	85.30	6	优秀
19	0018	徐*珍	园林技术	农林系	86	85	88	82	85.20	7	优秀
20	0019	张*英	网络技术	计算机系	78	75	74	89	79.50	16	
21	0020	张*元	大数据	计算机系	96	95	94	91	93.70	1	优秀

图 4-14 成绩分析与统计效果图

二、任务分析

参加技能大赛的个人教师的比赛成绩已经被录入工作簿中，小李需要根据基本的数据来统计教师比赛排名，并划分等级。

三、相关知识点

1. 公式

公式可包含函数、引用、运算符和常量中的所有内容或其中之一。例如"=year(B5)+3"，其中，"year()"是函数，返回日期型数据的年份；"B5"是引用，返回单元格 B5 中的值；"+"是运算符；"3"是常量，指直接输入到公式中的数字或文本值。

公式的操作方法：选择单元格，接着输入等号"="和运算表达式，输入完成后按回车键，计算结果将显示在包含公式的单元格中。

注意：表格中的公式始终以等号开头。

2. 函数

函数是一种使用预定义的公式来执行特定计算的工具。在 WPS 表格中，函数由函数名和参数组成。函数名表示要执行的操作，参数是函数需要的输入值，返回值是函数执行后得到的结果。WPS 表格提供了大量的内置函数，包括数学函数、统计函数、逻辑函数等，可以满足各种数据处理的需求。常用的函数有求和函数、求平均值函数、条件函数、计数函数等。

(1) 求和函数。求和函数 SUM() 的语法格式为 SUM(Number1,Number2,…)。例如，"=SUM(C3:C9)"表示将单元格 C3:C9 中的值加在一起。

(2) 求平均值函数。AVERAGE() 是求平均值的函数，用于计算所有参数数据的平均值。其语法格式为 AVERAGE(Number1,Number2,…)。

(3) 条件函数。条件函数 IF() 的语法格式为 IF(条件，结果 1，结果 2)。当条件成立时，显示结果 1；当条件不成立时，显示结果 2。例如，IF(3>2,＂正确＂,＂错误＂)，其显示结果"正确"。

(4) 计数函数。进行数据统计的函数有以下 4 个：

COUNT()：用于返回所选区域内数字 (包含数值型和日期型) 的个数。

COUNTA()：用于返回所选区域内非空值的个数，可以是任何格式，只要非空即可。

COUNTIF()：条件计数函数，用于统计满足某个条件的单元格的数量。

COUNTIFS()：条件计数函数，用于统计满足多个条件的单元格的数量。

四、任务步骤

本任务可以分为打开工作簿、新建工作表、输入工作表基本数据并格式化、引用"大赛成绩表"中的数据、公式与函数计算、保存工作簿等几个部分。下面详细讲解每个部分的操作步骤。

1. 打开工作簿，新建、重命名工作表

打开工作簿，并新建与重命名工作表，其具体步骤如下：

(1) 双击打开"教师基本功大赛成绩表"工作簿。

(2) 单击"大赛成绩表"后面的"＋"，即可插入一张新工作表"Sheet1"。

(3) 双击"Sheet1"工作表标签，将工作表名称重命名为"成绩分析"。

补充知识

新建工作表的另一种方法：右键单击工作表标签，从快捷菜单中选择"插入工作表"选项，打开"插入工作表"对话框，设置"插入数目"为 1，并选中"当前工作表之后"，

单击"确定"按钮，即可在选中的工作表之后插入一个新的工作表，如图 4-15 所示。

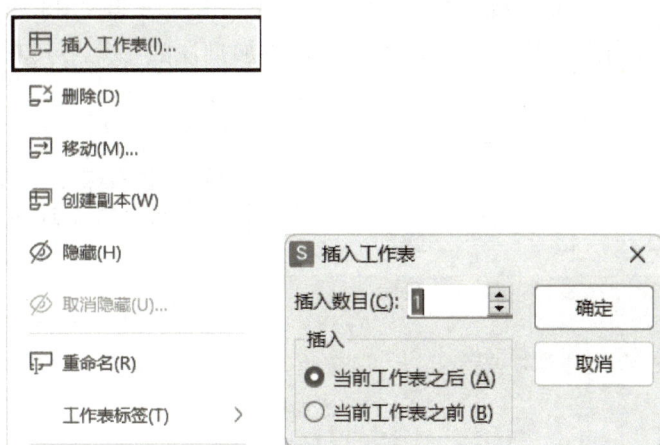

图 4-15　插入新工作表

2. 输入工作表基本数据并格式化

输入工作表基本数据并格式化的步骤如下：

(1) 输入工作表的字段名，如图 4-16 所示。

	A	B	C	D	E	F	G	H	I	J	K
1	序号	姓名	学科	所属系部	教案成绩	板书设计	教学能力	现场答辩	综合评价	排名	等级

图 4-16　"成绩分析"表字段名

(2) 在 E23:H24 单元格中输入如图 4-17 所示的统计数据。在 M2 单元格输入文本"根据综合评价统计各个分数段人数"，在 M3:Q4 单元格中输入统计数据，如图 4-18 所示。

E	F	G	H
最高分	最低分	平均分	总分

图 4-17　工作表基本数据 1

M	N	O	P	Q
根据综合评价统计各个分数段人数				
参赛总人数	>=90	89-70（包含）	69-60（包含）	<60

图 4-18　工作表基本数据 2

(3) 设置第 1 至 24 行的行高为 18，字体格式为宋体、10 磅，单元格对齐方式为水平居中、垂直居中。

(4) 为 A1:K21、E23:H24、M3:Q4 单元格添加边框，内、外框线都为细实线。为 A1:K1、E23:H23、M3:Q3 单元格区域添加"浅绿，着色 4，浅色 80%"底纹。

(5) 为等级列标题插入批注，选中 K1 单元格，单击"审阅"→"新建批注"按钮，如图 4-19(a) 所示。在出现的批注框中输入"综合评价大于等于 85 分为优秀，否则为空。"，如图 4-19(b) 所示。输入完毕后可看到，添加批注的单元格其右上角出现红色的三角形。

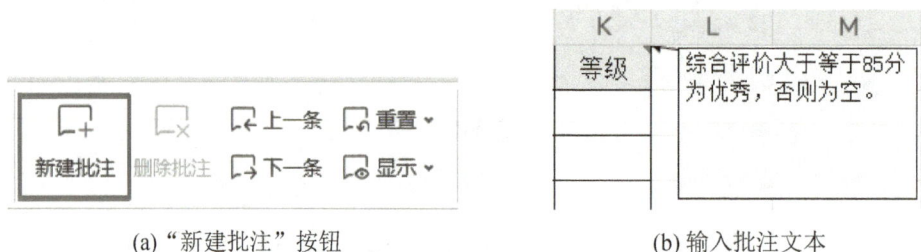

(a)"新建批注"按钮　　　　　　　　(b) 输入批注文本

图 4-19　添加批注

3. 引用"大赛成绩表"中的数据

引用"大赛成绩表"中的序号、姓名、教案成绩、板书设计、教学能力和现场答辩等数据。其具体步骤如下：

(1) 选中"成绩分析"表中的 A2 单元格，输入"="，然后单击"大赛成绩表"标签打开该工作表，选中 A3 单元格，按回车键。此时回到"成绩分析"工作表，A2 单元格显示"0001"，说明完成了一个单元格数据的引用。

(2) 选中 A2 单元格，向右拖动填充柄到 K2，可以看到，B2:H2 单元格也完成了数据的引用。

(3) 选中 A2:H2 单元格，向下拖动填充柄到 H21，完成 A2:H21 单元格数据的引用。

📖 补充知识

按以上方法引用数据，可以与"大赛成绩表"中的数据同步更新。

4. 公式与函数计算

利用公式与函数对"成绩分析"工作表中的数据进行计算。

1) 利用公式计算综合评价

计算综合评价的步骤如下：

公式的计算

(1) 综合评价 = 教案成绩 × 0.2 + 板书设计 × 0.2 + 教学能力 × 0.3 + 现场答辩 × 0.3。设置综合评价数字格式为数值型、"负数"选项栏中的第 4 种、保留 2 位小数位。

(2) 选中 I2 单元格，输入公式"=E2*0.2+F2*0.2+G2*0.3+H2*0.3"，按回车键，即可得出 I2 单元格的值。

(3) 利用填充柄自动向下填充 (实现公式的复制)。

选中 I2:I21 单元格区域，右击打开"设置单元格格式"对话框，在"数字"选项卡的"分类"列表中选择"数值"，在"负数"中选择第 4 种，"小数位数"设置为 2，如图 4-20 所示。

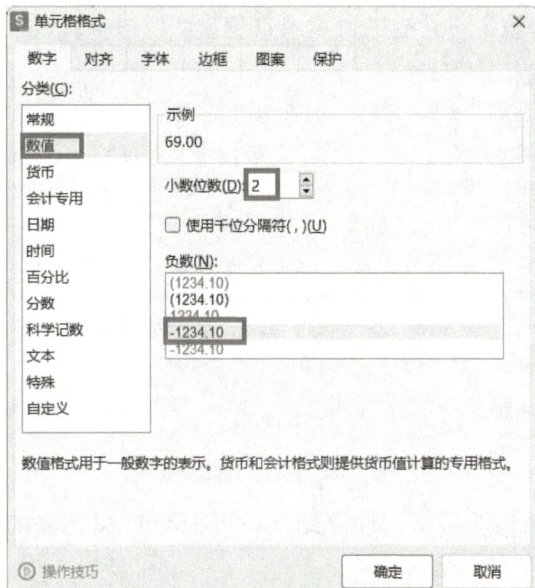

图 4-20　设置综合评价中的数字格式

排名函数及
条件函数

2) 利用函数计算"成绩分析"的排名

计算排名的步骤如下：

(1) 用 RANK 函数计算排名，根据综合评价列由高到低进行排名。

(2) 选中 J2 单元格，单击"公式"→"插入 fx"，打开"插入函数"对话框，在"查找函数"框内输入"rank"，即可找到排名函数 RANK，选定"RANK"，单击"确定"按钮，如图 4-21 所示。

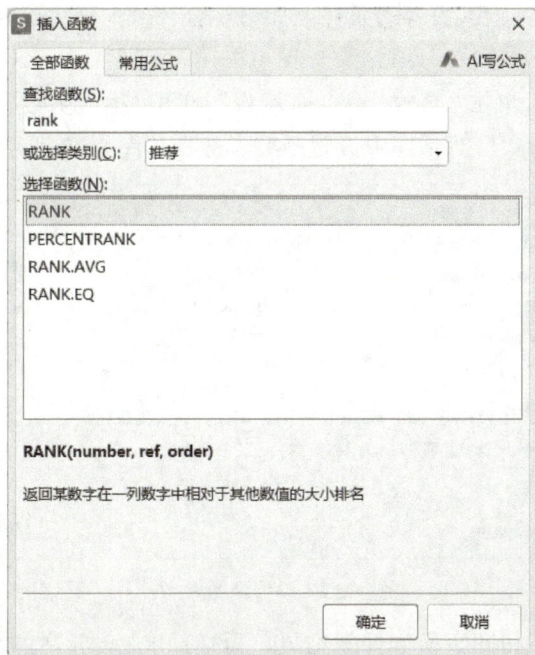

图 4-21　"插入函数"对话框

(3) 在打开"函数参数"对话框中设置函数参数，如图 4-22 所示。

图 4-22　设置函数参数

(4) 单击"确定"按钮即可得到计算结果，再拖动 I2 单元格的填充柄至 I21 单元格，复制公式得到其他教师的排名信息。

📷 补充知识

RANK 函数的语法格式为 RANK(Number,Ref,Order)。

Number：指定的数字。Ref：一组数或对一个数据列表的引用。Order：指定排位的方式，如果为 0 或忽略，则按照降序排列；如果不为 0，则按照升序排列。

该函数的功能：排名函数，用于返回一个数值在一组数值中的排序，排序时不改变该数值原来的位置。

3) 利用函数计算"成绩分析"的等级

用 IF 函数计算等级，输入内容的条件：如果综合评价大于等于 85 分，等级处书写"优秀"，否则为空。

(1) 选中 K2 单元格，单击"公式"→"插入 fx"，打开"插入函数"对话框，找到 IF 函数。

(2) 在打开"函数参数"对话框中设置函数参数，如图 4-23 所示。

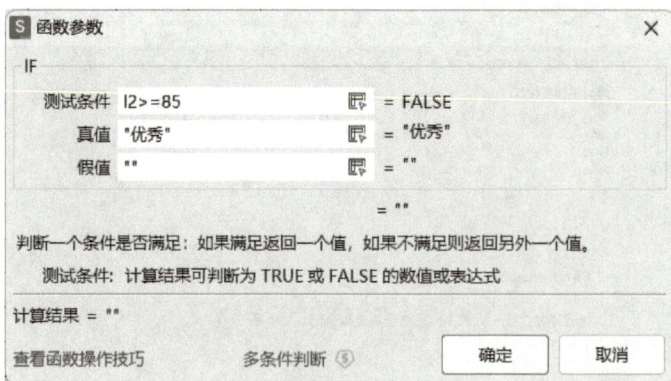

图 4-23　设置函数参数

(3) 单击"确定"按钮即可得到计算结果，再拖动 K2 单元格的填充柄至 K21 单元格，复制公式得到其他教师的等级信息。

(4) 设置等级列条件格式，条件是当等级信息为"优秀"时，设置其格式为"绿填充色深绿色文本"。其方法如下：

① 先选中 K2:K21 单元格区域，单击"开始"→"条件格式"，选中"突出显示单元格规则"，再单击"等于"选项，如图 4-24 所示，将会弹出"等于"对话框。

条件格式的设置

图 4-24　"条件格式"按钮

② 在文本框内输入要等于的数据或选中满足条件的单元格，例如在文本框内输入"优秀"，在"设置为"中选择符合条件的文本框格式，如图 4-25 所示。

图 4-25　设置条件格式

③ 单击"确定"按钮即可。

4) 利用函数计算"成绩分析"的统计数据

计算统计数据的步骤如下：

(1) 选中 E24 单元格，用 MAX 函数统计最高分。

单击"开始"→"求和"按钮，再单击旁边向下的箭头，找到"最大值"选项，打开"函数参数"对话框设置函数参数，选定数值范围"E2:E21"，单击"确定"按钮，即可得到计算结果。

(2) 选中 F24 单元格，用 MIN 函数统计最低分。

单击"开始"→"求和"按钮，再单击旁边向下的箭头，找到"最小值"选项，打开"函数参数"对话框设置函数参数，选定数值范围"F2:F21"，单击"确定"按钮，即可得到计算结果。

(3) 重复以上操作方法，可以分别统计出该列数值的平均分和总分。

计算后得到的结果如图 4-26 所示。

最高分	最低分	平均分	总分
96	59	81.4	1570

图 4-26　计算后得到的结果

5) 利用函数统计各个分数段人数

(1) 选中 M4 单元格，用 COUNTA 函数统计参赛总人数。

单击"公式"→"插入 fx"，打开"插入函数"对话框，在"查找函数"框内输入"COUNTA"，即可找到函数 COUNTA，选定"COUNTA"，单击"确定"按钮，并打开"函数参数"对话框，设置函数参数如图 4-27 所示，单击"确定"按钮，即可统计出参赛总人数。

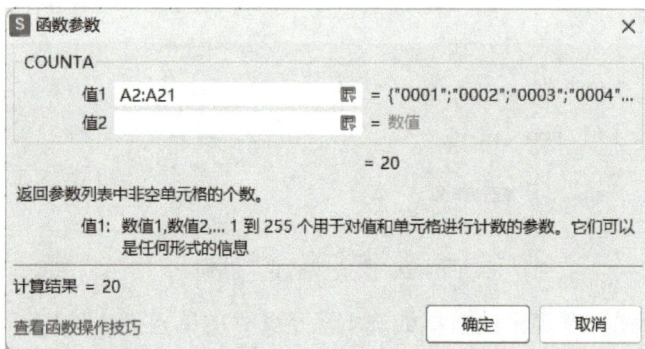

图 4-27　设置函数参数

(2) 利用 COUNTIF 函数统计综合评价大于等于 90 分的人数以及小于 60 分的人数。

① 统计综合评价大于等于 90 分的人数。选中 N4 单元格，单击"公式"→"插入 fx"，打开"插入函数"对话框，在"查找函数"框内输入"COUNTIF"，即可找到函数 COUNTIF，选定"COUNTIF"，单击"确定"按钮，并打开"函数参数"对话框设置函数参数，如图 4-28(a) 所示。单击"确定"按钮，即可得到统计结果。

② 统计综合评价小于 60 分的人数。选中 Q4 单元格，然后使用上述方法打开 COUNTIF 的"函数参数"对话框设置函数参数，如图 4-28(b) 所示。单击"确定"按钮，即可得到统计结果。

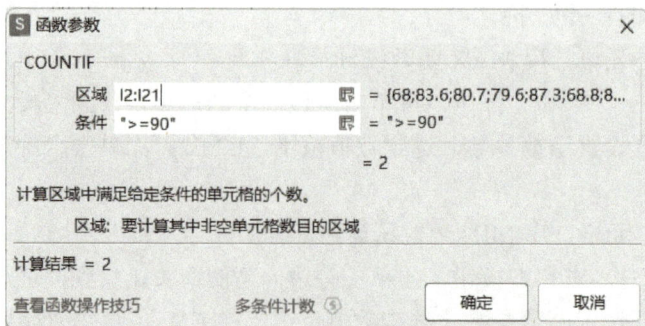

(a) 统计大于等于 90 分的人数

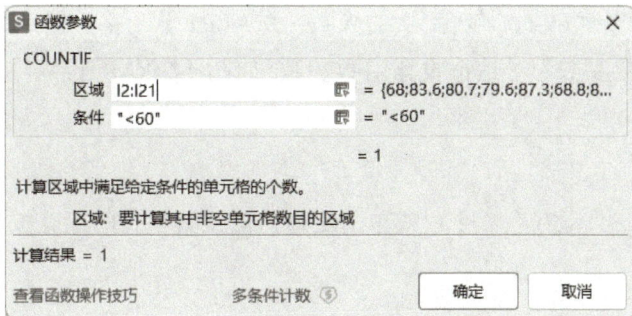

(b) 统计小于 60 分的人数

图 4-28 设置函数参数

(3) 利用 COUNTIFS 函数统计综合评价 "89-70(包含)" 的人数以及 "69-60(包含)" 的人数。

① 统计综合评价 "89-70(包含)" 的人数。选中 O4 单元格，单击 "公式" → "插入 fx"，打开 "插入函数" 对话框，在 "查找函数" 框内输入 "COUNTIFS"，即可找到函数 COUNTIFS，选定 "COUNTIFS"，单击 "确定" 按钮，并打开 "函数参数" 对话框设置函数参数，如图 4-29(a) 所示，单击 "确定" 按钮，即可得到统计结果。

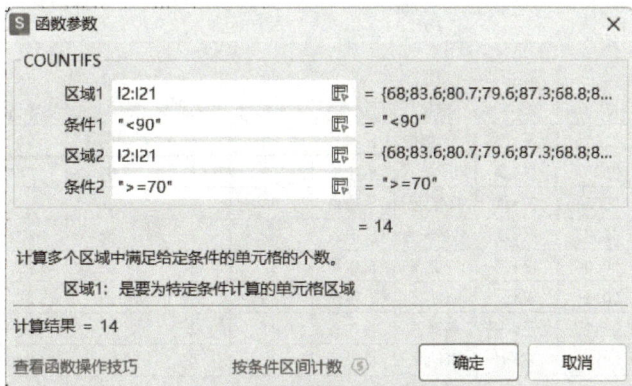

(a) "89-70(包含)" 分数段

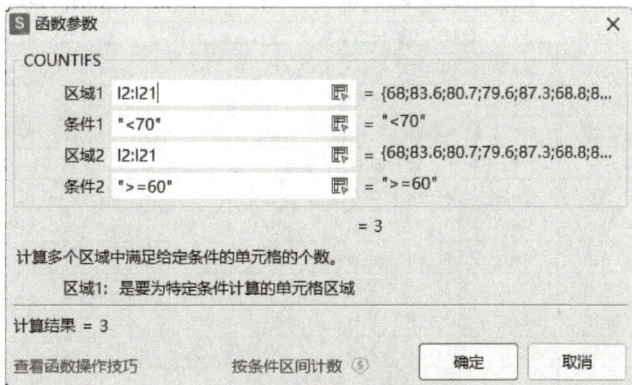

(b) "69-60(包含)" 分数段

图 4-29 设置函数参数

② 统计综合评价"69-60(包含)"的人数。选中 P4 单元格，然后使用上述方法打开 COUNTIFS 的"函数参数"对话框设置函数参数，如图 4-29(b) 所示。单击"确定"按钮，即可得到统计结果。

5. 保存工作簿

单击"文件"→"保存"命令，或单击快速访问工具栏上的保存按钮，将工作簿以原文件名保存。

任务 4.3　汇总各部门教师综合评价情况并建立图表

一、任务描述

学院领导想要了解各个系部参赛教师的综合评价情况，为了让领导一目了然，小李通过 WPS 表格中的数据排序、分类汇总和建立图表工作表、编辑图表工作表等方法，对参赛教师的综合评价的平均值进行了汇总，并且根据汇总的数据创建图表工作表。任务效果如图 4-30、图 4-31 所示。

序号	姓名	学科	所属系部	教案成绩	板书设计	教学能力	现场答辩	综合评价
0001	王*桔	自动化	机电系	80	65	60	70	68
0003	张*亮	电子技术	机电系	78	81	85	78	80.7
0005	文*勇	新能源	机电系	88	89	86	87	87.3
0007	张*瑞	机械制造	机电系	88	85	84	82	84.4
0009	温*婉	新能源	机电系	89	87	88	93	89.5
0011	李*平	自动化	机电系	86	87	89	87	87.4
0012	王*平	新能源	机电系	81	81	84	81	81.9
0017	宋*刚	自动化	机电系	92	90	94	69	85.3
		机电系 平均值						83.0625
0004	王*瑜	软件技术	计算机系	89	87	85	63	79.6
0006	王*丽	网络技术	计算机系	63	59	58	90	68.8
0014	林*如	物联网技术	计算机系	92	89	86	64	81.2
0016	黄*英	物联网技术	计算机系	92	90	84	72	83.2
0019	张*英	网络技术	计算机系	78	75	74	89	79.5
0020	张*元	大数据	计算机系	96	95	94	91	93.7
		计算机系 平均值						81
0002	砾*岩	园林技术	农林系	85	87	79	85	83.6
0008	赵*涛	园艺技术	农林系	96	92	94	87	91.9
0010	张*为	园林技术	农林系	76	60	75	65	69.2
0013	赵*英	园林技术	农林系	89	87	86	75	83.5
0015	顾*强	园艺技术	农林系	61	65	55	60	59.7
0018	徐*珍	园林技术	农林系	86	85	88	82	85.2
		农林系 平均值						78.85
		总平均值						81.18

图 4-30　分类汇总表效果图

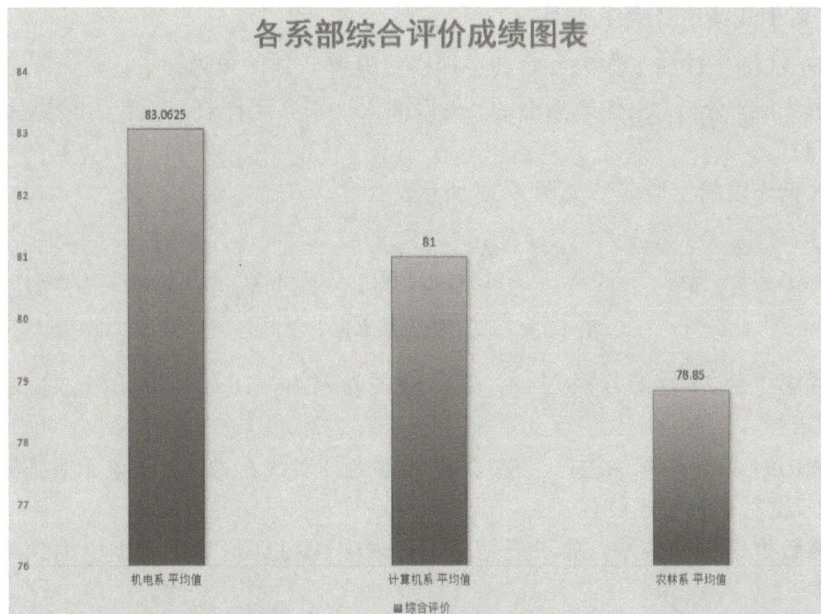

图 4-31　各系部综合评价图表效果图

二、任务分析

该任务中的基础数据包含姓名、学科、所属系部等，数据分析方法有：根据不同字段进行数据排序、根据不同类别进行数据的汇总等。

三、相关知识点

1. 排序

排序是按照关键字大小递增或递减的次序，对文件中的全部记录重新排序的过程。将数据进行排序能直观方便地查看和比较数据。在 WPS 表格中不仅数字可以排序，而且文本日期等都可以进行排序。

2. 分类汇总

把资料进行数据化后，先按照某一标准进行排序，之后可进行分类，然后在分完类的基础上对各类别相关数据分别用求和、求平均值、求个数、求最大值、求最小值等方法进行汇总。

3. 图表

数据图形可视化展示是当前工业、商业、金融等领域的重要应用，通常采用图表进行数据可视化展示，直观地显示数据、对比数据、分析数据。条形图、柱状图、折线图和饼图是图表中最常用的四种基本类型。一般用条形图、柱状图来比较数据间的多少关系；用折线图反映数据间的趋势关系；用饼图表现数据间的比例分配关系。

四、任务步骤

打开"教师基本功大赛成绩表"工作簿，对其进行相关操作。

1. 建立用于成绩统计的工作表

建立用于成绩统计的工作表并对其进行格式设置，具体步骤如下：

(1) 单击"成绩分析"工作表后面的"＋"，插入一张新工作表，将新工作表重命名为"成绩统计基本表"。

(2) 输入工作表的字段名，如图 4-32 所示。

▲	A	B	C	D	E	F	G	H	I
1	序号	姓名	学科	所属系部	教案成绩	板书设计	教学能力	现场答辩	综合评价

图 4-32 "成绩统计基本表"字段名

(3) 设置第 1 至 21 行的行高为 18，字体格式为宋体、10 磅，单元格对齐方式为水平居中、垂直居中。

(4) 为 A1:I21 单元格添加边框，内、外框线都为细实线。为 A1:I1 单元格区域添加"浅绿，着色 4，浅色 80%"底纹。

(5) 按照数据引用的方法，将"成绩分析"表中 A2:I21 区域的数据引用到"成绩统计基本表"中。

(6) 建立成绩统计基本表副本。

右击"成绩统计基本表"标签，选择"创建副本"选项，即可在"成绩统计基本表"后生成一个名为"成绩统计基本表 (2)"的新工作表，将此工作表重命名为"分类汇总表"。

2. 对"分类汇总表"中的数据进行分类汇总，并建立图表

以所属系部为分类字段，汇总综合评价的平均值。其具体步骤如下：

(1) 单击数据区所属系部列中的任一单元格，然后单击"数据"→"排序"，在打开的快捷菜单中选择"升序"或"降序"，使工作表按所属系部列顺序排列。

(2) 单击"数据"→"分类汇总"，打开"分类汇总"对话框。

(3) 在"分类字段"栏选择"所属系部"，在"汇总方式"栏选择"平均值"，在"选定汇总项"中，选择需要汇总的字段"综合评价"，如图 4-33 所示，单击"确定"按钮，即可得到分类汇总的结果。

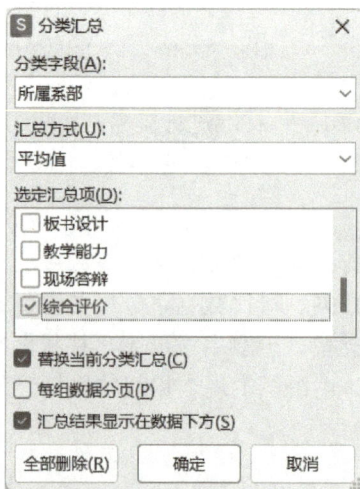

分类汇总

图 4-33 "分类汇总"对话框

(4) 保存工作簿文件。

3. 建立"各系部综合评价图表"

根据前面所创建的"分类汇总表"，创建"各系部综合评价图表"工作表。要求图表类型为柱形图，分类轴为所属系部，数值轴为综合评价的汇总值，图表标题为各系部综合评价成绩图表，有图例。其具体操作步骤如下：

制作图表

(1) 单击"分类汇总表"工作表标签，使其成为当前工作表。

(2) 选择创建图表的数据区域，单击 D1 单元格，然后按住 Ctrl 键，依次单击所属系部和综合评价的汇总结果单元格。

📖 补充知识

选择数据源时，按住 Ctrl 键选择工作表中不连续的单元格或单元格区域，或者按住 Shift 键选择工作表中连续的单元格或单元格区域。

(3) 创建柱形图。单击"插入"→"全部图表"，打开"图表"对话框，选择"柱形图"选项组中的第一个样图，如图 4-34 所示。此时，系统将在工作表中插入一张嵌入式柱形图，如图 4-35 所示。

(4) 移动图表到新工作表中，名为"各系部综合评价图表"。选定插入的嵌入式图表，单击"图表工具"→"移动图表"，打开"移动图表"对话框，单击选中"新工作表"按钮，在其右侧的编辑框中输入新工作表名称，如图 4-36 所示。

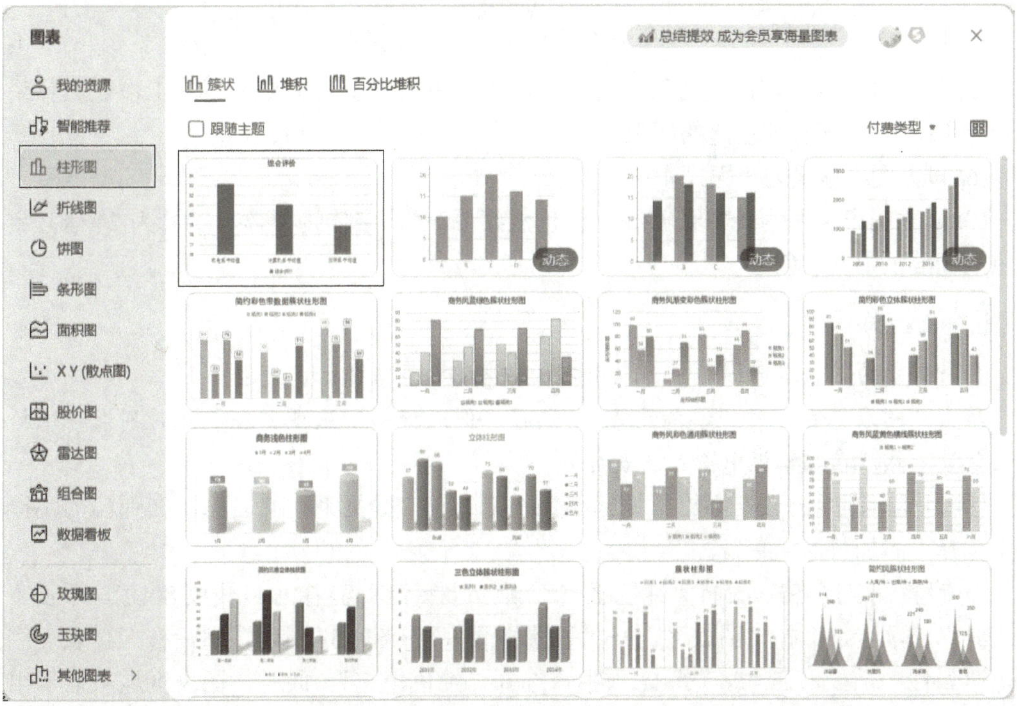

图 4-34　选择柱形图

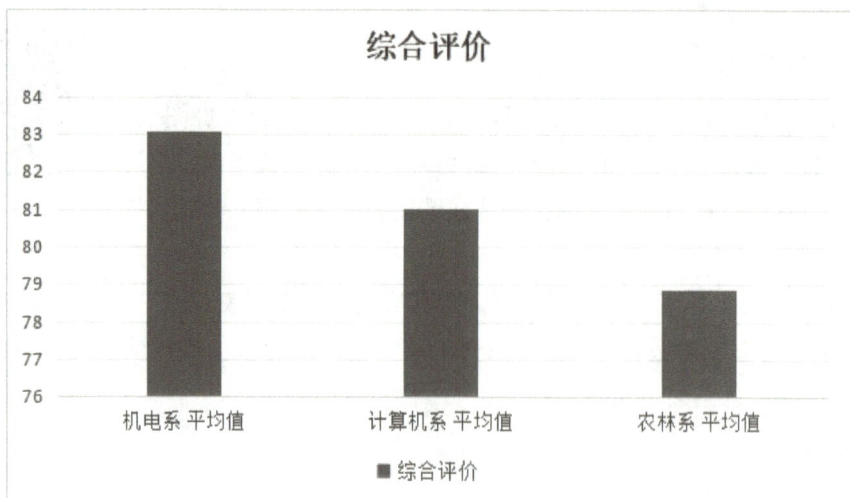

图 4-35　创建柱形图

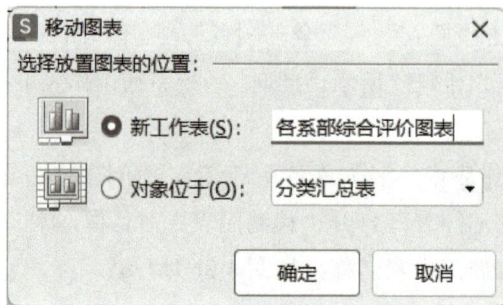

图 4-36　"移动图表"对话框

(5) 单击"确定"按钮，则系统自动在原工作表左侧创建出一个新的工作表"各系部综合评价图表"，来存放创建的图表。

(6) 设置图表样式为"样式 4"。

(7) 修改图表标题为"各系部综合评价成绩图表"，字体为黑体，字号为 24 磅，字体颜色为标准色中的红色。

📖 补充知识

如果创建的图表没有标题，可以用下面的方法给图表添加标题：

单击"图表工具"→"添加元素"，选择"图表标题"选项，在展开的列表中选择合适的位置，然后在编辑框中输入图表标题。

(8) 为柱形图中的数据添加数据标签。将鼠标指向数据系列并右击，在弹出的快捷菜单中选择"添加数据标签"。

(9) 设置图表区格式，设置"纯色填充"，颜色选择"钢蓝，着色 1，浅色 80%"。单击"图表工具"选项卡，选择"图表区"→"设置格式"，如图 4-37 所示，然后在工作表右侧会弹出"属性"面板，在"填充"选项中，选择"纯色填充"。此时，图表区域就显示出系统默认的填充颜色。

图 4-37　设置图表区格式

(10) 保存工作簿文件。

任务 4.4　筛选教师各项成绩记录并利用数据透视表统计数据

一、任务描述

学院领导提出几个查看教师各项成绩数据的条件，小李利用 WPS 表格中的筛选功能，筛选出不同情况下的教师成绩记录，并利用数据透视表统计出各系部现场答辩的最高分以及综合评价的平均值。任务效果如图 4-38～图 4-42 所示。

	A	B	C	D	E	F	G	H	I
1	序号	姓名	学科	所属系部	教案成绩	板书设计	教学能力	现场答辩	综合评价
9	0008	赵*涛	园艺技术	农林系	96	92	94	87	91.9
15	0014	林*如	物联网技术	计算机系	92	89	86	64	81.2
17	0016	黄*英	物联网技术	计算机系	92	90	84	72	83.2
18	0017	宋*刚	自动化	机电系	92	90	94	69	85.3
21	0020	张*元	大数据	计算机系	96	95	94	91	93.7

图 4-38　教案成绩得分最高的前 5 位教师

	A	B	C	D	E	F	G	H	I
1	序号	姓名	学科	所属系部	教案成绩	板书设计	教学能力	现场答辩	综合评价
5	0004	王*瑜	软件技术	计算机系	89	87	85	63	79.6
7	0006	王*丽	网络技术	计算机系	63	59	58	90	68.8
15	0014	林*如	物联网技术	计算机系	92	89	86	64	81.2
17	0016	黄*英	物联网技术	计算机系	92	90	84	72	83.2
20	0019	张*英	网络技术	计算机系	78	75	74	89	79.5
21	0020	张*元	大数据	计算机系	96	95	94	91	93.7

图 4-39　计算机系教师的各项得分情况

序号	姓名	学科	所属系部	教案成绩	板书设计	教学能力	现场答辩	综合评价
0005	文*勇	新能源	机电系	88	89	86	87	87.3
0009	温*婉	新能源	机电系	89	87	88	93	89.5
0011	李*平	自动化	机电系	86	87	89	87	87.4
0017	宋*刚	自动化	机电系	92	90	94	69	85.3

图 4-40　机电系教师中教学能力和综合评价均大于等于 85 分的记录

序号	姓名	学科	所属系部	教案成绩	板书设计	教学能力	现场答辩	综合评价
0002	砾*岩	园林技术	农林系	85	87	79	85	83.6
0004	王*瑜	软件技术	计算机系	89	87	85	63	79.6
0008	赵*涛	园艺技术	农林系	96	92	94	87	91.9
0010	张*为	园林技术	农林系	76	60	75	65	69.2
0013	赵*英	园林技术	农林系	89	87	86	75	83.5
0014	林*如	物联网技术	计算机系	92	89	86	64	81.2
0015	顾*强	园艺技术	农林系	61	65	55	60	59.7
0016	黄*英	物联网技术	计算机系	92	90	84	72	83.2
0018	徐*珍	园林技术	农林系	86	85	88	82	85.2

图 4-41　农林系或者现场答辩小于 80 的计算机系的记录

▲	A	B	C
1			
2			
3	所属系部 ▽	最大值项:现场答辩	平均值项:综合评价
4	机电系	93	83
5	计算机系	91	81
6	农林系	87	79
7	总计	93	81

图 4-42　各系部现场答辩的最高分以及综合评价的平均值

二、任务分析

根据成绩统计基本表中的数据，进行筛选操作。

三、相关知识点

筛选是根据制定的条件挑选出一部分数据，过滤掉不关心的数据。想要分析出海量数据所蕴含的价值，筛选至关重要。数据筛选是为了提高之前收集的相关数据的可用性，更利于后期的数据分析。

四、任务步骤

打开"教师基本功大赛成绩表"工作簿，对其进行相关筛选操作。

建立 4 个"成绩统计基本表"副本，分别重命名为"筛选 1""筛选 2""筛选 3"和"筛选 4"。

1. 查看教案成绩得分最高的前 5 位教师

查看教案成绩得分最高的前 5 位教师的步骤如下：

(1) 单击"筛选 1"工作表标签，使其成为当前工作表。

(2) 单击数据区域中的任一单元格，然后单击"数据"→"筛选"，在弹出的列表中选择"筛选"，如图 4-43 所示。

自动筛选

图 4-43　"筛选"选项

(3) 此时，工作表中的每个字段名所在单元格的右侧会显示筛选箭头▼，单击"教案成绩"字段名右侧的筛选箭头，如图 4-44 所示，在展开的列表中选择"数字筛选"→"前十项"，打开"自动筛选前 10 个"对话框，将最大值数字改为 5，如图 4-45 所示。

图 4-44　自动筛选

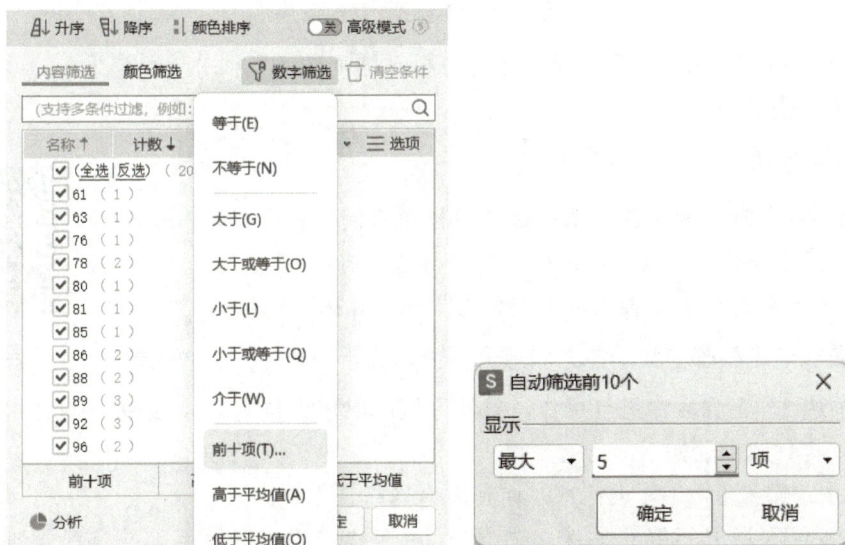

图 4-45　设置自动筛选条件

(4) 单击"确定"按钮，即可筛选出教案成绩得分最高的前 5 位教师的记录。

(5) 保存工作簿文件。

2. 查看计算机系教师的各项得分情况

查看计算机系教师的各项得分情况的步骤如下：

(1) 单击"筛选 2"工作表标签，使其成为当前工作表。

(2) 单击数据区域中的任一单元格，然后单击"数据"→"筛选"，在弹出的列表中选择"筛选"。

(3) 单击"所属系部"右侧的筛选箭头，在展开的列表中单击"全选"项，取消所有复选框的选中，然后单击"计算机系"复选框，如图 4-46 所示。

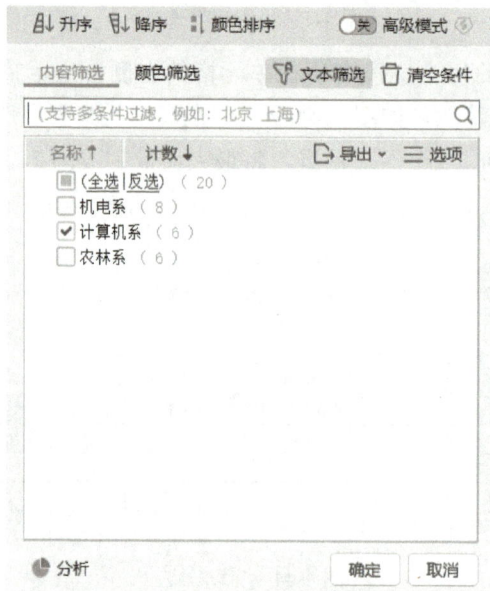

图 4-46　筛选出计算机系

(4) 单击"确定"按钮，即可筛选出计算机系教师的各项得分情况记录。

(5) 保存工作簿文件。

📖 **补充知识**

• 取消列的筛选：单击要取消筛选的列标题右侧的筛选标记，在列表中单击"清空条件"选项，则该列的自动筛选取消。

• 退出自动筛选状态：再次单击"数据"→"筛选"按钮。

高级筛选

3. 查看机电系教师中教学能力和综合评价均大于等于 85 分的记录

在"筛选 3"工作表中进行操作，条件区域起始单元格为 K3，结果放置在 K6 开始的单元格中。其具体步骤如下：

(1) 单击"筛选 3"工作表标签，使其成为当前工作表。

(2) 在条件区域书写筛选条件。选中 D1 单元格，将"所属系部"字段复制到 K3 单元格中；将 G1 单元格中的"教学能力"字段复制到 L3 单元格中，将 I1 单元格中的"综合评价"字段复制到 M3 单元格中。在 K4 单元格内输入"机电系"，在 L4 单元格内输入">=85"，在 M4 单元格内输入">=85"，如图 4-47 所示。

所属系部	教学能力	综合评价
机电系	>=85	>=85

图 4-47　高级筛选条件"与"关系

(3) 选中数据区域内的任一单元格,单击"数据"→"筛选"→"高级筛选",打开"高级筛选"对话框。

(4) 在"高级筛选"对话框中,确认"列表区域"的单元格引用是否正确。如果不正确,则单击"列表区域"右侧的切换按钮[图],打开"高级筛选"对话框,此时光标在列表区域处闪动,拖动鼠标选中 A1:I21 单元格区域,则列表区域地址"筛选 3!$A$1:$I$21"便自动填入"列表区域"栏中,单击返回按钮[图],返回到"高级筛选"对话框。参照上述方法,填充条件区域,此时填充条件区域为"筛选 3!$K$3:$M$4"。

(5) 在"高级筛选"对话框中,选中"将筛选结果复制到其它位置"单选按钮,再参照上述方法"复制到"区域地址为"筛选 3!$K$6"(鼠标单击 K6 单元格即可),此时,对话框设置如图 4-48 所示。

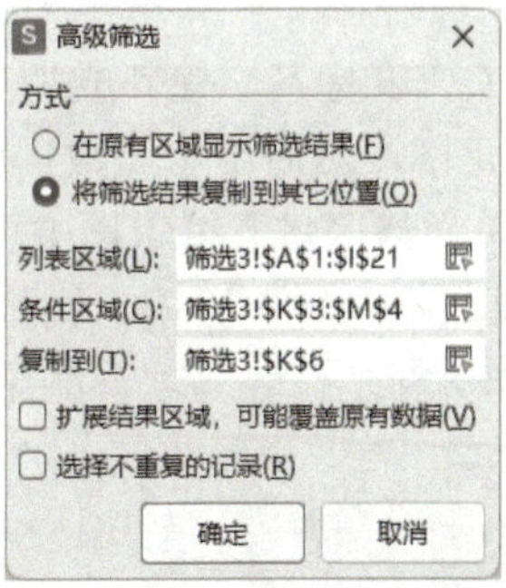

图 4-48　"高级筛选"对话框

(6) 单击"确定"按钮,则高级筛选的结果会出现在以 K6 开始的单元格区域中。

补充知识

在书写高级筛选条件区域时应遵循的原则:

(1) 条件区域和原数据区域至少隔一行或一列,高级筛选条件涉及的字段名复制到条件区的第一行,且字段名要连续,字段名的下方输入条件值,即同一条件的字段名和对应的条件值都应被写在同一列的不同单元格中。

(2) 多个条件之间的逻辑关系是"与"关系时,条件值应写在同一行;逻辑关系是"或"关系时,条件值写在不同行。

(3) 条件区域中不能有空行或空列。

4. 查看农林系或者现场答辩小于 80 的计算机系的记录

在"筛选 4"工作表中进行操作,条件区域起始单元格为 K2,结果放置在 K6 开始的单元格中。其具体步骤如下:

(1) 单击"筛选 4"工作表标签,使其成为当前工作表。

(2) 在条件区域书写筛选条件,如图 4-49 所示。打开"高级筛选"对话框,设置参数,如图 4-50 所示。单击"确定"按钮,即可筛选出结果。

K	L
所属系部	现场答辩
农林系	
计算机系	<80

图 4-49　高级筛选条件"或"关系

图 4-50　"高级筛选"对话框

5. 统计各系部现场答辩的最高分以及综合评价的平均值

利用"成绩统计基本表"中的数据创建数据透视表，行标签为所属系部，数值为现场答辩最高分和综合评价的平均值，平均值没有小数位数。作为新工作表插入，新工作表名称为"各个系部分值统计"。其具体步骤如下：

数据透视表

(1) 单击"成绩统计基本表"工作表标签，使其成为当前工作表。

(2) 选中数据区域中的任一单元格，然后单击"数据"→"数据透视表"，打开"创建数据透视表"对话框，在"请选择单元格区域"编辑框中可看到默认选择的数据区域为"成绩统计基本表 !$A$1:$I$21"。如果数据区域不正确，则拖动鼠标重新选择，在"请选择放置数据透视表的位置"选项中选择"新工作表"项，如图 4-51 所示。

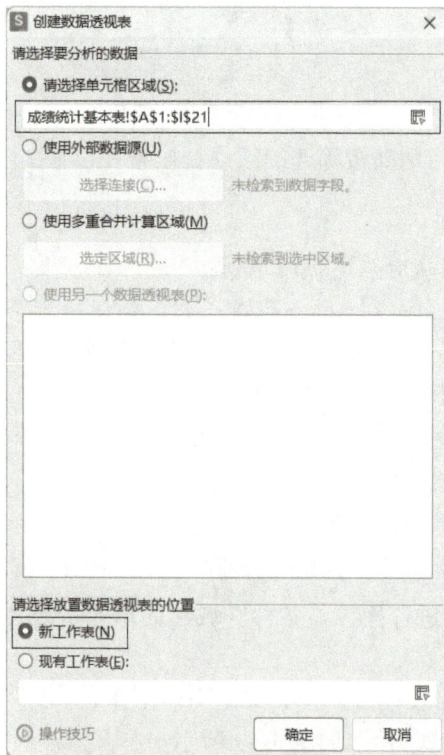

图 4-51　"创建数据透视表"对话框

(3) 单击"确定"按钮,即可在创建的工作表中显示数据透视表框架和"数据透视表字段列表"窗格,如图 4-52、图 4-53 所示。

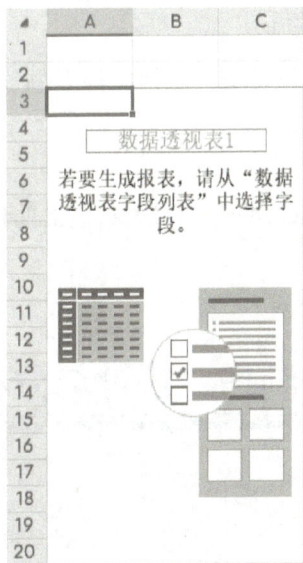

图 4-52　数据透视表框架

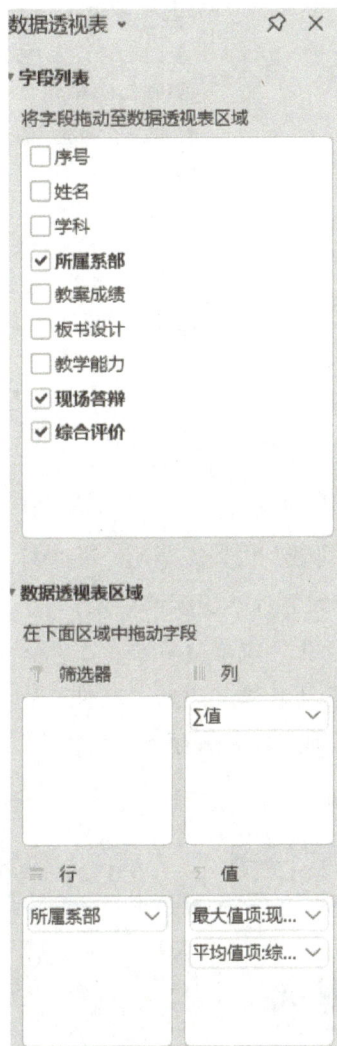

图 4-53　"数据透视表字段列表"窗格

(4) 在"数据透视表字段列表"窗格中,将"字段列表"中的"所属系部"拖动到行标签,分别将"现场答辩"和"综合评价"字段拖动到数值区域,默认的汇总方式都为求和。

在数值区域单击"求和项:现场答辩"右侧的向下箭头,在打开的列表中,选择最后一项"值字段设置",打开"值字段设置"对话框,将"值字段汇总方式"改为"最大值",单击"确定"按钮,即可将"现场答辩"的汇总方式修改为最大值。

用同样方法,打开"综合评价"字段的"值字段设置"对话框,将"值字段汇总方式"修改为"平均值",单击对话框下方的"数字格式"按钮,如图 4-54 所示,在打开的"单元格格式"对话框中,选择"数值",修改小数位数为 0。单击"确定"按钮,即可修改好"综合评价"的汇总方式。

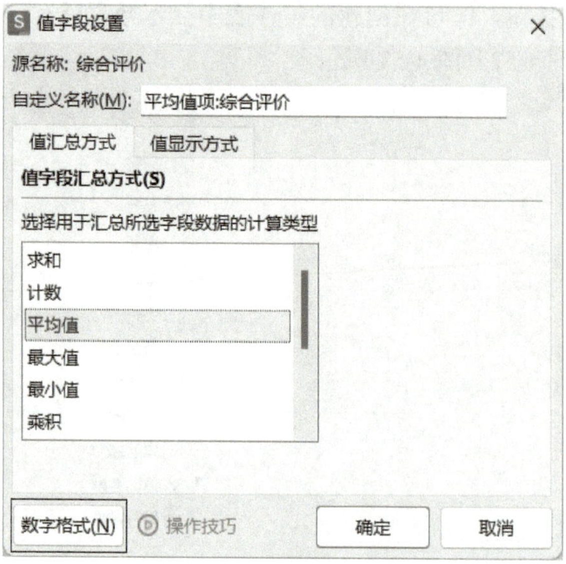

图 4-54　"值字段设置"对话框

"字段列表"设置完毕后，各个标签的显示如图 4-53 所示，这时可以看到数据透视表根据字段的设置显示出统计结果。

(5) 将该工作表重命名为"各个系部分值统计"。

(6) 保存工作簿。单击"文件"→"保存"，或者单击快速访问工具栏上的保存按钮，将工作簿以原文件名保存。

拓展任务 1　高校期末成绩表的制作、统计与分析

一、任务描述

在日常教学工作中，教师经常要对学生的成绩数据进行处理与分析，利用 WPS 表格强大的数据处理功能将大大提高工作效率。期末考试已经结束，请利用 WPS 表格对"学生成绩表"进行编辑、数据处理和分析，以便能够灵活运用所学知识。

二、任务步骤

打开 WPS 应用程序，新建一个工作簿，并保存，命名为"学生成绩表"，并对其进行相关操作。

1. 制作"成绩基本表"工作表

制作"成绩基本表"工作表的步骤及要求如下：

(1) 将"Sheet1"工作表重名为"成绩基本表"。

(2) 参照图 4-55 或者本书配套教学素材中的"第 4 单元\拓展任务 1.xlsx"在工作表中录入数据。

▲	A	B	C	D	E	F	G
1	成绩基本表						
2	班级	姓名	大学语文	高等数学	大学物理	大学英语	信息技术
3	2201	智*越	80	65	67	69	71
4	2201	张*午	85	87	79	91	96
5	2201	闫*换	78	81	85	87	90
6	2201	李*丽	89	87	85	83	85
7	2201	赵*娜	92	89	86	83	82
8	2201	王*斌	63	59	58	59	60
9	2201	田*鹏	88	85	84	86	88
10	2202	孙*倩	96	95	94	91	92
11	2202	白*涯	89	87	88	89	90
12	2202	康*忠	76	74	75	72	72
13	2202	周*元	86	87	89	89	90
14	2202	张*丽	81	81	84	87	90
15	2202	李*朝	89	87	86	86	85
16	2203	李*杰	92	89	86	83	86
17	2203	王*飞	61	65	63	66	60
18	2203	栗*龙	92	90	84	86	88
19	2203	孙*瑜	92	90	94	93	92
20	2203	孟*梦	86	87	88	89	90
21	2203	刘*鑫	78	75	74	73	75
22	2203	吴*菲	96	95	94	93	93

图 4-55　成绩基本表

(3) 填充班级列。在 A3:A9 单元格区域填充"2201"，在 A10:A15 单元格区域填充"2202"，在 A16:A22 单元格区域填充"2203"。

(4) 格式化"成绩基本表"工作表。其具体要求如下：

① 标题格式化：合并居中 A1:G1 单元格，输入标题为"成绩基本表"，设置字体格式为黑体、16 磅，底纹填充"白色，背景 1，深色 15%"。

② 设置 A2:G2 单元格文字为宋体、10 磅，对齐方式为水平居中、垂直居中。

③ 调整 A 到 G 列列宽。

④ 设置行高：第一行为 25 磅，第二行为 16 磅，其他行为 14 磅。

⑤ 设置边框线：设置除标题行以外的数据区域外框线为双实线，内框线为单实线。

2. 制作"成绩统计表"工作表

新建工作表，并将工作表重命名为"成绩统计表"，对其进行如下操作：

(1) 参照图 4-56 输入工作表标题"成绩统计表"和各列字段名，如"班级""姓名""大学语文""高等数学""大学物理""大学英语""信息技术""总分""排名"和"等级"。

(2) 利用直接引用的方法或者复制的方法，将"成绩基本表"中 A3:G22 区域的数据引用到"成绩统计表"的 A3:G22 区域中。

(3) 利用 SUM 函数计算每位学生的总分；利用 RANK 函数，按总分从高到低计算排名。利用 IF 函数，根据总分计算等级：总分大于等于 425，等级为优秀；总分大于等于 300，等级为合格；总分小于 300，等级为不合格。

(4) 参照图 4-56 对"成绩统计表"进行格式化设置。

班级	姓名	大学语文	高等数学	大学物理	大学英语	信息技术	总分	排名	等级
2201	智*越	80	65	67	69	71	352	18	合格
2201	张*午	85	87	79	91	96	438	8	优秀
2201	闫*换	78	81	85	87	90	421	15	合格
2201	李*丽	89	87	85	83	85	429	13	优秀
2201	赵*娜	92	89	86	83	82	432	11	优秀
2201	王*斌	63	59	58	59	60	299	20	不合格
2201	田*鹏	88	85	84	86	88	431	12	优秀
2202	孙*情	96	95	94	91	92	468	2	优秀
2202	白*涯	89	87	88	89	90	443	4	优秀
2202	康*忠	76	74	75	72	72	369	0	合格
2202	周*元	86	87	89	89	90	441	5	优秀
2202	张*丽	81	81	84	87	90	423	14	合格
2202	李*朝	89	87	86	86	85	433	10	优秀
2203	李*杰	92	89	86	83	86	436	9	优秀
2203	王*飞	61	65	63	66	60	315	19	合格
2203	栗*龙	92	90	84	86	88	440	6	优秀
2203	孙*瑜	92	90	94	93	92	461	3	优秀
2203	孟*梦	86	87	88	89	90	440	6	优秀
2203	刘*鑫	78	75	74	73	75	375	16	合格
2203	吴*菲	96	95	94	93	93	471	1	优秀

图 4-56　成绩统计表

3. 制作"成绩分析表"工作表

在"学生成绩表"工作簿中，新建一个工作表，并重命名为"成绩分析表"，对其进行如下操作：

(1) 参照图 4-57 录入工作表标题"成绩分析表"，并在 A2:F2 单元格区域中录入字段名："分数段""大学语文""高等数学""大学物理""大学英语"和"信息技术"。在 A3:A6 单元格中分别输入"100-85""84-75""74-60"和"60 以下"。

成绩分析表

分数段	大学语文	高等数学	大学物理	大学英语	信息技术
100-85	13	13	11	12	14
84-75	5	3	5	3	2
74-60	2	3	3	4	4
60以下	0	1	1	1	0

分数段 ▼	求和项:大学语文	求和项:高等数学	求和项:大学英语	求和项:大学物理	求和项:信息技术
60以下	0%	5%	5%	5%	0%
74-60	10%	15%	20%	15%	20%
84-75	25%	15%	15%	25%	10%
100-85	65%	65%	60%	55%	70%
总计	100.00%	100.00%	100.00%	100.00%	100.00%

图 4-57　成绩分析表

(2) 利用函数统计出各分数段人数。

(3) 参照图 3-57 对工作表进行格式化。

(4) 根据"成绩分析表"数据创建数据透视表，存放于"成绩分析表"工作表中 A8 起始的单元格。设置行标签为"分数段"，数值为"大学语文""高等数学""大学物理""大学英语""信息技术"求和，字体为宋体、10 磅，对齐方式为水平居中、垂直居中。

在"数据透视表字段列表"窗格中，单击"求和项：大学语文"右侧的向下箭头，在打开的列表中，选择最后一项"值字段设置"，打开"值字段设置"对话框，选择"值显示方式"标签，再在列表中单击选中"列汇总的百分比"。按照同样的方法设置高等数学、大学物理、大学英语和信息技术等列的数据。

(5) 设置 B9:F12 单元格格式，无小数位。设置 A8:F13 单元格边框，内、外边框均为单实线。

4. 管理与分析"成绩统计表"

1) 制作"自动筛选"工作表

制作"自动筛选"工作表的方法如下：

(1) 创建"成绩统计表"工作表副本，并将工作表重命名为"自动筛选"。

(2) 筛选出班级为 2202，且排名在前 8 名的记录，如图 4-58 所示。

	A	B	C	D	E	F	G	H	I	J
1					成绩统计表					
2	班级	姓名	大学语	高等数	大学物	大学英	信息技	总分	排名	等级
10	2202	孙*情	96	95	94	91	92	468	2	优秀
11	2202	白*涯	89	87	88	89	90	443	4	优秀
13	2202	周*元	86	87	89	89	90	441	5	优秀

图 4-58　自动筛选结果

2) 制作"高级筛选"工作表

制作"高级筛选"工作表的方法如下：

(1) 创建"成绩统计表"工作表副本，并将工作表重命名为"高级筛选"。

(2) 筛选出班级 2201 总分大于等于 400 的或者班级 2203 总分小于 400 的记录，将筛选结果显示在以 L7 为起始单元格的区域中，如图 4-59 所示。

班级	姓名	大学语文	高等数学	大学物理	大学英语	信息技术	总分	排名	等级
2201	张*午	85	87	79	91	96	438	8	优秀
2201	闫*换	78	81	85	87	90	421	15	合格
2201	李*丽	89	87	85	83	85	429	13	优秀
2201	赵*娜	92	89	86	83	82	432	11	优秀
2201	田*鹏	88	85	84	86	88	431	12	优秀
2203	王*飞	61	65	63	66	60	315	19	合格
2203	刘*鑫	78	75	74	73	75	375	16	合格

图 4-59　高级筛选结果

5. 制作"各班总分汇总"工作表并建立图表

制作"各班总分汇总"工作表并建立图表的步骤如下：

(1) 创建"成绩统计表"工作表副本，并将工作表重命名为"各班总分汇总"。

(2) 在"各班总分汇总"工作表中，计算出各班级总分的平均值，如图 4-60 所示。

班级	姓名	大学语文	高等数学	大学物理	大学英语	信息技术	总分	排名	等级
				成绩统计表					
2201	智*越	80	65	67	69	71	352	20	合格
2201	张*午	85	87	79	91	96	438	8	优秀
2201	闫*换	78	81	85	87	90	421	16	合格
2201	李*丽	89	87	85	83	85	429	14	优秀
2201	赵*娜	92	89	86	83	82	432	11	优秀
2201	王*斌	63	59	58	59	60	299	22	不合格
2201	田*鹏	88	85	84	86	88	431	12	优秀
2201 平均值							400.2857143		
2202	孙*倩	96	95	94	91	92	468	2	优秀
2202	白*涯	89	87	88	89	90	443	4	优秀
2202	康*忠	76	74	75	72	72	369	19	合格
2202	周*元	86	87	89	89	90	441	5	优秀
2202	张*丽	81	81	84	87	90	423	15	合格
2202	李*朝	89	87	86	86	85	433	10	优秀
2202 平均值							429.5		
2203	李*杰	92	89	86	83	86	436	9	优秀
2203	王*飞	61	65	63	66	60	315	21	合格
2203	栗*龙	92	90	84	86	88	440	6	优秀
2203	孙*瑜	92	90	94	93	92	461	3	优秀
2203	孟*梦	86	87	88	89	90	440	6	优秀
2203	刘*鑫	78	75	74	73	75	375	18	合格
2203	吴*菲	96	95	94	93	93	471	1	优秀
2203 平均值							419.7142857		
总平均值							415.85		

图 4-60　各班总分平均值

(3) 根据分类汇总的结果创建嵌入型图表，如图 4-61 所示。

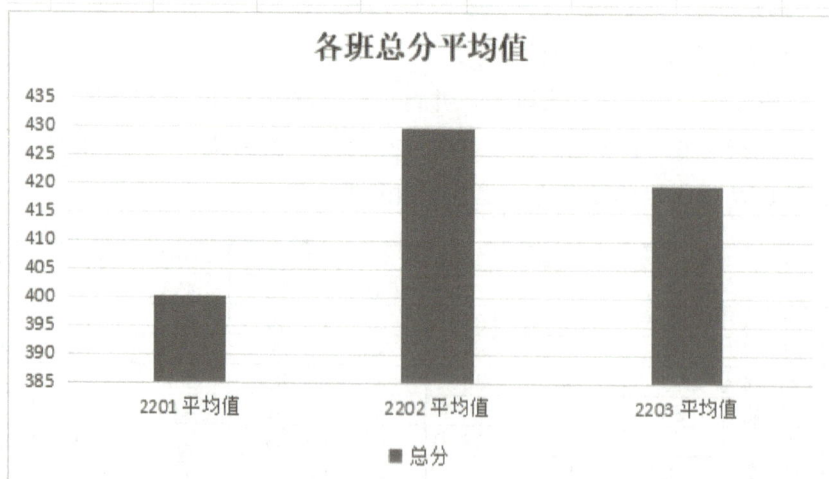

图 4-61　嵌入型图表

6. 保存工作簿

单击"文件"→"保存",或者单击快速访问工具栏上的保存按钮,将工作簿以原文件名保存。

拓展任务 2　制作家庭定期存款信息表

一、任务描述

定期存款是一般家庭常用的一个理财方式,利用 WPS 表格来记录家庭定期存款情况,其信息一目了然,有利于家庭财务管理。下面根据家庭定期存款信息统计资产信息。

二、任务步骤

打开 WPS 应用程序,新建一个工作簿并保存,命名为"家庭定期存款信息表",然后对其进行相关操作。

1. 新建工作簿

将"Sheet1"表重命名为"家庭定期存款信息表"。

2. 录入基本数据

参照图 4-62 或本书配套教学素材中的"第 4 单元 \ 拓展任务 2.xlsx"录入数据。

	A	B	C	D	E	F
1	家庭定期存款信息表					
2	存入日	期限	年利率	金额	本息	到期日
3	2023-08-03	5		40000		
4	2022-04-15	5		10000		
5	2023-09-18	5		30000		
6	2020-10-21	3		42000		
7	2020-05-23	5		24000		
8	2024-02-01	5		16000		
9	2024-03-05	1		36000		
10	2023-12-18	1		50000		
11	2024-05-06	3		26000		
12	2023-12-13	3		30000		
13	2023-10-11	3		36000		
14	2023-12-11	3		65000		
15	2024-02-13	3		30000		
16	2023-12-01	3		25000		
17	2023-01-01	3		30000		
18	2024-03-01	1		25000		
19	2024-02-20	5		26000		

图 4-62　录入基本数据

3. 格式化工作表

按以下要求格式化工作表:

(1) 合并居中 A1:F1 单元格，填充颜色为"白色，背景 1，深色 5%"，行高为 26 磅，字体格式为黑体、20 磅、标准色中的红色。

(2) 为 A2:F2 添加底纹颜色"浅绿，着色 4，浅色 80%"，为 A2:F19 单元格添加细实线边框，字体格式为宋体、10 磅，对齐方式为水平居中、垂直居中。

(3) 设置本息列数据格式为数值型、"负数"选项栏中的第 4 种、无小数位数。

格式化后的工作表如图 4-63 所示，也可以根据自己的喜好美化工作表。

▲	A	B	C	D	E	F
1	家庭定期存款信息表					
2	存入日	期限	年利率	金额	本息	到期日
3	2023-08-03	5		40000		
4	2022-04-15	5		10000		
5	2023-09-18	5		30000		
6	2020-10-21	3		42000		
7	2020-05-23	5		24000		
8	2024-02-01	5		16000		
9	2024-03-05	1		36000		
10	2023-12-18	1		50000		
11	2024-05-06	3		26000		
12	2023-12-13	3		30000		
13	2023-10-11	3		36000		
14	2023-12-11	3		65000		
15	2024-02-13	3		30000		
16	2023-12-01	3		25000		
17	2023-01-01	3		30000		
18	2024-03-01	1		25000		
19	2024-02-20	5		26000		

图 4-63　格式化工作表

4. 公式与函数计算

1) 计算年利率

利用 IF 函数计算年利率。期限为 1，年利率为 2.05；期限为 3，年利率为 2.8；期限为 5，年利率为 3.1。

2) 计算本息

利用公式填充本息列，本息 = 金额 × (1+ 年利率 / 100)。

3) 计算到期日

利用 DATE 函数填充到期日，其具体步骤如下：

(1) 单击 F3 单元格，打开"插入函数"对话框，在"或选择类别"列表框内选择"日期与时间"函数，在"选择函数"列表框内选择"DATE"函数，单击"确定"按钮，弹出 DATE "函数参数"对话框。

(2) 在 DATE "函数参数"对话框的"年"文本框内输入"YEAR(A3)+B3"，在"月"文本框内输入"MONTH(A3)"，在"日"文本框内输入"DAY(A3)"，如图 4-64 所示，单击"确定"按钮，F3 单元格的数据计算完毕。

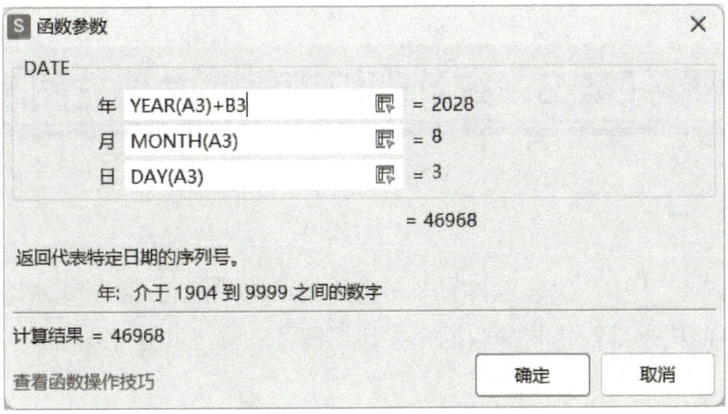

图 4-64　DATE 函数参数设置

📖 补充知识

由于到期日的长度超出列宽，以"#"显示，所以需要调整列宽。将鼠标指针移到 K 列列编号右侧的边框线上，待鼠标指针变为左右双向箭头形状时，按住鼠标左键向右拖动，待列宽合适大小后释放鼠标，该列数据将完全显示在该列中。

数据填充完毕后，工作表如图 4-65 所示。

	A	B	C	D	E	F
1	家庭定期存款信息表					
2	存入日	期限	年利率	金额	本息	到期日
3	2023-08-03	5	3.10	40000	41240	2028/8/3
4	2022-04-15	5	3.10	10000	10310	2027/4/15
5	2023-09-18	5	3.10	30000	30930	2028/9/18
6	2020-10-21	3	2.80	42000	43176	2023/10/21
7	2020-05-23	5	3.10	24000	24744	2025/5/23
8	2024-02-01	5	3.10	16000	16496	2029/2/1
9	2024-03-05	1	2.05	36000	36738	2025/3/5
10	2023-12-18	1	2.05	50000	51025	2024/12/18
11	2024-05-06	3	2.80	26000	26728	2027/5/6
12	2023-12-13	3	2.80	30000	30840	2026/12/13
13	2023-10-11	3	2.80	36000	37008	2026/10/11
14	2023-12-11	3	2.80	65000	66820	2026/12/11
15	2024-02-13	3	2.80	30000	30840	2027/2/13
16	2023-12-01	3	2.80	25000	25700	2026/12/1
17	2023-01-01	3	2.80	30000	30840	2026/1/1
18	2024-03-01	1	2.05	25000	25513	2025/3/1
19	2024-02-20	5	3.10	26000	26806	2029/2/20

图 4-65　家庭定期存款信息表

5. 保存工作簿

单击"文件"→"保存"，或者单击快速访问工具栏上的保存按钮，将工作簿以原文件名保存。

拓展任务 3　统计部门销售额并建立图表

一、任务描述

在企业利润的产生中，销售额占有非常重要的地位，因此，对产品销售额的分析就显得至关重要。下面根据部门销售额数据合并计算销售总额，并建立图表。

二、任务步骤

打开 WPS 应用程序，新建一个工作簿并保存，命名为"各部门销售额"，然后对其进行相关操作。

1. 新建工作簿

将"Sheet1"表重命名为"销售额"。

2. 录入基本数据

参照图 4-66 或本书配套教学素材中的"第 4 单元 \ 拓展任务 3.xlsx"录入数据，并编辑美化工作表。

	A	B	C
1	姓名	销售部门	销售额
2	智*越	销售1部	8.9
3	张*午	销售2部	8.1
4	闫*换	销售3部	7.2
5	李*丽	销售2部	7.1
6	赵*娜	销售3部	6.5
7	王*斌	销售1部	6.7
8	田*鹏	销售2部	5.9
9	孙*倩	销售3部	9.9
10	白*涯	销售2部	8.2
11	康*忠	销售3部	9.6
12	周*元	销售1部	5.2
13	张*丽	销售2部	5.4
14	李*朝	销售3部	5.9
15	李*杰	销售1部	8.5
16	王*飞	销售3部	9.7
17	栗*龙	销售2部	6.8
18	孙*瑜	销售1部	9.1
19	孟*梦	销售3部	6.3
20	刘*鑫	销售2部	7.2
21	吴*菲	销售3部	8.3

图 4-66　销售额基本数据

3. 利用合并计算统计各部门销售总额

统计各部门销售总额的步骤如下：

(1) 在 E1 单元格内输入"销售部门"，在 F1 单元格内输入"销售总额"。

(2) 单击 E2 单元格，选择"数据"→"合并计算"，打开"合并计算"对话框，在"函数"选项框内选择"求和"，在"引用位置"框内单击切换按钮，框选数据区域"B2:C21"，然后单击返回按钮，再单击"添加"按钮，"引用位置"就会被添加到"所有引用位置"列表中，将"标签位置"中"最左列"前的复选框勾选上，如图 4-67 所示，单击"确定"按钮，完成合并计算，即可统计出各部门的销售总额，如图 4-68 所示。

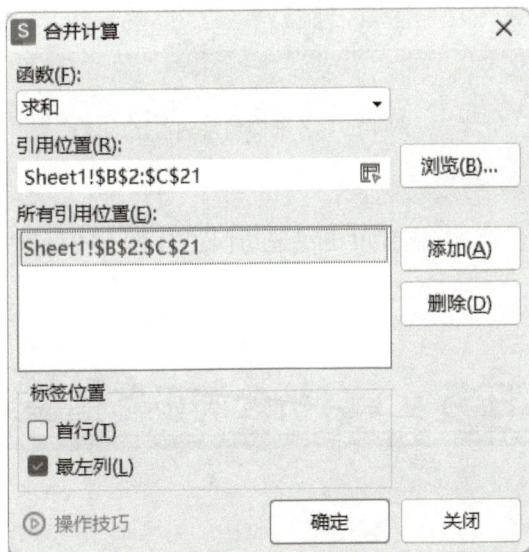

图 4-67 "合并计算"对话框

E	F
销售部门	销售总额
销售1部	38.4
销售2部	48.7
销售3部	63.4

图 4-68 合并计算后的数据

4. 利用各部门的销售总额建立图表

利用销售总额建立图表的步骤如下：

(1) 选择数据区域"E1:F4"单元格，单击"插入"→"全部图表"，在打开的"图表"对话框中选择"饼图"。

(2) 将图表样式改为"样式 4"，图表标题为"各部门销售额占比"，为饼图添加数据标签，设置"数据标签格式"为"百分比"，效果如图 4-69 所示。

各部门销售额占比

■ 销售1部 ■ 销售2部 ■ 销售3部

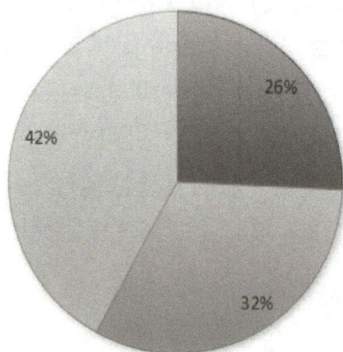

图 4-69   各部门销售额占比

5. 保存工作簿

单击"文件"→"保存",或者单击快速访问工具栏上的保存按钮,将工作簿以原文件名保存。

拓展任务 4   分析公司设备销售情况

一、任务描述

小王是某公司的销售专员,现在要对设备销售情况进行统计分析。任务效果如图 4-70 所示。

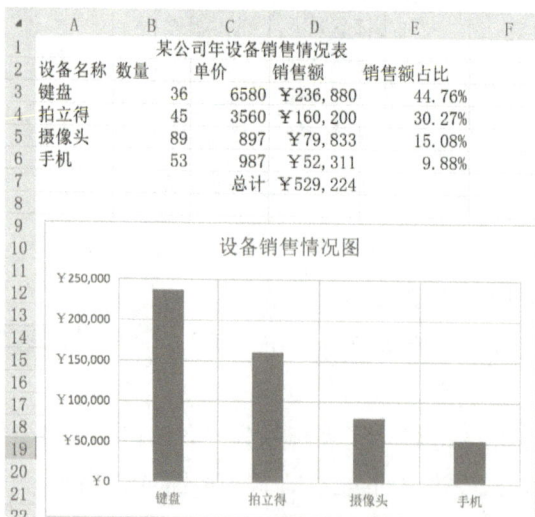

图 4-70   公司设备销售分析效果图

二、任务步骤

本任务分为打开与保存文档、公式函数计算数据、工作表重命名、数据图表并调整等几个部分。首先打开本书配套教学素材文件夹下的"第 4 单元 \ 拓展任务 4.xlsx"(.xlsx 为文件扩展名)，再进行后续操作。

1. 使用公式或函数计算数据

在"Sheet1"工作表中，按要求完成以下操作：

(1) 将 A1:E1 区域合并居中。

(2) 在 D3:D6 区域中，使用公式或函数计算每种设备的销售额 (销售额 = 单价 × 数量)。

(3) 在 D7 单元格，使用公式或函数计算所有设备的销售额总计。

(4) 将 D3:D7 区域设置为货币格式，货币符号为"¥"，小数位数为 0。

(5) 在 E3:E6 区域中，使用公式或函数计算每种设备的销售额占比 (销售额占比 = 销售额 / 销售额总计)，并将 E3:E6 区域设置为百分比格式，小数位数为 2。

(6) 对 A2:E6 区域的数据按照销售额进行降序排序。

2. 工作表重命名

将"Sheet1"工作表重命名为"设备销售情况表"。

3. 创建图表并调整

在"设备销售情况表"工作表中，按以下要求创建图表并进行调整：

(1) 根据 A2:A6 和 D2:D6 区域的数据，插入 1 个簇状柱形图。

(2) 设置图表的水平 (类别) 轴标签区域引用"设备销售情况表"工作表的 A3:A6 区域的数据。

(3) 设置图表标题为"设备销售情况图"，不显示图例，显示主轴主要水平和主轴主要垂直网格线。

(4) 将图表移动到"设备销售情况表"工作表的 A9:F22 区域内，适当调整图表大小。

拓展任务 5　完成学生成绩分析

一、任务描述

小冯是某学校的班主任，现在要对班级课程成绩和学分修读情况进行统计分析。任务效果如图 4-71、图 4-72 所示。

序号	学号	数据分析	数据库应用开发	职业生涯规划	办公软件应用	分布式数据库	体育	软件测试技术	平均成绩
									班级课程成绩表
1	2032601	53	74	45	76	85	83	29	63.57
2	2032602	92	87	91	63	60	65	86	77.71
3	2032603	73	76	65	60	60	81	64	68.43
4	2032604	60	47	28	66	60	77	24	51.71
5	2032605	70	71	70	75	60	82	63	70.14
6	2032606	60	60	60	71	60	82	60	64.71
7	2032607	68	70	79	63	70	81	70	71.57
8	2032608	53	80	77	83	62	50	2	58.14
9	2032609	71	85	81	78	73	62	89	77.00
10	2032610	61	85	82	75	62	50	63	68.29
11	2032611	53	30	83	72	60	49	94	63.00
12	2032612	60	30	82	86	88	61	85	70.29
13	2032613	78	73	62	77	85	76	33	69.14
14	2032614	75	62	50	71	30	60	68	59.43
15	2032615	72	60	49	68	45	60	84	62.57
16	2032616	86	88	61	63	40	48	29	59.29
17	2032617	77	85	76	51	60	80	87	73.71
18	2032618	71	60	82	61	75	62	93	72.00
19	2032619	50	60	80	79	72	60	61	66.00
20	2032620	62	60	85	88	86	88	86	79.29
21	2032621	50	60	81	97	77	85	66	73.71
22	2032622	49	60	78	75	71	30	66	61.29
23	2032623	69	78	73	55	68	45	23	58.71
24	2032624	48	60	65	47	63	40	18	48.71
25	2032625	47	60	75	38	70	28	72	55.71
26	2032626	60	60	65	78	61	47	78	64.14
27	2032627	92	85	89	91	87	86	86	88.00
28	2032628	48	60	82	60	60	65	62	62.43
29	2032629	38	70	28	60	60	66	34	50.86
30	2032630	78	61	47	48	60	65	7	52.29
31	2032631	91	87	86	47	60	75	22	66.86
32	2032632	60	60	65	60	60	65	62	61.71
33	2032633	91	87	86	92	85	89	88	88.29
34	2032634	82	63	69	48	60	82	66	67.14
35	2032635	0	55	55	60	60	82	60	53.14
36	2032636	69	62	61	50	60	83	60	63.57
37	2032637	0	75	54	51	60	60	61	51.57
38	2032638	82	0	77	80	65	0	84	55.43

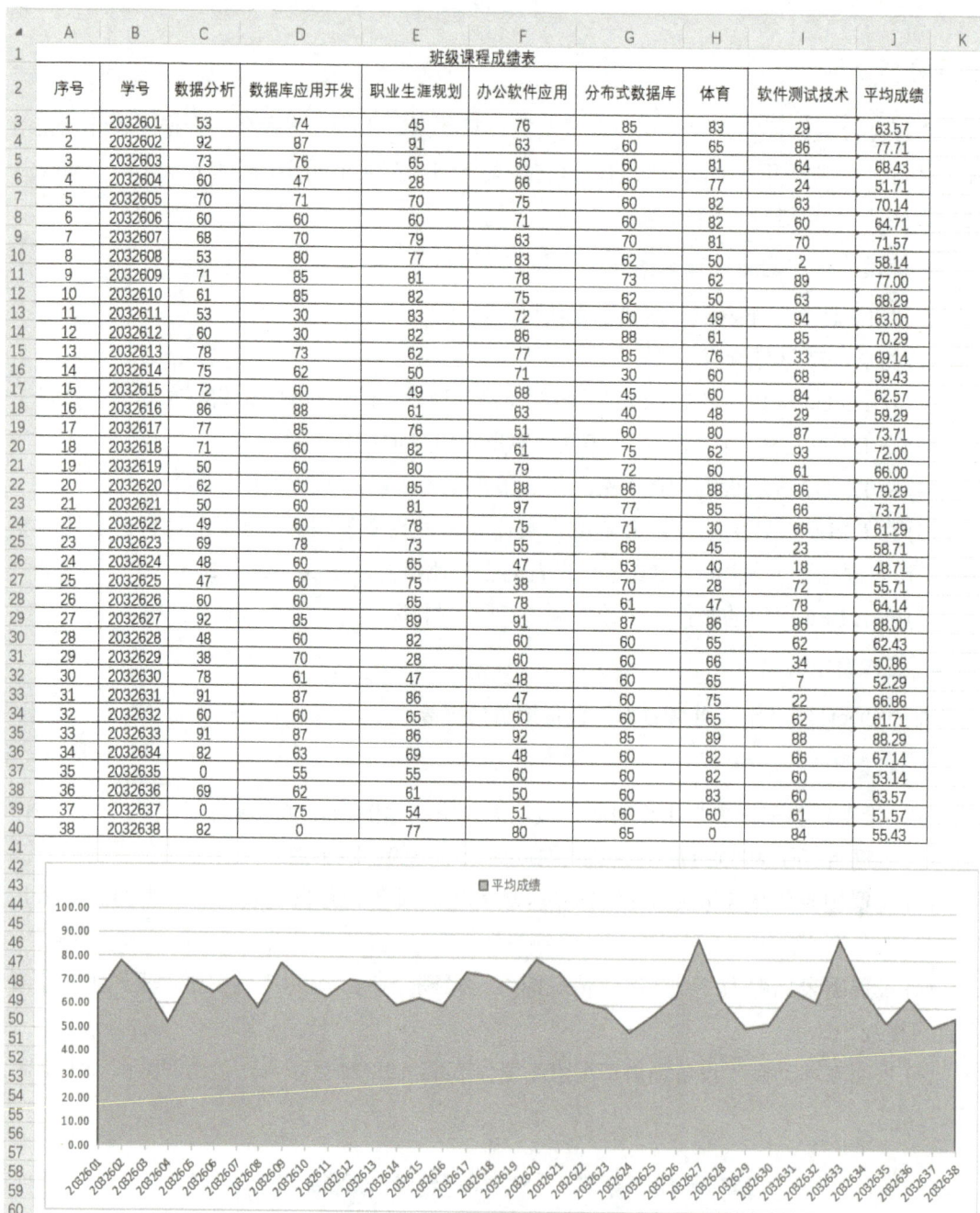

图 4-71　班级课程成绩分析效果图

二、任务步骤

本任务分为打开、保存文档、公式函数计算数据、统计数据、数据图表分析等几个部分。首先打开本书配套教学素材文件夹下的"第 4 单元 \ 拓展任务 5.xlsx"（.xlsx 为文件扩展名），再进行后续操作。

序号	学号	数据分析 学分修读情况	数据库应用开发 学分修读情况	职业生涯规划 学分修读情况	办公软件应用 学分修读情况	分布式数据库 学分修读情况	体育 学分修读情况	软件测试技术 学分修读情况	总学分	学期评价
1	2032601	0	4	0	2	2	4	0	12	不合格
2	2032602	4	4	2	2	2	4	4	22	合格
3	2032603	4	4	2	2	2	4	4	22	合格
4	2032604	4	0	0	2	2	4	4	12	不合格
5	2032605	4	4	2	2	2	4	4	22	合格
6	2032606	4	4	2	2	2	4	4	22	合格
7	2032607	4	4	2	2	2	4	4	22	合格
8	2032608	0	4	2	2	2	0	4	10	不合格
9	2032609	4	4	2	2	2	4	4	22	合格
10	2032610	4	4	2	2	2	4	4	18	合格
11	2032611	0	0	2	2	2	4	4	10	不合格
12	2032612	4	0	2	2	2	4	4	18	合格
13	2032613	4	4	2	2	2	4	0	18	合格
14	2032614	4	4	0	2	0	4	4	18	合格
15	2032615	4	4	0	2	0	4	4	12	不合格
16	2032616	4	4	2	2	0	0	0	20	合格
17	2032617	4	4	2	2	2	4	4	22	合格
18	2032618	4	4	2	2	2	4	4	18	合格
19	2032619	0	4	2	2	2	4	4	22	合格
20	2032620	4	4	2	2	2	4	4	18	合格
21	2032621	0	4	2	2	2	4	0	14	合格
22	2032622	0	4	2	2	2	4	0	12	不合格
23	2032623	4	4	2	0	0	4	0	8	不合格
24	2032624	0	4	2	0	0	4	0	12	不合格
25	2032625	0	4	2	2	0	4	0	18	合格
26	2032626	4	4	2	2	2	4	4	22	合格
27	2032627	4	4	2	2	2	4	0	18	合格
28	2032628	4	4	0	2	2	4	0	12	不合格
29	2032629	0	4	0	0	2	4	0	14	合格
30	2032630	4	4	2	2	2	4	4	16	合格
31	2032631	4	4	2	2	2	4	4	22	合格
32	2032632	4	4	2	2	2	4	4	22	合格
33	2032633	4	4	2	2	2	4	4	20	合格
34	2032634	4	4	2	2	2	4	4	12	不合格
35	2032635	0	0	2	2	2	0	4	20	合格
36	2032636	4	4	2	2	2	4	4	14	合格
37	2032637	0	4	2	2	2	0	4	14	合格
38	2032638	4	0	2	2	2	0	4	14	合格

图 4-72　班级课程学分分析效果图

1. 在"班级课程成绩"工作表中计算数据

在"班级课程成绩"工作表中，按要求完成以下操作：

(1) 将 A1:J1 区域合并居中。

(2) 在 B3:B40 区域中，按顺序输入"2032601""2032602"……"2032637""2032638"的数据序列。

(3) 在 J3:J40 区域中，使用公式或函数计算每位学生 7 门课程的平均成绩，计算结果保留 2 位小数。

(4) 设置 A1:J40 区域显示所有框线，且全部单元格内容的对齐方式为水平居中。

2. 创建图表并美化

在"班级课程成绩"工作表中，按以下要求创建图表并进行美化：

(1) 根据"班级课程成绩"工作表的 B2:B40 和 J2:J40 区域的数据，插入 1 个面积图。

(2) 设置图表的水平（类别）轴标签区域引用"班级课程成绩"工作表的 B3:B40 区域的数据，不显示图表标题，图例显示在上部。

(3) 设置图表中面积图形的填充颜色为标准颜色中的橙色，并为其添加 1 磅宽的实线线条，线条颜色为标准颜色中的蓝色。

(4) 将图表移动到"班级课程成绩"工作表的 A42:L60 区域内，适当调整图表大小。

3. 在"班级课程学分"工作表中计算数据

在"班级课程学分"工作表中，按要求完成以下操作：

(1) 在 B4:B41 区域中，按顺序输入"2032601""2032602"……"2032637""2032638"

的数据序列。

(2) 在 C4:C41 区域中，使用公式或函数计算每位学生 7 门课程的学分修读情况。当课程成绩大于或等于 60 分时，才可以获得课程对应学分，否则学分为 0(每门课程对应学分请参考本书配套教学素材包中"第 4 单元 \ 拓展任务 5 \ 课程对应学分"工作表 A1:B8 区域的数据)。

(3) 在 J4:J41 区域中，使用公式或函数计算每位学生 7 门课程的总学分。

(4) 在 K4:K41 区域中，使用公式或函数计算每位学生的学期评价。当总学分大于或等于 14 分时显示为"合格"，否则显示为"不合格"。

课程思政

在数据表格教学中，如数据录入环节，除讲授基本的录入技巧以外，还应强调数据录入的重要性及其对后续数据分析的影响。通过实际案例，让学生认识到数据录入的准确性和完整性对于整个数据处理流程的重要性，从而培养学生的责任感和职业道德。

在数据排序和筛选的教学中，可以引入实际工作中的案例，如财务报表分析、市场调研数据整理等。通过让学生亲自操作，了解数据排序和筛选在提高工作效率和准确性方面的作用，同时培养学生的逻辑思维和辩证思维。

在数据分类汇总和报告撰写环节，强调数据的科学性和逻辑性。通过引导学生对复杂数据进行分类汇总，并撰写清晰、准确的报告，培养学生分析问题和解决问题的能力。同时，在报告撰写过程中融入诚信元素，要求学生确保数据的真实性和报告的客观性。

第 5 单元　WPS 演示文稿制作

在信息化高速发展的今天，无论是商务会议、学术报告，还是课堂教学，演示文稿都已成为传递信息、展示成果的重要工具。演示文稿的魅力在于能够在有限的时间内，用最具吸引力和说服力的方式，将复杂的信息和观点传达给听众。在本单元中，将从 WPS 演示文稿的基本操作入手，逐步深入到高级功能和内容设计与呈现等方面，从而让读者逐步掌握 WPS 演示文稿的制作技巧，并在实际应用中不断提升自己的水平。

教学目标

【知识目标】

(1) 掌握 WPS 演示文稿的基本组成与结构，了解演示文稿在各个领域的应用场景。

(2) 理解 WPS 演示文稿中幻灯片、形状、文本框、图片、图表、表格、音频、视频等元素的基本概念和属性。

(3) 熟悉 WPS 演示文稿中动画效果和过渡效果的基本分类及作用。

(4) 了解 WPS 演示文稿的分享与导出方式，以及在线协作的基本功能。

【技能目标】

(1) 能够熟练创建、保存和打开 WPS 演示文稿，掌握幻灯片的基本编辑操作，如插入、删除、复制和移动等。

(2) 能够准确地在幻灯片中输入和格式化文本，调整文本的字体、字号、颜色等属性，使文本内容清晰易读。

(3) 掌握插入形状、表格、图表等元素的方法，并能够对其参数进行编辑设置。

(4) 能够熟练插入图片、音频和视频等媒体元素，并对其进行适当的编辑和调整，提升演示文稿的视觉效果和听觉体验。

(5) 能够灵活运用动画效果和过渡效果，为演示文稿添加动态感和趣味性，提高观众的参与度和理解度。

(6) 能够设计和制作符合主题要求的幻灯片母版和主题，统一演示文稿的风格和布局。

(7) 能够熟练导出演示文稿为不同格式的文件，并通过电子邮件、云存储等方式与他人共享和协作编辑。

【素质目标】

(1) 培养学生的信息素养和创新能力，使其能够灵活运用 WPS 演示文稿进行信息的展示和传播。

(2) 提升学生的审美能力和设计能力，使其能够制作出美观、专业的演示文稿，提升个人形象和品牌价值。

(3) 培养学生的团队协作精神和沟通能力，使其在团队项目中能够与他人有效协作，共同完成任务。

【思政目标】

(1) 培养学生的爱国主义精神。通过 WPS 演示文稿的制作，引导学生深入了解国家的历史文化、发展成就和未来愿景，增强对国家的认同感和自豪感。

(2) 增强学生的社会责任意识。鼓励学生通过 WPS 演示文稿关注社会热点问题，如环境保护、文化传承、科技进步等，提出解决方案并传播正能量，为社会发展贡献自己的力量。

(3) 培养学生的职业道德和诚信品质。在制作 WPS 演示文稿的过程中，引导学生遵守学术规范，尊重他人知识产权，不抄袭、不造假，树立诚信为本的职业操守。

(4) 通过 WPS 演示文稿的制作和展示过程，强化学生的团队协作意识。鼓励学生与他人合作完成演示文稿，通过分工合作、互相讨论和协作修改，培养学生的团队协作精神和沟通能力。同时，引导学生学会在团队中倾听他人的意见和建议，积极提出自己的想法和创意，促进团队成员之间的有效交流和合作。

任务 5.1　制作以"中国文化"为主题的演示文稿

一、任务描述

想象一下，你正站在一个国际文化交流活动的现场，来自世界各地的朋友们聚集在一起，他们都对中国文化充满了好奇和兴趣。作为一名中国文化的热爱者和传播者，你决定制作一份演示文稿，向这些朋友展示中国文化的博大精深和独特魅力。要在有限的时间内，从众多的文化元素中挑选出最具代表性和吸引力的内容，同时还要考虑如何让这些内容以直观、生动的方式呈现给观众，这既是一个机遇，也是一个挑战。通过这个过程，你将更加深入地了解中国文化，提升自己的专业素养能力。任务效果如图 5-1 所示 (可以扫描图中的二维码查看详细内容)。

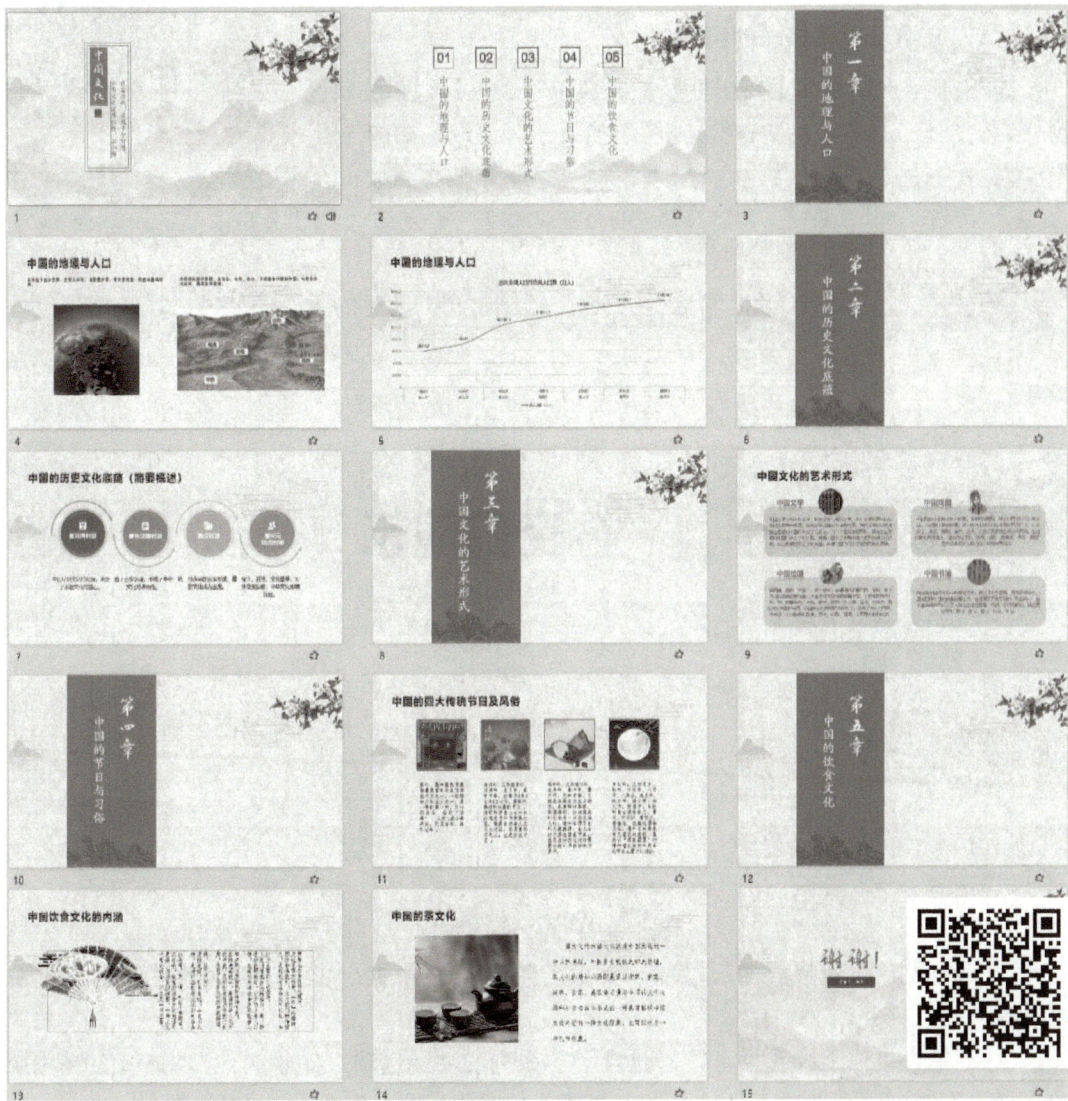

图 5-1　演示文稿效果图

二、任务分析

在使用 WPS 软件制作以"中国文化"为主题的演示文稿时，首先要选择或制作合适的模板或背景，并统一字体、字号和颜色等视觉元素，确保演示文稿的整体风格一致且专业。内容的呈现是任务的关键，排版者需要精心安排幻灯片的内容布局，确保文字、图片、图表等元素的搭配合理、重点突出。

接下来，将从母版设计，制作封面页、目录页、章节页、内容页，编辑排版，设置动画效果、过渡效果到最后的预览和导出，一步一步地进行教学。此任务涉及图片、形状、表格、图表、文本框、艺术字字体、字号、行距、对齐方式、段落格式等内容的设置。

三、相关知识点

1. WPS 演示文稿界面的组成

WPS 演示文稿界面主要由标题栏、菜单栏、工具栏、编辑区、大纲窗格、管理任务窗格、状态栏、视图切换按钮等组成，如图 5-2 所示。

WPS 演示文稿界面、母版、占位符

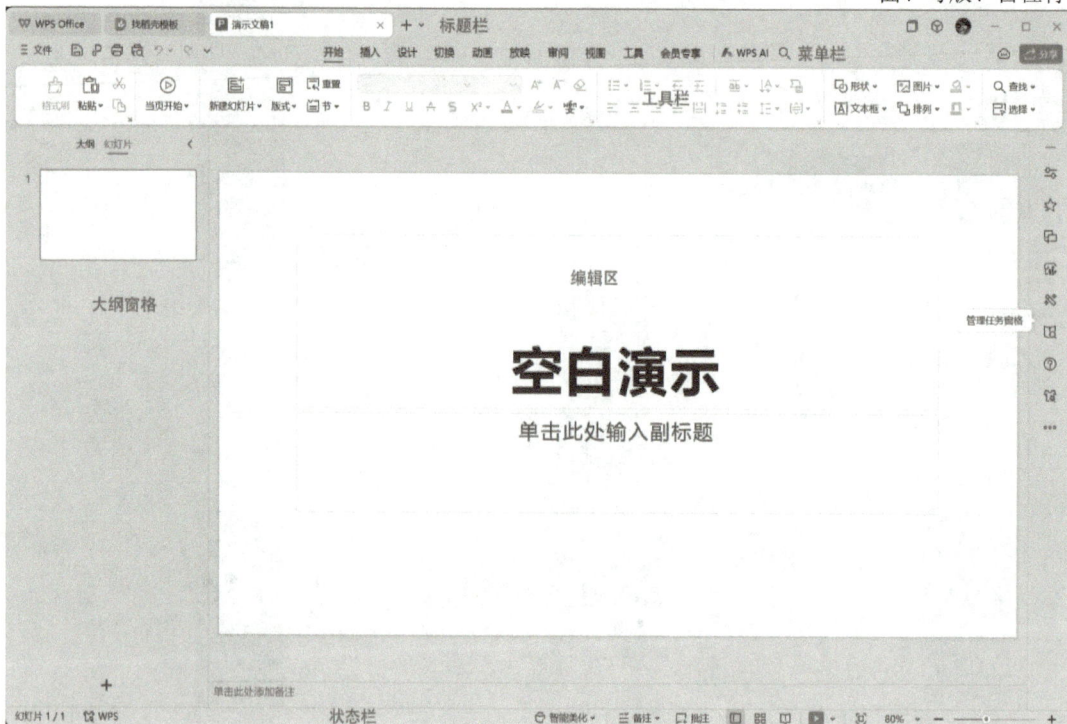

图 5-2   WPS 演示文稿界面

(1) 标题栏：位于界面的最顶部，显示当前演示文稿的文件名、WPS 软件的名称和版本信息。

(2) 菜单栏：位于标题栏下方，包含了一系列的功能选项，如"文件""编辑""视图"和"插入"等。每个选项下又包含了多个子菜单，用于执行各种命令和操作。

(3) 工具栏：通常位于菜单栏的下方，提供了快速访问常用命令的按钮。这些按钮可以帮助用户快速插入文本、图片、形状等元素，或者调整幻灯片的布局和样式。

(4) 编辑区：用户编辑和展示演示文稿内容的主要区域。在这里，用户可以添加文本、图片、图表、动画等元素，并设置它们的格式和属性。

(5) 大纲窗格：通常位于编辑区的左侧或右侧，用于显示演示文稿的大纲结构。

(6) 管理任务窗格：位于界面右侧，可以快速打开对象属性、动画、对象美化等窗格来设置参数。

(7) 状态栏：位于界面的底部，显示了一些有关当前操作的状态信息，如当前幻灯片的编号、当前文档的页数、字数统计等。

(8) 视图切换按钮：通常位于界面的右下角或左下角，用于在不同的视图之间进行切换。

2. 幻灯片母版

母版是 WPS 演示文稿中用于定义幻灯片样式和布局的基础模板。通过编辑母版，用户可以统一设置幻灯片的背景、字体、颜色、占位符（如文本占位符、图片占位符等）的大小和位置等，确保整个演示文稿的风格一致。WPS 演示文稿提供了多种母版类型，包括幻灯片母版、标题母版、讲义母版和备注母版等。

3. 占位符

占位符在幻灯片中是一种非常实用的工具，具体来说，占位符是一个预格式化的容器，通常表现为一个带有虚线的边框，如图 5-3 所示。用户可以在占位符中预设文本的位置和格式，以便在后续添加文本时保持一致性。同时，占位符也可以用于预留图片或视频等媒体元素的位置，确保它们在幻灯片中的布局合理。

图 5-3　占位符

4. 版式

幻灯片母版中的版式是指在母版中定义的一系列预设布局，这些布局为幻灯片中的各个元素（如标题、正文、图片、图表等）提供了固定的位置和格式。用户新建幻灯片时通过应用不同的版式，可以快速创建具有统一风格和布局的幻灯片，提高演示文稿的一致性和专业度。版式主要有标题幻灯片版式、标题和内容版式、仅标题版式、比较版式、空白版式等，如图 5-4 所示。

WPS 版式、对齐方式

图 5-4　版式

5. 对齐方式

对齐功能是一种强大的排版工具，它可以帮助用户精确控制幻灯片中元素的位置和布局，确保内容整齐、美观。对齐方式有左对齐、水平居中、右对齐、顶端对齐、垂直居中、底端对齐、横向分布、纵向分布等。

对齐基准是指在进行对象对齐操作时，所选对象将依据的参照点或线。这些基准点或线可以是幻灯片的边缘、中心点，也可以是其他对象的边缘或中心点。具体来说，WPS 中的对齐基准可以归纳如下：

(1) 相对于幻灯片对齐：这种对齐方式以幻灯片为基准，用户可以将对象 (如文本框、图片、形状等) 与幻灯片的边缘或中心对齐。

(2) 相对于对象组对齐：可以实现与其他对象进行对齐。用户可以选择多个对象，使多个对象间进行不同方式的对齐。

(3) 相对于后选对象对齐：会将先选定的对象与后选定的对象进行对齐。这些后选的对象将作为对齐的参照基准。

6. 插入图片、形状、文本框、表格、图表、智能图形等

用户可以根据需要轻松插入图片、形状、文本框、表格和图表等元素，以丰富演示文稿的内容并提升视觉效果。这些功能的运用不仅有助于传达信息，还能使演示文稿更加生动、有趣。

四、任务步骤

本任务共需要制作 15 页幻灯片，其中第 1 张为封面页，第 2 张为目录页，第 3、6、8、10、12 页为章节页，第 15 张为结束页，其余为内容页。该任务包含新建文件、修改幻灯片母版、制作封面页、制作目录页、制作章节页、制作内容页等内容。下面详细讲解每页幻灯片的操作步骤。

1. 制作封面页

第 1 张幻灯片的效果如图 5-5 所示。

图 5-5　封面页

1) 新建文档

打开 WPS Office 软件，单击窗口左上角的"WPS Office"→"新建"→"Office 文档"→"演示"选项，新建空白演示文稿，如图 5-6、图 5-7 所示。

图 5-6 "新建"按钮

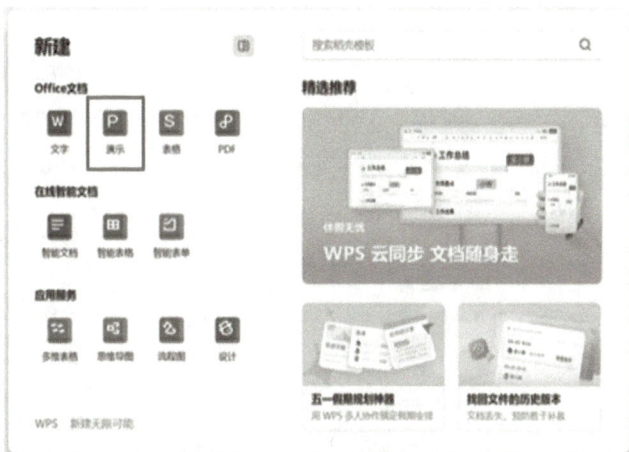

图 5-7 "新建"窗口

2) 保存 WPS 文件

单击"文件"→"另存为"，弹出"另存为"对话框，在地址栏中选择文件保存的位置，在"文件名称"中输入文件名，在"文件类型"中默认选项为"Microsoft PowerPoint 文件 (*.pptx)"，单击"保存"按钮，文件保存完成，如图 5-8 所示。

图 5-8 保存文件

📷 补充知识

• 保存到我的云文档。

单击"文件"→"另存为"→"我的云文档"，将文件保存到我的云文档，可以实现多设备跨平台同步、历史版本恢复、文档链接分享以及灵活的团队协作等方面的功能，为用户提供更加便捷、高效和安全的文档处理方式。

• 多人协作方式。

单击"文件"→"分享文档"→"和他人一起编辑"，上传云文档即可与其他人协作共同编辑文件，如图 5-9 所示。

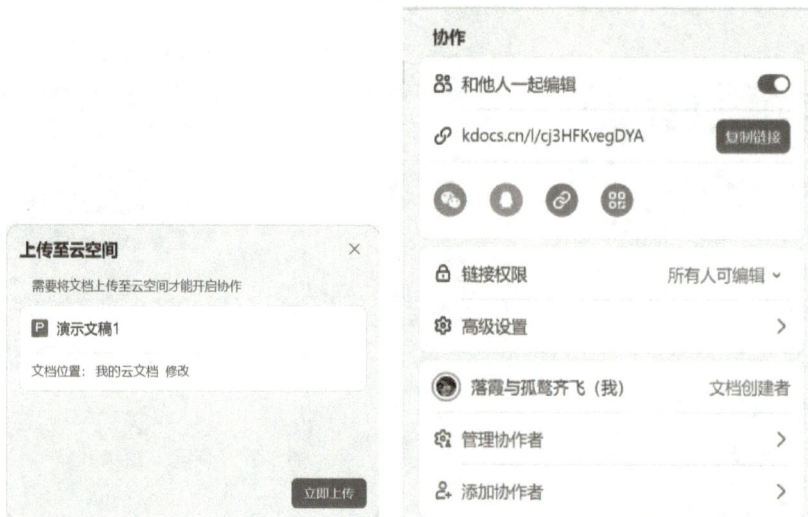

图 5-9　协同合作

• 保存和另存为的不同。

保存：主要用于对当前正在编辑的文档进行保存。如果已经为文档命名并保存过，那么再次单击"保存"按钮时，WPS 将直接覆盖原始文件，保存最近的修改。

另存为：允许将当前文档保存为一个新的文件，或者更改文件的保存位置、文件名或文件格式。当选择"另存为"时，WPS 会弹出一个对话框，让用户选择新的文件名、保存位置和文件格式。WPS 支持多种文件格式，如 .dps、.dpt、.pptx、.ppt、.pot、.pps 等。

3) 页面设置

单击"设计"→"幻灯片大小"，弹出"页面设置"对话框，设置"宽屏"模式，如图 5-10 所示。

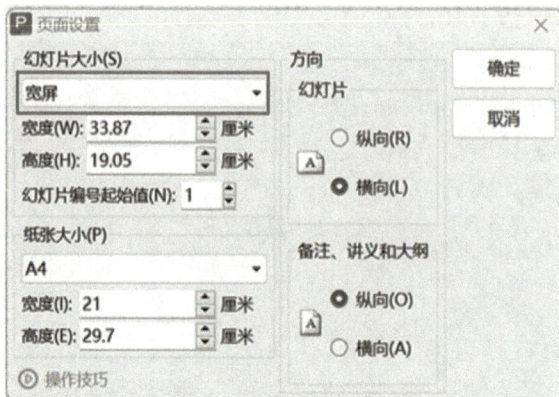

图 5-10　"页面设置"对话框

4) 母版设置

下面介绍幻灯片母版背景的设置和关闭母版的方法。

(1) 设置幻灯片背景。

单击"视图"→"幻灯片母版"→"背景",选择"背景填充",在右侧弹出的"对象属性"面板中选择"填充"→"图片或纹理填充",在"图片填充"中单击"请选择图片",选择"本地文件",如图 5-11 所示。打开本书配套的教学素材文件夹,选择"第 5 单元"→"背景图 .png",设置完成后单击"全部应用"按钮即可。

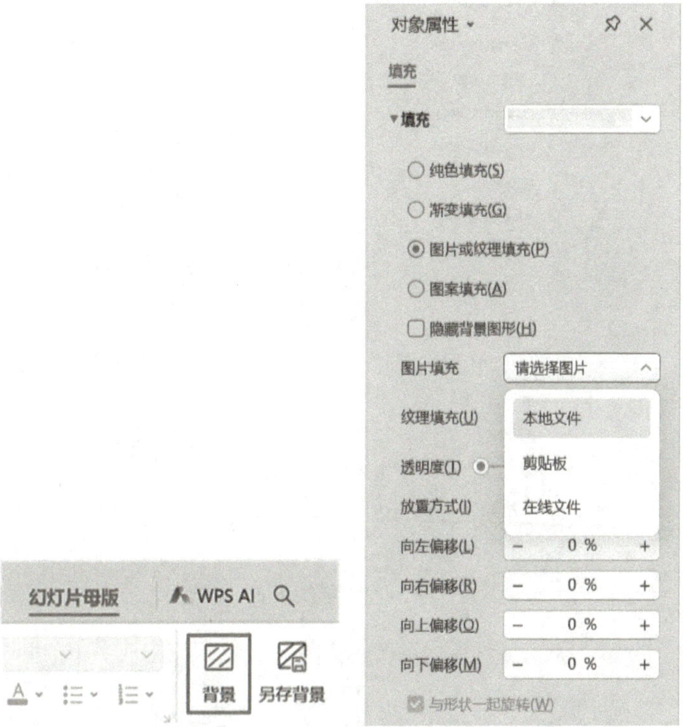

图 5-11　设置幻灯片母版背景

(2) 关闭母版。

单击"幻灯片母版",选择"关闭"按钮。

5) 制作封面页

制作封面页包括更换应用版式、插入图片、插入形状和添加文本等几个部分。

(1) 更换应用版式。

关闭母版后,进入普通视图,在第 1 张幻灯片缩略图处单击右键,然后在弹出的菜单中选择"版式",将此幻灯片应用的版式由原来的标题幻灯片改为"空白"版式,如图 5-12 所示。

(2) 插入图片。

在封面页插入图片并调整透明度,其操作步骤如下:

① 单击"插入"→"图片"→"本地图片",打开本书配套的教学素材文件夹,选择"第 5 单元"→"云图 1.png",单击"图片工具",选择"透明度"按钮,设置图片透明度为"60%",

如图 5-13、图 5-14 所示。

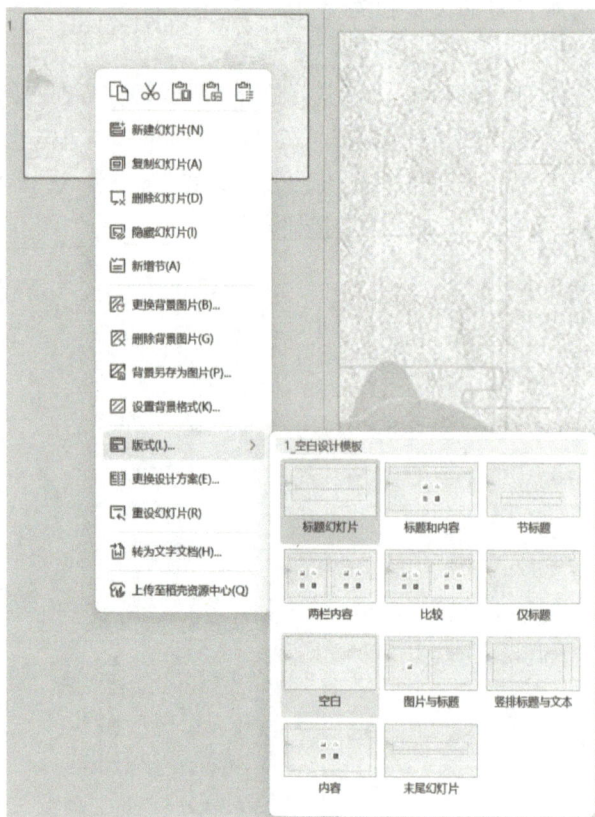

制作封面页 (上)

图 5-12　更改版式

图 5-13　插入图片

图 5-14　设置透明度

　　② 插入本书配套教学素材文件夹中的"第 5 单元 \ 装饰 .png"。双击图片，在右侧会弹出"对象属性"对话框，选择"大小与属性"选项卡，打开"位置"，设置图片的位置为水平位置相对于左上角 24 厘米，垂直位置相对于左上角 0 厘米，如图 5-15 所示。单击菜单栏"图片工具"→"设置透明色"按钮，在装饰图片白色背景处单击，去除白色背景。

图 5-15　设置图片位置

制作封面页 (中)

(3) 插入形状。

在封面页插入矩形，其操作步骤如下：

① 单击"插入"→"形状"，绘制出一个任意大小的矩形。

② 单击菜单栏中的"绘图工具"，然后在"形状样式"组中单击"填充"右侧的三角按钮，选择"无填充颜色"，"形状轮廓"设置为线型 1 磅、虚线线型为实线，选择"其他边框颜色"，然后在弹出的"颜色"对话框中选择"自定义"选项卡，设置参数"红色"为 105、"绿色"为 155、"蓝色"为 161，如图 5-16 所示。为了方便后面讲解，暂且称这个颜色是水绿色。设置矩形的高度为 12.75 厘米，宽度为 4.65 厘米。

③ 双击矩形，在右侧会弹出"对象属性"对话框，选择"大小与属性"选项卡，打开"位置"对话框，设置矩形的位置为水平位置相对于左上角 8 厘米，垂直位置相对于左上角 3 厘米，如图 5-17 所示。

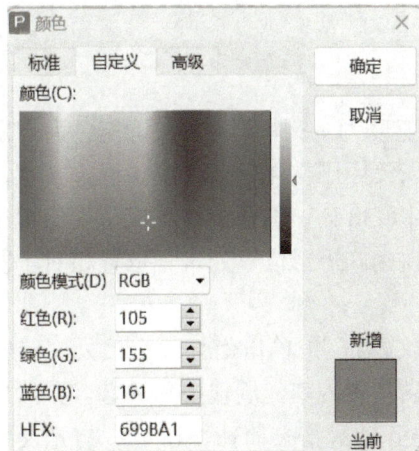

图 5-16　自定义颜色

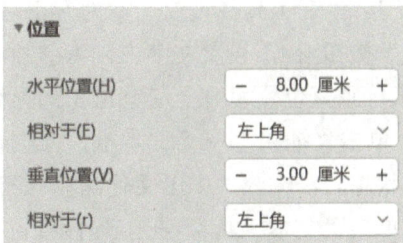

图 5-17　设置位置

④ 选择该矩形，单击"开始"菜单，在工具栏中单击"复制"→"粘贴"按钮，完成矩形的复制，如图 5-18 所示。设置该矩形轮廓为线型 0.75 磅，矩形大小为去掉锁定纵横比，高度缩放 95%，宽度缩放 90%，如图 5-19 所示。

图 5-18　复制粘贴

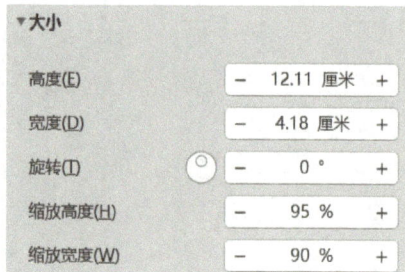

图 5-19　按比例设置大小

⑤ 对齐、组合。同时选择上述两个矩形，单击"绘图工具"→"对齐"，选择"水平居中""垂直居中"，将两个矩形中心对齐，如图 5-20 所示。再单击工具栏中的"组合"按钮将图形组合到一起。

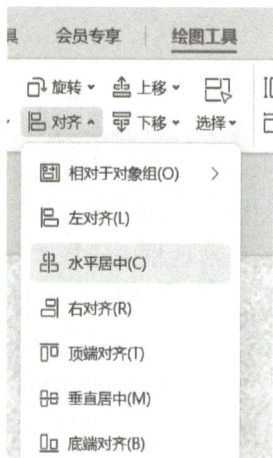

图 5-20　对齐

(4) 添加文本。

在封面页添加文本内容，其操作步骤如下：

① 绘制矩形，设置矩形的高度为 5.7 厘米，宽度为 1.8 厘米，形状填充色为自定义颜色中的水绿色，无边框颜色。双击矩形，然后输入"中国文化"四个字。选择文字，单击"文本工具"，在工具栏设置文本为方正吕建德字体、38 磅、白色。在"段落"组单击"文字方向"按钮 ，设置文字方向为竖排 (从左向右)。矩形位置为水平位置相对于左上角 8.5 厘米，垂直位置相对于左上角 3.5 厘米。

② 单击"插入"→"文本框"，选择"竖排文本框"，单击幻灯片空白处，待出现光标闪动状态时，输入"中国文化深厚独特，以和谐包容为魂，展现中华智慧。"。然后选择文字，单击"文本工具"，在工具栏设置文本为方正北魏楷书简体、18 磅、自定义颜色中的水绿色、加下画线，单击文字方向按钮，设置文字方向为竖排 (从左向右)。双击文本框，在右侧会弹出"对象属性"对话框，选择"形状选项"→"大小与属性"选项卡，设置高度为 9 厘米，宽度为 2.2 厘米。在"段落"组中单击展开按钮，打开"段落"对话框，如图 5-21 所示。在"段落"对话框中，"行距"选择"多倍行距"，"设置值"为 1.3，如图 5-22

所示。最后，将文字放置到合适位置即可。

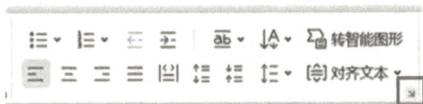

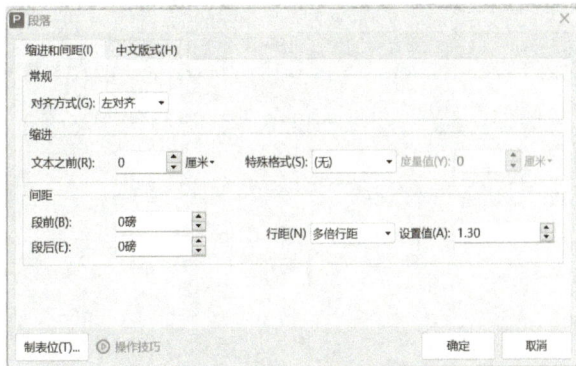

图 5-21　"段落"组　　　　　　　　图 5-22　设置行距

(5) 插入印章。

插入本书配套教学素材文件夹中的"第 5 单元 \ 印章 .png"，将图片保持纵横比，缩放到 10% 并放置到合适位置。

制作封面页 (下)

补充知识

• 快速复制图形、文本框等。

选择要复制的对象，按住 Ctrl 键并拖动对象即可复制。

• 同时选择多个对象。

先选择一个对象，然后按住 Ctrl 键或者 Shift 键，再依次单击对象即可。

• 编辑文本框文字及移动文本框的方法。

(1) 绘制文本框后，在文本框内单击鼠标，会出现闪动的光标，此时可编辑文字内容。

(2) 将光标移动到文本框的边界框上，待光标变为十字指针✛时，可拖动光标将文本框移动位置。

• 安装字体的 2 种方法。

(1) 手动安装。

首先，从可靠的网站下载字体文件。可以访问字体设计师的个人网站、字体公司官网或其他第三方字体下载网站。在下载时，请确保字体文件格式为 TTF(TrueType Font) 或 OTF(OpenType Font)，这两种格式均适用于 WPS。下载完成后，双击字体文件安装。安装完成后，需要重新打开 WPS 程序，选择并应用即可。

(2) 使用 WPS 的云字体功能。

打开 WPS 软件，进入字体设置界面。通常可以在工具栏或菜单栏中找到"字体"选项，单击后选择"云字体"或"查看更多云字体"，找到喜欢的字体后，单击"下载"和"安装"按钮进行下载和安装。需要注意的是，这种云字体一般需要 WPS 会员才能下载安装，只有少部分可以免费使用。

2. 制作目录页

第 2 张幻灯片的效果如图 5-23 所示。

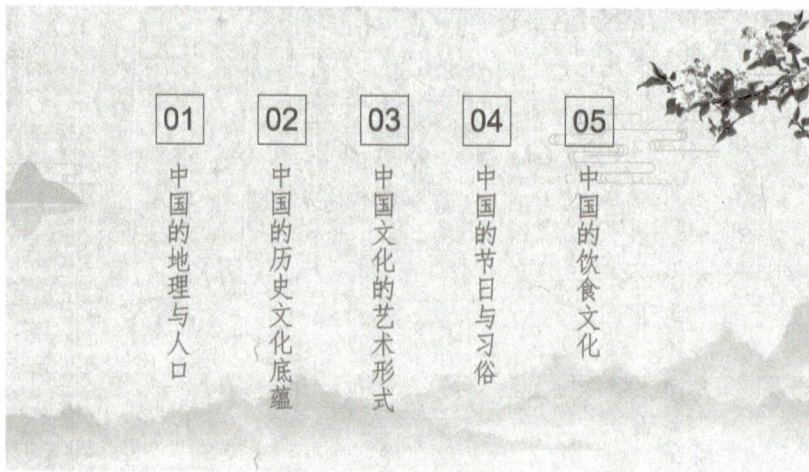

图 5-23　目录页

1) 新建第 2 张幻灯片

单击"开始"→"新建幻灯片"→"版式"，选择"空白"版式。

2) 插入图片

插入本书配套教学素材文件夹中的"第 5 单元 \ 云图 2.png"，设置透明度为 60%，复制第 1 张幻灯片的装饰花图片，粘贴到第 2 张幻灯片中 (可用快捷键 Ctrl + C 复制、Ctrl + V 粘贴)，并设置其大小为保持纵横比，宽度、高度缩放 75%，同时调整位置。

3) 制作目录项

下面制作目录页中的各目录项，其具体步骤如下：

(1) 绘制 2 厘米的正方形，无填充颜色，轮廓为线型实线 1 磅、标准色中的深红色。在选中正方形的状态下，右击鼠标会弹出菜单，选中"编辑文字"，如图 5-24 所示，正方形中间会出现光标闪动，此时输入"01"，字号为 36 磅，字体颜色为标准色中的深红色。

制作目录页

图 5-24　添加文字

(2) 插入竖向文本框，输入文字"中国的地理与人口"，设置文本为仿宋、自定义颜色水绿色、32 磅、加粗。将文字放到正方形下方，同时选中文本框和正方形，利用对齐功能，将其水平居中对齐并组合，如图 5-25 所示。

图 5-25　水平居中对齐

(3) 复制出 4 个同样的目录项，将所有目录项全部选中，单击顶端对齐和横向分布按钮，完成目录项的排版。将复制的 4 个目录项内容分别修改为"02 中国的历史文化底蕴""03 中国文化的艺术形式""04 中国的节日与习俗"和"05 中国的饮食文化"，如图 5-26 所示。

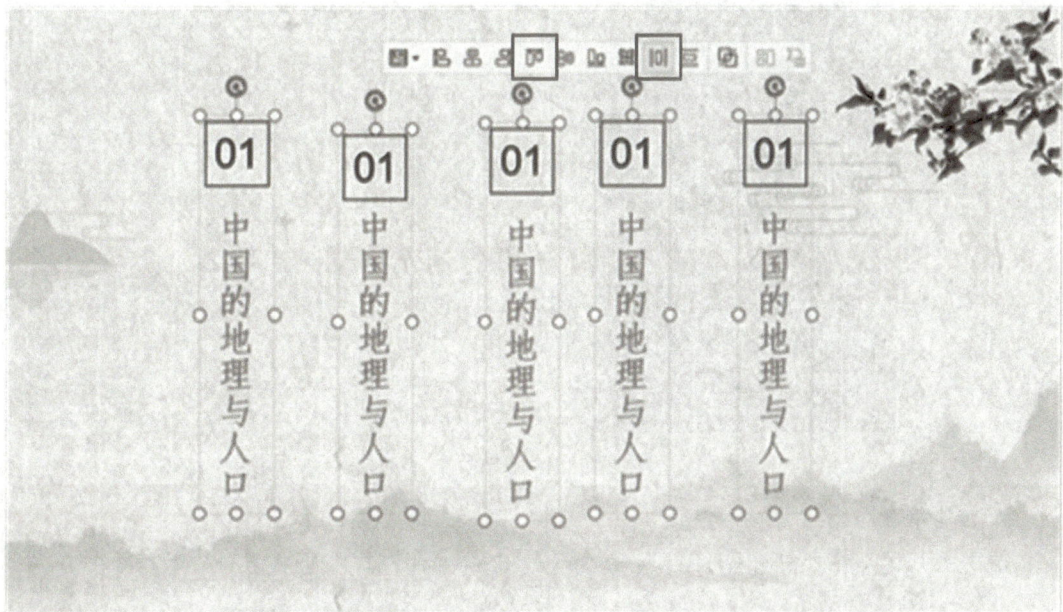

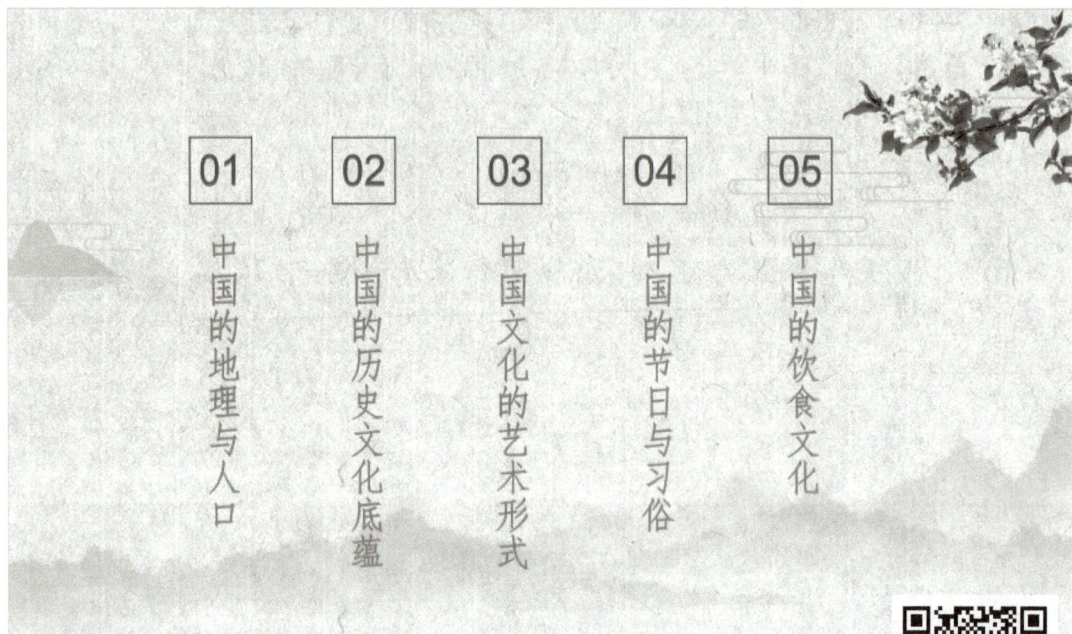

图 5-26　顶端对齐和横向分布效果

3. 制作章节页

第 3 张幻灯片的效果如图 5-27 所示。

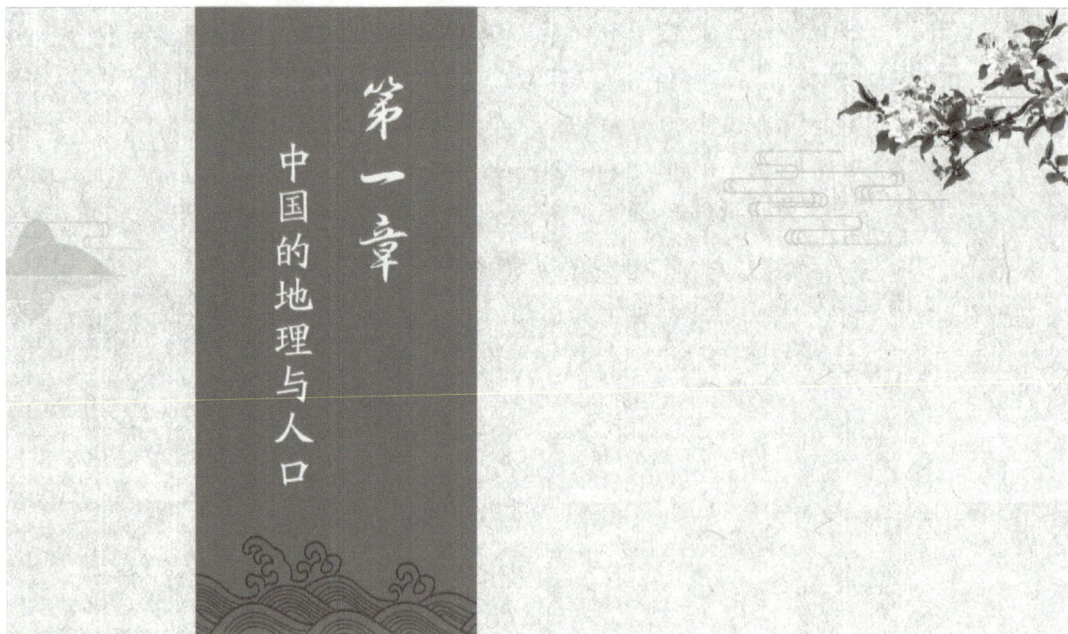

制作章节页

图 5-27　章节页

1) 新建第 3 张幻灯片

单击"开始"→"新建幻灯片"→"版式",选择"空白"版式。

2）复制图片

复制第 2 张幻灯片右上角的装饰花图片，粘贴到第 3 张幻灯片中。

3）制作章节内容

下面制作章节页幻灯片内容，其具体步骤如下：

(1) 绘制矩形，高度为 19.05 厘米，宽度为 9.07 厘米，无轮廓色，填充色为自定义颜色水绿色，水平位置为相对于左上角 6 厘米，垂直位置为相对于左上角 0 厘米。

(2) 插入一个竖向文本框，输入内容为“第一章”，字体为方正吕建德，颜色为白色，字号为 60 磅；再插入一个竖向文本框，输入内容为“中国的地理与人口”，字体为方正北魏楷书 _GBK，颜色为白色，字号为 38 磅。将两个文本框放到合适的位置。

(3) 插入本书配套教学素材文件夹中的“第 5 单元 \ 海浪 .png”。

(4) 选择矩形，同时选择海浪图片，单击“图片工具”→“对齐”，设置“相对于对象组”→“左对齐”，设置“相对于幻灯片”→“底端对齐”。

4）复制章节页幻灯片

在左侧缩略图第 3 张幻灯片处右击，在弹出的菜单中选择“复制幻灯片”，如图 5-28 所示。即可复制出 4 个章节页，然后将章节页内容分别修改为“第二章中国的历史文化底蕴”“第三章中国文化的艺术形式”“第四章中国的节日与习俗”和“第五章中国的饮食文化”。

图 5-28　复制幻灯片

4. 制作内容页——第 4 张幻灯片

第 4 张幻灯片的效果如图 5-29 所示。

制作第 4 张幻灯片

1）新建第 4 张幻灯片

在左侧缩略图选择第 3 张幻灯片，然后单击“开始”→“新建幻灯片”→“版式”，选择“比较”版式。

2）标题、图片占位符

利用标题和图片占位符插入文字与图片，其具体步骤如下：

(1) 单击“单击此处添加标题”这个标题占位符,输入“中国的地理与人口”,如图 5-30、图 5-31 所示。因为它是占位符，字体和字号是统一设置好的，所以这里不用再设置。如果需要设置，可以在幻灯片母版里统一设置。

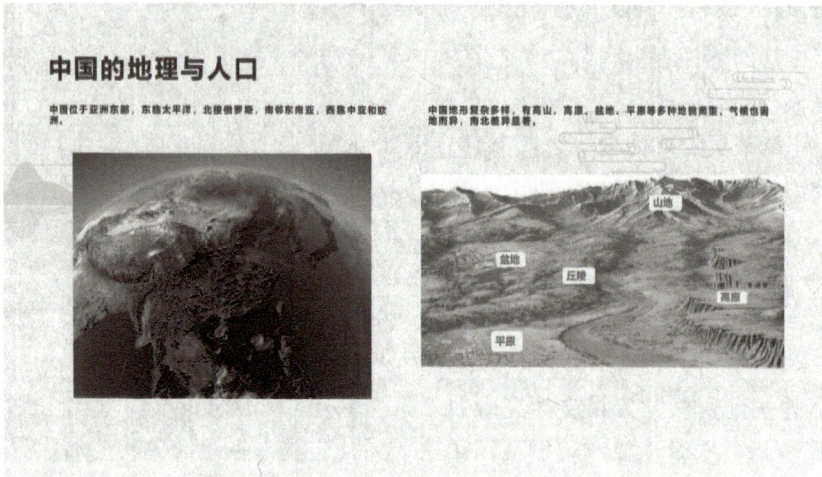

图 5-29　第 4 张幻灯片

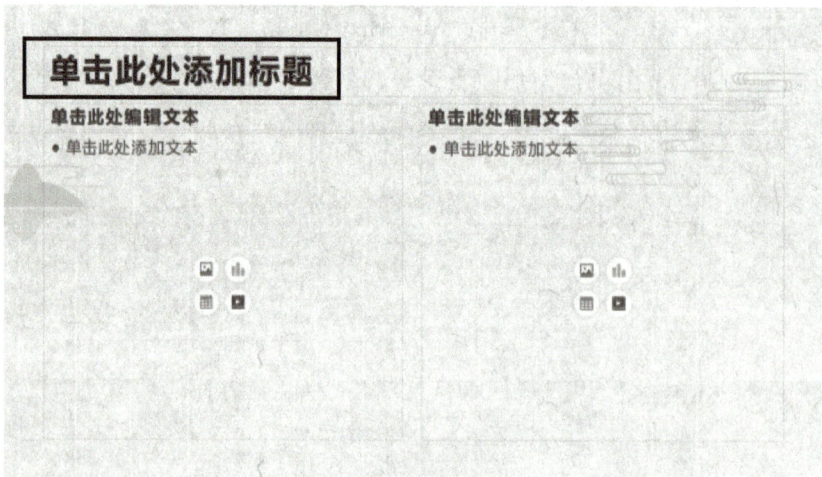

图 5-30　标题占位符

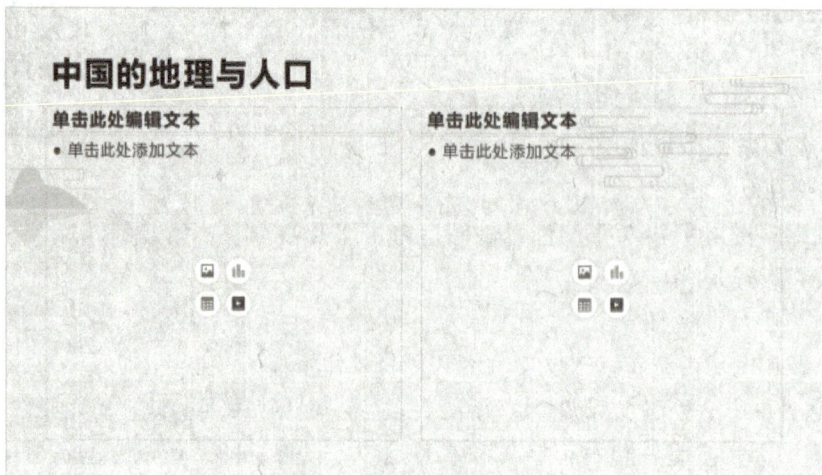

图 5-31　在占位符输入标题

　　(2) 分别单击左、右两个"单击此处编辑文本"副标题占位符，输入"中国位于亚洲东部，东临太平洋，北接俄罗斯，南邻东南亚，西靠中亚和欧洲。"和"中国地形复杂多样，有高山、高原、盆地、平原等多种地貌类型，气候也因地而异，南北差异显著。"，字体不变，字号为 11 磅。

　　(3) 单击左侧的"插入图片"占位符，如图 5-32 所示，插入本书配套教学素材文件夹中的"第 5 单元 \ 地理位置 .png"；再单击右侧的"插入图片"占位符，插入本书配套教学素材文件夹中的"第 5 单元 \ 地理特点 .png"。

图 5-32　图片占位符

5. 制作内容页——第 5 张幻灯片

制作第 5 张幻灯片

第 5 张幻灯片的效果如图 5-33 所示。

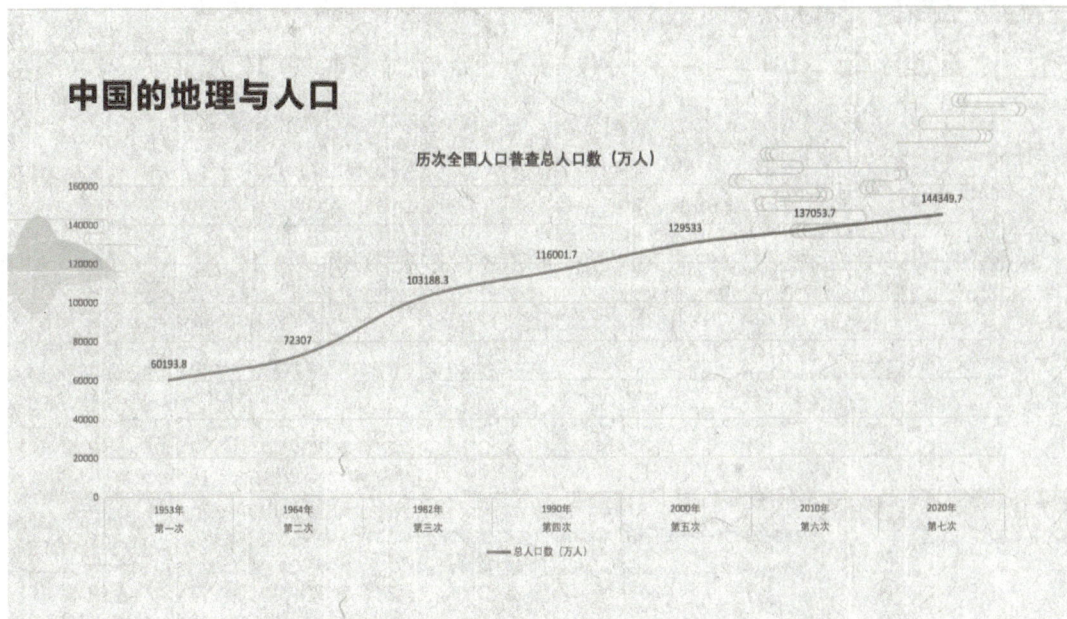

图 5-33　第 5 张幻灯片

1) 新建第 5 张幻灯片

在第 4 张幻灯片后面新建一张幻灯片，选择"标题和内容"版式。

2) 标题、图表占位符

利用标题和图表占位符插入文本与图表，其具体步骤如下：

(1) 在标题占位符处输入"中国的地理与人口"。

(2) 单击"插入图表"占位符，如图 5-34 所示，插入图表折线图，选择第一个折线图。

图 5-34　图表占位符

(3) 选择折线图图表，单击菜单栏"图表工具"→"编辑数据"，会自动打开一个"WPS 演示中的图表 .xlsx"数据表格文件，将工作表中的数据删除。打开本书配套教学素材文件夹中的"第 5 单元\人口普查数据 .xlsx"文件，将表中所有的数据复制并粘贴到"WPS 演示中的图表 .xlsx"工作表中，如图 5-35、图 5-36 所示。

图 5-35　初始数据

图 5-36　替换之后的数据

(4) 单击"图表工具"→"选择数据"，打开"编辑数据源"对话框，在"图表数据区域"选择数据源为 A2:C9，如图 5-37、图 5-38 所示。

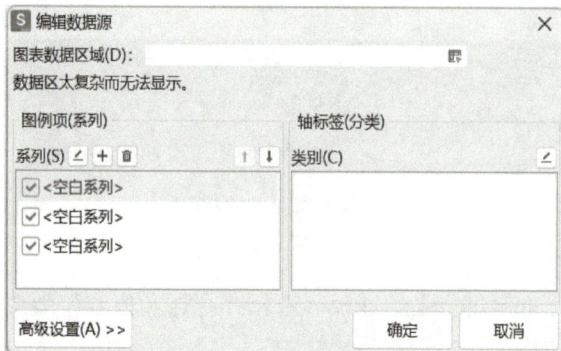

图 5-37　"编辑数据源"对话框

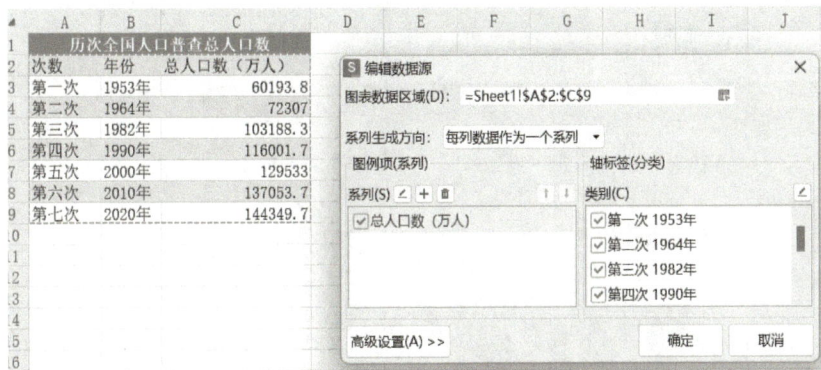

图 5-38　选择数据源

(5) 将图表应用"样式 4",图表标题改为"历次全国人口普查总人口数 (万人)",并设置数据标签在折线上方显示。

6. 制作内容页——第 7 张幻灯片

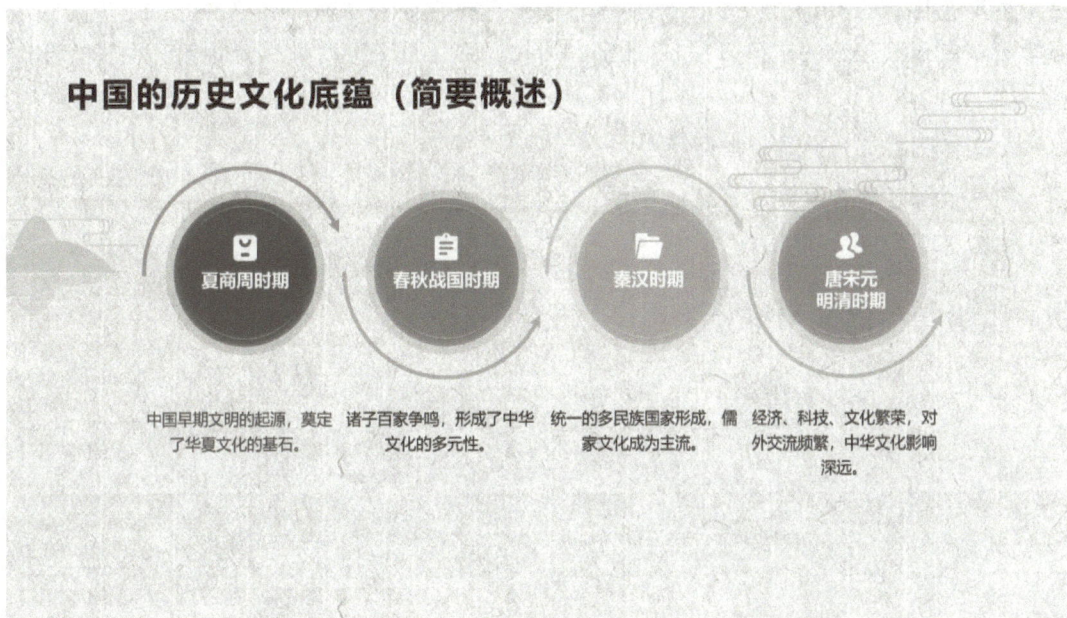

第 7 张幻灯片的效果如图 5-39 所示。

制作第 7 张幻灯片

图 5-39　第 7 张幻灯片

1) 新建第 7 张幻灯片

在第 6 张幻灯片后面新建一张幻灯片,选择"仅标题"版式。

2) 在占位符处输入内容

在标题占位符处输入"中国的历史文化底蕴 (简要概述)"。

3) 插入智能图形

(1) 单击"插入"→"智能图形",在弹出的窗口中单击"流程"选项卡,选择"4 项"→"免费",然后选择第 1 个智能图形,如图 5-40 所示。

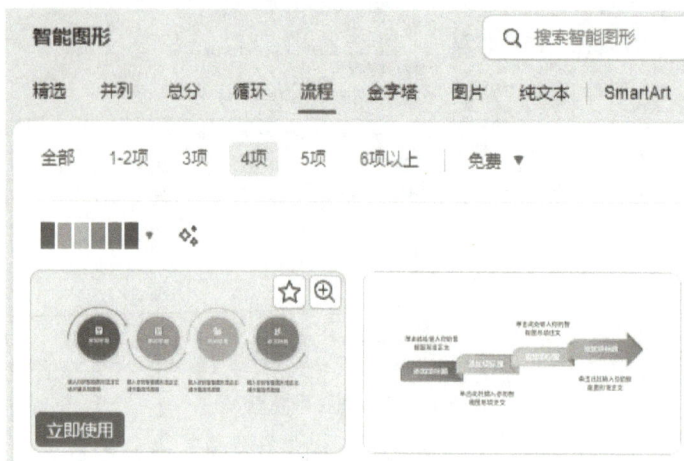

图 5-40　智能图形

(2) 依次在 4 个副标题占位符处输入"夏商周时期""春秋战国时期""秦汉时期"和"唐宋元明清时期"。在 4 个智能图形正文占位符处分别输入"中国早期文明的起源，奠定了华夏文化的基石。""诸子百家争鸣，形成了中华文化的多元性。""统一的多民族国家形成，儒家文化成为主流。"和"经济、科技、文化繁荣，对外交流频繁，中华文化影响深远。"。

7. 制作内容页——第 9 张幻灯片

第 9 张幻灯片的效果如图 5-41 所示。

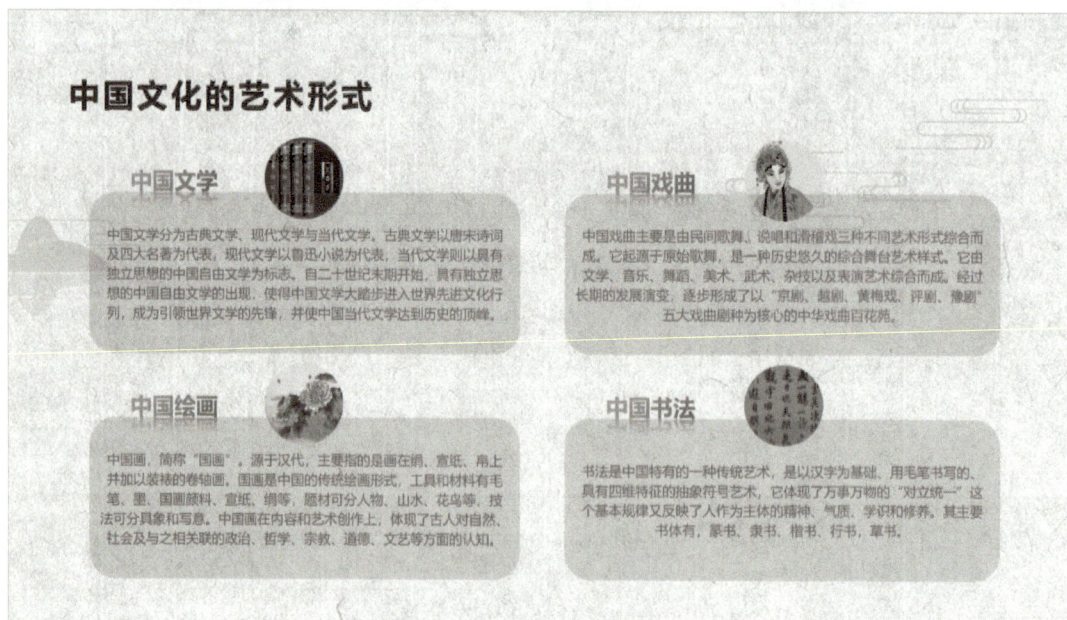

图 5-41　第 9 张幻灯片

1) 新建第 9 张幻灯片

在第 8 张幻灯片后面新建一张幻灯片，选择"仅标题"版式。

2) 在占位符处输入内容

在标题占位符处输入"中国文化的艺术形式"。

3) 插入艺术字

单击"插入"→"艺术字"→"艺术字预设",选择"渐变填充 - 矢车菊蓝"艺术字,如图 5-42 所示。在文本框中输入"中国文学",并设置字体为微软雅黑,字号为 20 磅。

制作第 9 张
幻灯片(上)

图 5-42　预设艺术字

4) 图片裁剪

插入本书配套教学素材文件夹中的"第 5 单元 \ 中国文学 .jpg",单击"图片工具",在工具栏中设置图片的宽度为 2.5 厘米,高度为 2.5 厘米,如图 5-43 所示。在工具栏中单击"裁剪"右侧的箭头,在弹出的下拉菜单中选择"裁剪"→"按形状裁剪"→"基本形状",选择第一个形状椭圆,如图 5-44 所示。

图 5-43　设置图片大小

图 5-44　按形状裁剪

5) 圆角矩形

在幻灯片中插入圆角矩形并输入文本,其具体步骤如下:

(1) 单击"插入"→"形状"→"矩形",绘制一个圆角矩形,设置矩形无边框颜色,填充色为主题颜色"白色,背景 1,深色 50%",透明度为 80%,高度为 5.2 厘米,宽度为 13.8 厘米,如图 5-45、图 5-46 所示。

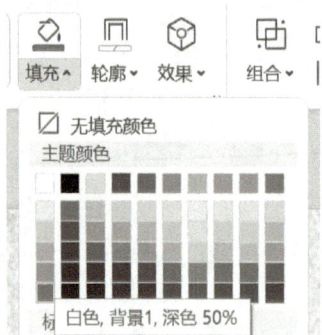

图 5-45　设置颜色

图 5-46　设置大小

(2) 打开本书配套教学素材文件夹中的"第 5 单元 \ 中国文化艺术形式 .docx",将关于中国文学的内容复制,然后回到演示文稿,双击矩形,在文本输入状态下粘贴所复制的文字。将文字设置为微软雅黑、12 磅、1.2 倍行距。

(3) 利用"对齐"功能将艺术字、图片、圆角矩形放置到合适的位置,如图 5-47 所示。

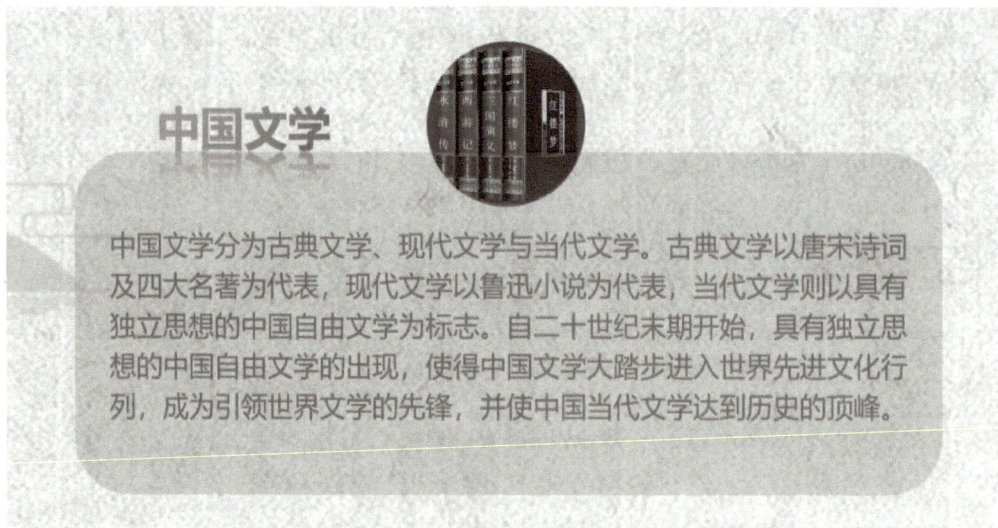

图 5-47　位置关系

(4) 将艺术字、图片、圆角矩形组合,并再复制出 3 个组合。在复制的第 2 个图片上右击,然后在弹出的菜单中选择"更改图片",将图片改为本书配套教学素材文件夹中的"第 5 单元 \ 中国戏曲 .jpg",再将艺术字"中国文学"改为"中国戏曲",将圆角矩形中的文字改为本书配套教学素材文件夹中"第 5 单元 \ 中国文化艺术形式 .docx"文件里关于中国戏曲的内容。用同样的方法修改另外两个组合,此处不再重复讲解。

制作第 9 张
幻灯片 (下)

8. 制作内容页——第 11 张幻灯片

第 11 张幻灯片的效果如图 5-48 所示。

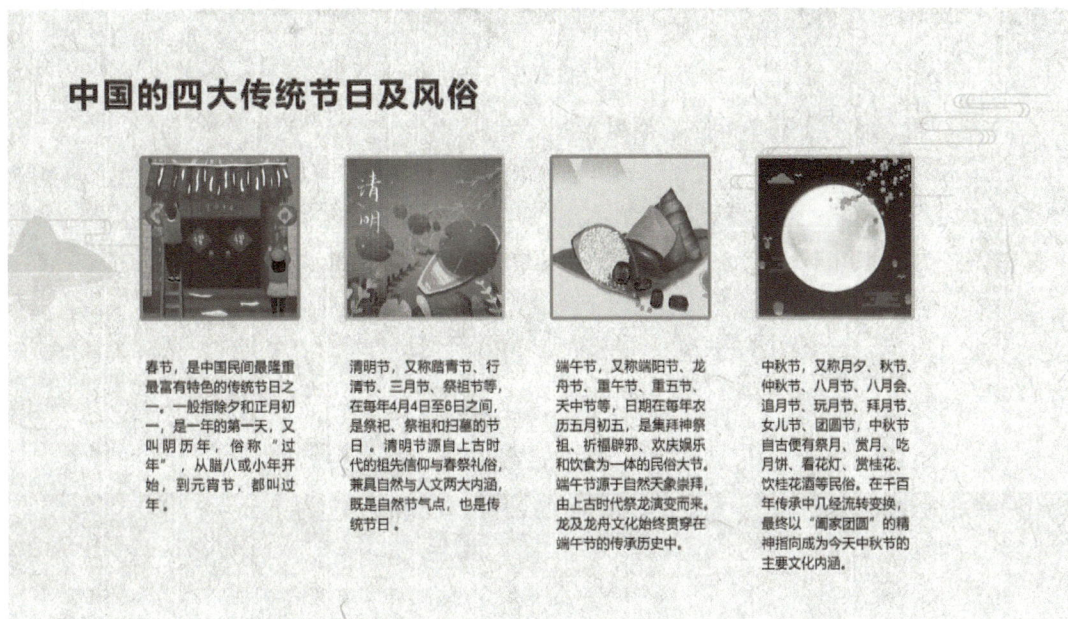

中国的四大传统节日及风俗

春节，是中国民间最隆重最富有特色的传统节日之一。一般指除夕和正月初一，是一年的第一天，又叫阴历年，俗称"过年"，从腊八或小年开始，到元宵节，都叫过年。

清明节，又称踏青节、行清节、三月节、祭祖节等，在每年4月4日至6日之间，是祭祀、祭祖和扫墓的节日。清明节源自上古时代的祖先信仰与春祭礼俗，兼具自然与人文两大内涵，既是自然节气点，也是传统节日。

端午节，又称端阳节、龙舟节、重午节、重五节、天中节等，日期在每年农历五月初五，是集拜神祭祖、祈福辟邪、欢庆娱乐和饮食为一体的民俗大节。端午节源于自然天象崇拜，由上古时代祭龙演变而来。龙及龙舟文化始终贯穿在端午节的传承历史中。

中秋节，又称月夕、秋节、仲秋节、八月节、八月会、追月节、玩月节、拜月节、女儿节、团圆节，中秋节自古便有祭月、赏月、吃月饼、看花灯、赏桂花、饮桂花酒等民俗。在千百年传承中几经流转变换，最终以"阖家团圆"的精神指向成为今天中秋节的主要文化内涵。

图 5-48　第 11 张幻灯片

1) 新建第 11 张幻灯片

在第 10 张幻灯片后面新建一张幻灯片，选择"标题和内容"版式。

2) 在占位符处输入内容

在标题占位符处输入"中国的四大传统节日及风俗"。

3) 插入表格

单击"插入表格"占位符，如图 5-49 所示。插入 3 行 7 列的表格，如图 5-50 所示。

图 5-49　表格占位符

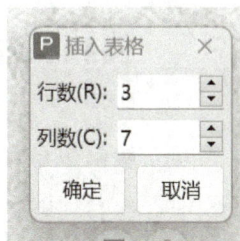

图 5-50　行数列数

4) 美化表格

在表格中填充图片和文字，其具体步骤如下：

(1) 单击第 1 行第 1 列单元格，在"表格工具"下，设置行高为 5 厘米，列宽为 5 厘米，如图 5-51 所示；设置第 1 行第 2 列单元格的行高为 5 厘米，列宽为 1.5 厘米；设置第 1 行第 3 列单元格的行高为 5 厘米，列宽为 5 厘米；设置第 1 行第 4 列单元格的行高为 5 厘米，列宽为 1.5 厘米；设置第 1 行第 5 列单元格的行高为 5 厘米，列宽为 5 厘米。

图 5-51　设置行高和列宽

(2) 单击第 3 行第 1 列单元格，设置行高为 7 厘米，列宽为 5 厘米。

(3) 单击"表格工具"→"选择"→"选择表格"，选择整个表格，如图 5-52 所示。单击"表格样式"→"填充"，设置无填充颜色；在右侧"对象属性"面板设置表格位置，水平位置为相对于左上角 4.5 厘米，垂直位置为相对于左上角 4.5 厘米。

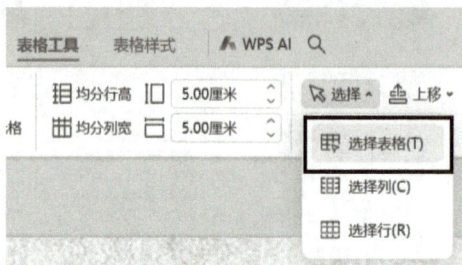

图 5-52　选择整个表格

(4) 单击第 1 行第 1 列单元格，单击菜单栏"表格样式"→"填充"→"图片或纹理"→"本地图片"，选择本书配套教学素材文件夹中的"第 5 单元\节日习俗 - 春节 .png"。用同样的方法在第 1 行的第 3、5、7 列单元格依次填充图片文件"节日习俗 - 清明节 .png""节日习俗 - 端午节 .png"和"节日习俗 - 中秋节 .png"，如图 5-53、图 5-54 所示。

图 5-53　填充图片

图 5-54　填充图片后的效果

(5) 打开本书配套教学素材文件夹中的"第 5 单元 \ 中国节日习俗 .docx"文件，将关于春节、清明节、端午节、中秋节的文字介绍分别粘贴到第 3 行的第 1、3、5、7 列单元格中。设置字体为仿宋、13 磅、两端对齐，可结合格式刷完成。格式刷的使用方法与 WPS 文字编辑操作方法相同，这里不再重复介绍。

(6) 选择整个表格，单击"表格样式"→"边框"→"无框线"，如图 5-55 所示。

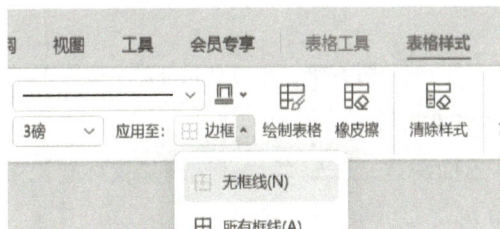

制作第 11 张幻灯片

图 5-55　设置表格无框线

(7) 单击第 1 行第 1 列单元格，单击菜单栏中的"表格样式"，设置这个单元格边框颜色为自定义颜色中的水绿色，如图 5-56 所示。边框线型为实线 3 磅，单击"边框"按钮，在下拉菜单中选择"所有框线"，如图 5-57 所示。用同样的方法设置第 1 行第 5 列单元格边框线。

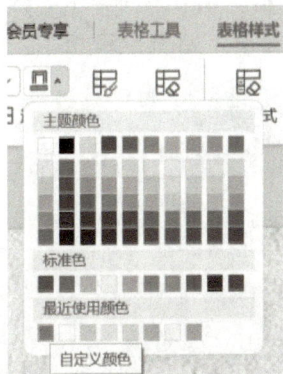

图 5-56　设置边框线颜色

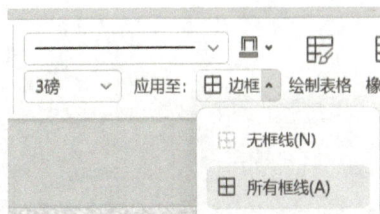

图 5-57　设置边框线

(8) 第 1 行的第 3 列和第 7 列单元格边框线设置方法同上，颜色设置为标准色中的橙色。

9. 制作内容页——第 13 张幻灯片

第 13 张幻灯片的效果如图 5-58 所示。

制作第 13、14、15 张幻灯片

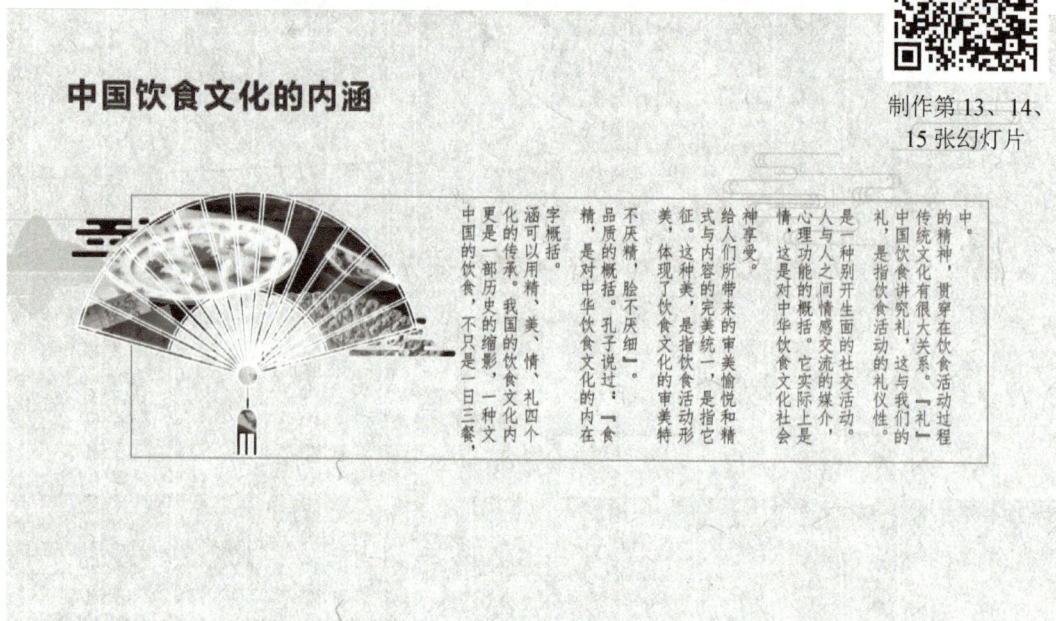

图 5-58　第 13 张幻灯片

第 13 张幻灯片的制作流程如下：

(1) 在第 12 张幻灯片后面新建一张幻灯片，选择"仅标题"版式。在标题占位符处输入"中国饮食文化的内涵"。

(2) 插入本书配套教学素材文件夹中的"第 5 单元 \ 菜品 .jpg"，设置图片大小为保持纵横比，缩放宽度、高度均为 50%，单击"图片工具"→"裁剪"→"创意裁剪"，选择"免费"选项卡，应用第 4 行第 1 列的扇面效果。设置其位置为相对于左上角，水平位置为 3 厘米，垂直位置为 5.5 厘米。

(3) 绘制矩形，高度为 8 厘米，宽度为 27 厘米，轮廓线型为实线 1 磅，自定义颜色中的水绿色，无填充颜色。设置其位置为相对于左上角，水平位置为 4 厘米，垂直位置为 6 厘米。单击矩形右侧悬浮的叠放顺序按钮，将矩形下移一层，如图 5-59 所示。

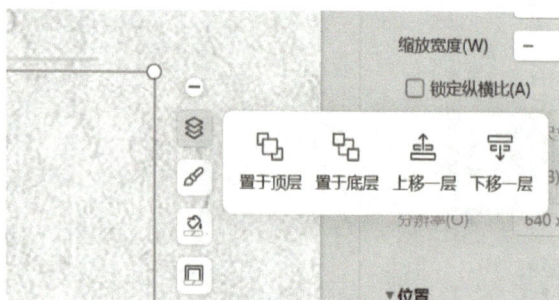

图 5-59　叠放顺序

(4) 插入竖向文本框，打开本书配套教学素材文件夹中的 "第 5 单元 \ 中国饮食文化 .docx"，复制关于中国饮食文化内涵的文字内容，粘贴到文本框中，设置字体为仿宋、15 磅，文字方向为竖向从左向右排版。设置其位置为相对于左上角，水平位置为 15 厘米，垂直位置为 6 厘米。

10. 制作内容页——第 14 张幻灯片

第 14 张幻灯片的效果如图 5-60 所示。

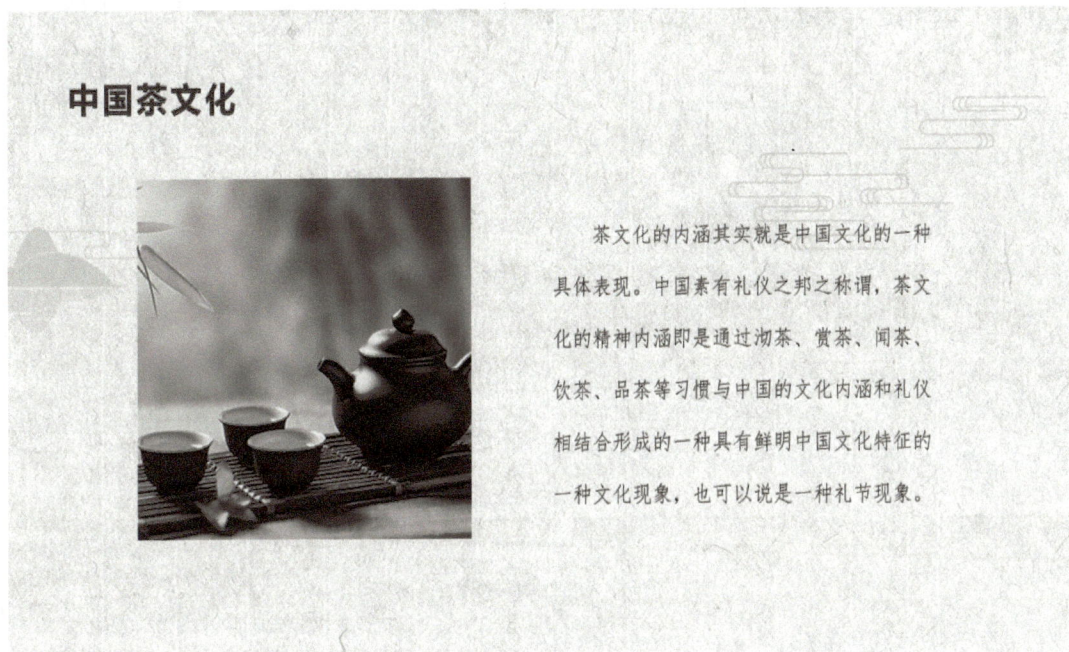

图 5-60　第 14 张幻灯片

第 14 张幻灯片的制作流程如下：

(1) 在第 13 张幻灯片后面新建一张幻灯片，选择 "仅标题" 版式。在标题占位符处输入 "中国茶文化"。

(2) 插入本书配套教学素材文件夹中的 "第 5 单元 \ 茶文化 .jpg"，将图片放置到合适位置。插入横向文本框，打开本书配套教学素材文件夹中的 "第 5 单元 \ 中国饮食文化 .docx"，复制其中关于中国茶文化的文字内容，然后粘贴到文本框中，设置字体为仿宋、18 磅，段落首行缩进 2 字符，双倍行距，将文本框放置到合适位置。

11. 制作结束页

第 15 张幻灯片的效果如图 5-61 所示。

制作结束页的步骤如下：

(1) 在左侧幻灯片缩略图中，选择封面页并右击，在弹出的菜单中选择复制幻灯片。

(2) 将复制的幻灯片粘贴到第 15 张幻灯片中，并删除文字和形状。

(3) 插入横向文本框，输入文字"谢谢！"，设置字体为方正吕建德字体，字号为 80 磅，颜色为自定义颜色中的水绿色。

(4) 插入圆角矩形，设置填充颜色为标准色中的深红色，无轮廓颜色，高度为 1 厘米，宽度为 5 厘米，输入文字"汇报人：姓名"，字体为白色、仿宋体、加粗、12 磅。

图 5-61　结束页

12. 整体幻灯片美化

可以发现，整个幻灯片中内容页的标题字号设置得偏大，现在统一对其进行修改。单击"设计"→"母版"→"自定义母版字体"，选择"内容页标题"，设置字号为 28 磅，如图 5-62、图 5-63 所示。单击"应用"，即可将所有的内容页标题字号改为 28 磅。

图 5-62　统一设置占位符字体

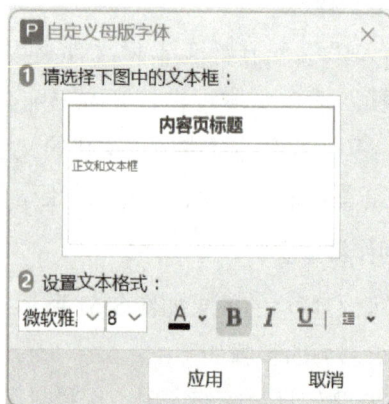

图 5-63　设置内容页标题字号

任务 5.2　设置演示文稿的动画与切换效果

一、任务描述

关于介绍中国文化的演示文稿制作完成了，接下来为了配合演讲的需求，我们需要设置幻灯片的动画与切换效果，目的是在展示演示文稿的时候可以突出重点信息，丰富页面内容，激发观众的兴趣，提高关注度和演示文稿的观赏性。

二、任务分析

在制作演示文稿的动态效果时，可先制作每张幻灯片元素的动画效果，然后再完成每张幻灯片的切换效果。

三、相关知识点

1. 动画

WPS 演示文稿提供了丰富的动画效果，用于增强演示文稿的视觉效果和吸引力。动画类型分为四大类，即进入动画、强调动画、退出动画、动作路径动画。

(1) 进入动画：幻灯片中对象出现时的动画效果。用户可以选择多种效果，如淡入、擦除、弹出、飞入等，使对象逐渐显示出来，吸引观众的注意力。

(2) 强调动画：用于对幻灯片中已经显示的对象进行突出显示或反复出现。通过设置强调动画，可以使对象更加突出，进一步吸引观众的注意力。

(3) 退出动画：当对象在幻灯片中消失时，可以使用退出动画效果，如淡出、消失、弹出、飞出等，可以使对象的消失过程更加平滑和连贯。

(4) 动作路径动画：通过自定义路径来控制幻灯片中对象的移动轨迹和速度。用户可以选择对象沿直线、曲线或自定义路径移动，为演示文稿增加趣味性和交互性。

2. 动画窗格

动画窗格为用户提供了一个直观的界面来管理、编辑和预览幻灯片中的动画效果，主要包括添加动画、编辑或删除动画、设置动画属性和预览动画效果等。

(1) 添加动画：用户可以在动画窗格中为一个或多个对象插入一个或多个动画。

(2) 编辑或删除动画：在动画窗格中，用户可以选择一个或多个动画进行编辑或删除；同时，还可以通过动画选项卡或动画窗格的"更改效果"来更改选定的动画。

(3) 设置动画属性：选中一个或多个动画后，用户可以在动画窗格中进行基础的属性设置。

(4) 预览动画效果：无须播放幻灯片，用户可以在动画窗格中预览动画效果。

3. 插入音频、视频

插入音频和视频功能为用户提供了丰富的多媒体展示手段，使得演示内容更加生动有趣。在插入音频和视频时，应确保文件大小适中，以免影响演示文稿的加载速度和播放的流畅度。音频和视频的内容应与演示文稿的主题和目的相符合，避免插入与主题无关或过于娱乐化的内容。在播放音频和视频时，演示者应注意控制播放进度和音量，确保观众能够清晰地听到音频和看到视频内容。

4. 幻灯片切换

幻灯片切换用于设置演示文稿在放映时幻灯片之间过渡的效果，包括无切换、平滑、淡出、切出等。可以给全部幻灯片设置同一种切换效果，也可以根据需要给每张幻灯片设置不同的效果。

四、任务步骤

本任务可以分为给幻灯片元素设置动画效果、插入音频和视频、设置幻灯片切换效果等几个部分。下面详细讲解每个部分的操作步骤。

1. 设置动画效果

幻灯片动画的四大类型如图 5-64 所示。这 4 种动画可以单独使用，也可以将多种效果组合在一起。例如，可以对一行文本应用"飞入"进入效果及"陀螺旋"强调效果，使它旋转起来；也可以对设定了动画效果的对象设置出现的顺序以及开始时间、延时或者持续动画时间等。

图 5-64　动画类型

1) 设置第 2 张幻灯片动画

(1) 设置动画。

　　打开第 2 张幻灯片，选中文本框"01 中国的地理与人口"，单击
"动画"→"动画窗格"，单击"添加效果"，在弹出的对话框中选择
"进入动画"中的"下降"效果，如图 5-65、图 5-66 所示。

设置动画效果、
动画窗格

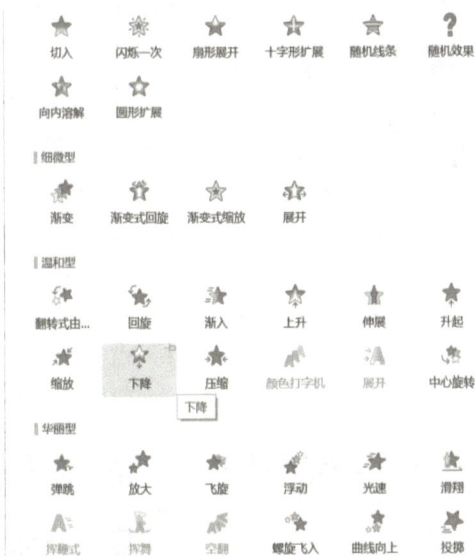

图 5-65　添加动画

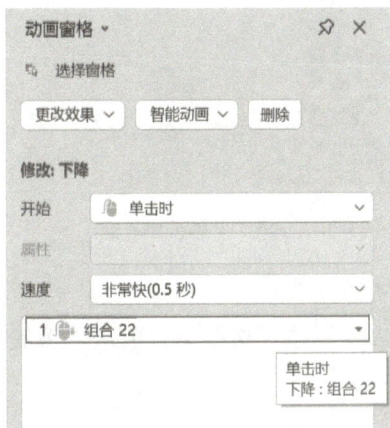

图 5-66　添加动画后的动画窗格

(2) 修改动画。

　　在"动画窗格"中，单击"开始"右侧的箭头，在下拉菜单中选择"与上一动画同时"，
"速度"选择"快速 (1 秒)"，如图 5-67 所示。

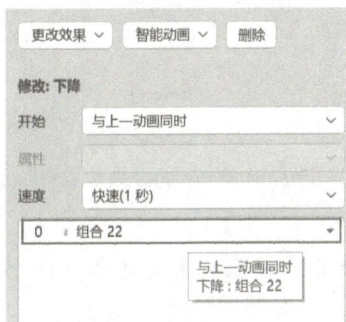

图 5-67　修改动画

(3) 动画刷。

　　给其他文本框设置同样的动画。选择文本框"01 中国的地理与人口"，单击菜单栏中
的"动画"，双击"动画刷"，在其他 4 个文本框上依次单击复制动画效果，再次单击"动
画刷"，退出复制动画，如图 5-68 所示。

　　在"动画窗格"中选择第 2 个动画，单击菜单栏中的"动画"，在工具栏设置延迟
00.50，如图 5-69 所示；选择第 3 个动画，在工具栏设置延迟 1.00；选择第 4 个动画，在
工具栏设置延迟 1.50；选择第 5 个动画，在工具栏设置延迟 2.00；在"动画窗格"中右击
鼠标，然后在弹出的菜单中选择"高级日程表"，可以看到设置的动画效果。

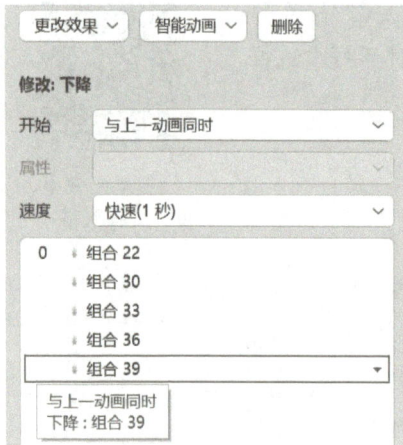

图 5-68　复制动画

图 5-69　查看设置的动画效果

2. 播放动画

在"动画窗格"下方单击"播放"按钮，即可播放设置的动画效果，如图 5-70 所示。

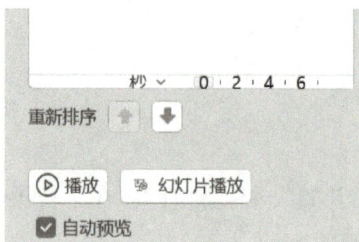

图 5-70　"播放"按钮

第 2 张动画效果

📖 补充知识

• 动画设置。

更改效果：在"动画窗格"中选中设置的动画，单击上方按钮"更改效果"，可以更改动画效果。

添加效果：一个对象想添加多个动画，需要先选中这个对象，然后在"动画窗格"中单击"添加效果"，这样可以给一个对象添加多个动画效果。

开始：方式有三种，分别是单击时（需要单击鼠标动画才开始）、与上一动画同时（与上一个动画同时开始）、在上一动画之后（在上一个动画完成之后才开始）。

速度：可以设置动画播放的快慢。

• 动画刷。

动画刷 🏠 是一个能将选中对象的动画复制并应用到其他对象的动画工具，它位于"动画"选项卡中。其使用方法：单击已设置动画的对象，双击或单击"动画刷"按钮，当鼠标变成刷子形状时单击需要设置相同动画的对象即可（双击可进行多次格式复制，单击可进行一次格式复制）。

2. 插入音频和视频

1) 插入音频

在幻灯片中插入音频的步骤如下：

(1) 在封面页单击"插入"→"音频"→"链接背景音乐"，选择"远方的琴声古筝配乐"，单击"立即使用"按钮，如图 5-71 所示。

图 5-71　插入音频

(2) 设置音乐自动播放，跨幻灯片播放至 15 张停止，如图 5-72 所示。为了不影响美观，可将插入的喇叭图标移到编辑区外面。

图 5-72　设置音频

2) 插入视频

在演示文稿中可以嵌入本地视频、链接网络上的视频，还可以进行屏幕录制，如图 5-73 所示。

图 5-73　插入视频

插入音频视频
的切换效果

3. 设置幻灯片切换效果

通过幻灯片切换功能可以设置幻灯片之间不同的过渡效果，使幻灯片之间的转换更加生动和有趣。切换有淡出、切出、新闻快报等效果。可以在全部幻灯片之间设置同一种切换效果，也可以在不同的幻灯片之间设置不同的切换效果，还可以不设置切换效果。下面介绍设置平滑切换效果的具体步骤。

(1) 设置平滑切换效果。

单击"切换"，选择"平滑"选项，如图 5-74 所示。

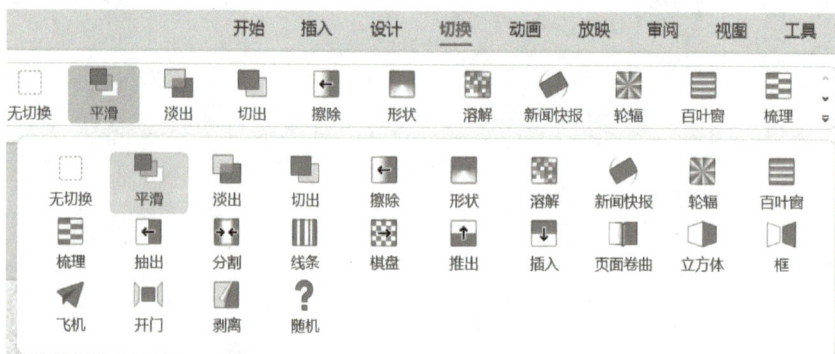

图 5-74　平滑效果

(2) 设置切换效果参数。

单击"应用到全部"，所有幻灯片换片方式即可全部应用平滑效果，如图 5-75 所示。

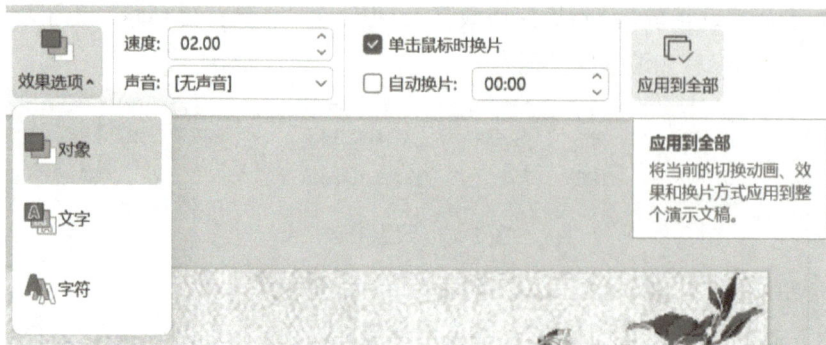

图 5-75　设置参数

任务 5.3　演示文稿的输出与放映

一、任务描述

关于中国文化的演示文稿制作完成了，最后需要设置放映方式、保存、输出、打包，为演讲做好准备。

二、任务分析

本任务涉及 WPS 演示文稿的输出与放映两个关键阶段。输出阶段主要关注将编辑完成的演示文稿转换为其他格式或进行打印输出，以便在不同场景中使用。放映阶段则侧重于在特定场合 (如会议、报告等) 展示演示文稿，并通过有效的演示技巧与观众互动。

三、相关知识点

1. 演示文稿放映

演示文稿的放映是指通过投影仪或大屏幕以清晰、流畅的方式将幻灯片逐一展现给观众。随着每一页的切换，精美的图像、图表和文本内容以动态的方式呈现，可以有效地吸引观众的注意力。演示文稿可以从头开始放映，也可以从当页开始放映。放映方式有手动放映和自动放映两种。

2. 演示文稿排练计时

用户在正式放映之前可以通过排练计时模拟演讲过程，并记录每张幻灯片所需的时间。这个功能有助于在正式演示时准确控制时间，确保内容的流畅性和完整性。

3. 演示文稿输出

WPS 演示文稿的输出主要是指将编辑好的演示文稿转换为其他格式或进行文件打包等操作。其输出方式主要有输出为 PDF、图片、视频以及打印等。

四、任务步骤

本任务可以分为放映演示文稿、排练计时和输出演示文稿等几个部分。下面详细讲解每个部分的操作步骤。

1. 放映演示文稿

1) 开始放映

单击 "放映" → "从头开始" (或按快捷键 F5)，可以从头开始播放演示文稿。单击 "放映" → "当页开始" (或按快捷键 Shift + F5)，可以从当前页开始播放演示文稿，如图 5-76 所示。

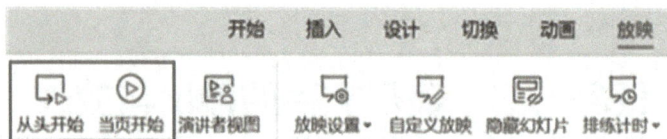

图 5-76　"放映"按钮

2) 结束放映

单击放映模式左下角的"结束放映"按钮或按键盘的 Esc 键可以退出放映模式，如图 5-77 所示。

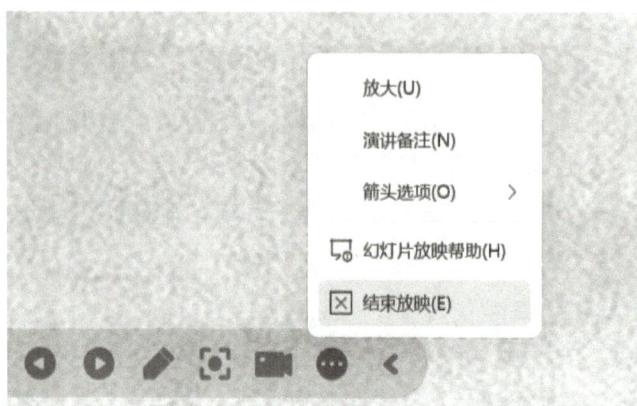

图 5-77　"结束放映"按钮

3) 设置演讲者视图和全屏视图

设置演讲者视图和全屏视图的步骤如下：

(1) 在放映时，可以设置演讲者视图和全屏视图在两个显示器上。单击"放映"，在菜单栏找到演讲者视图组，如图 5-78 所示。勾选复选框"显示演讲者视图"，"放映到"的右侧菜单有两个选项，选择"主要显示器"，这样可将"演讲者视图"和"全屏视图"分别显示在两个显示器上，如图 5-79 所示。在未放映时，可以使用 Alt + F5 组合键预览演讲者视图，使用 Esc 键退出预览。

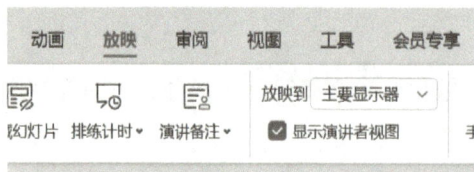

图 5-78　设置演讲者视图和全屏视图

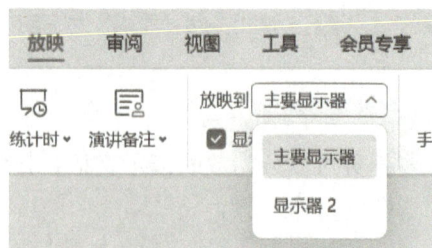

图 5-79　放映到主要显示器

(2) 放映时，主要显示器展示的是幻灯片放映效果，显示器 2 显示的是演讲者视图，方便演讲者在演讲过程中调整幻灯片播放顺序、暂停播放等，如图 5-80 所示。

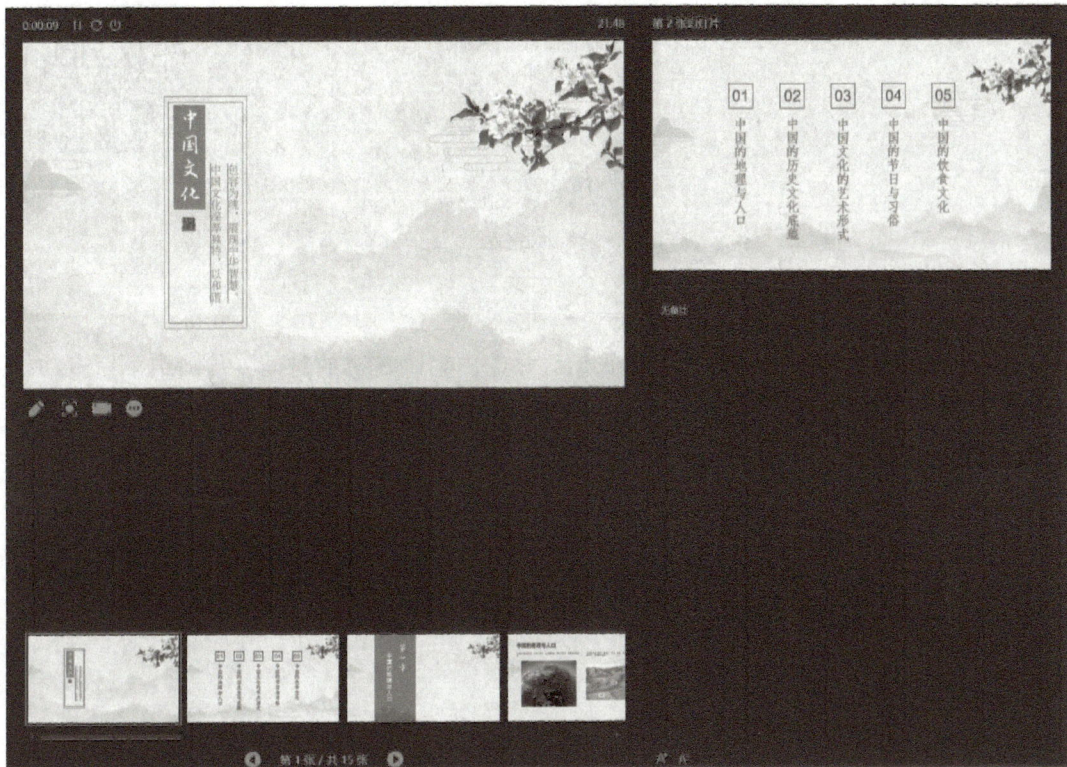

图 5-80　演讲者视图

（3）为了便于演讲者展示，还可以给幻灯片添加备注。打开本书配套教学素材文件夹中的"第 5 单元 \ 演讲备注 .docx"，将备注文字复制，单击"放映"→"演讲备注"，选择"演讲备注"，将复制的文字粘贴到弹出的演讲者备注对话框中。放映幻灯片时，演讲者视图效果如图 5-81 所示。

图 5-81　给演讲者视图添加备注

2. 排练计时

（1）单击"放映"→"排练计时"→"排练全部"，如图 5-82 所示，即可进入预演界面。

图 5-82　排练计时

(2) 在预演界面，用户可以根据每张幻灯片的内容确定播放时间，预演结束后自动打开幻灯片浏览视图，用户可以看到每张幻灯片的放映时间。第 1、2 张幻灯片的放映时间如图 5-83 所示。

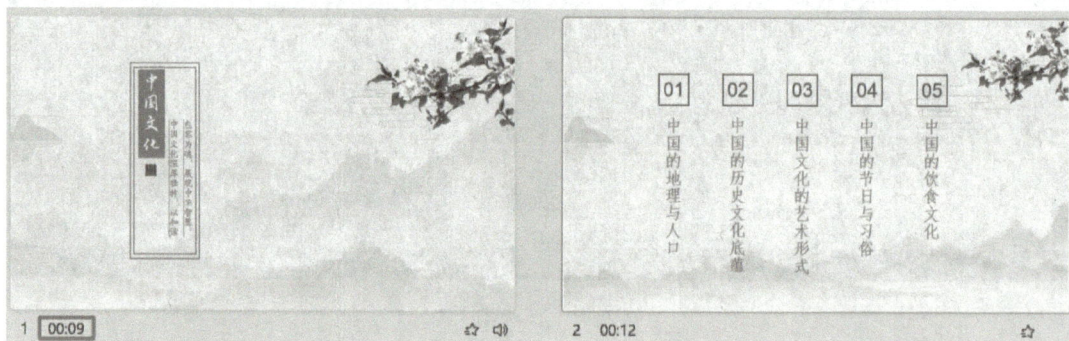

图 5-83　幻灯片的放映时间

3. 输出演示文稿

1) 输出为 PDF 文件

单击 "文件"→"输出为 pdf"，可以输出普通的 PDF 文件和图片型 PDF 文件。图片型 PDF 也称为纯图 PDF，是一种特殊的 PDF 格式。在这种格式中，文档中的文字已经被转换为图片的一部分，不再是可编辑的文字格式。由于图片型 PDF 文件具有特殊性，在将其转换为其他格式时可能会出现乱码、错位、识别错误等问题。

2) 输出为图片

单击 "文件"→"输出为图片"，可以将演示文稿逐页输出或合成长图输出为图片，格式为 JPG、PNG、BMP 和 TIF 等。

3) 文件打包

单击 "文件"→"文件打包"，可以将演示文稿打包，打包好的演示文稿可以通过存储设备拷贝到放映的计算机上。

补充知识

如果在制作演示文稿的时候安装了新的字体，为了防止在其他计算机上放映时因为该计算机没有这个字体而影响整体效果，可以在保存的时候嵌入字体，具体方法如下：

单击"文件"→"选项"，在打开的"选项"对话框左侧列表中选择"常规与保存"选项，勾选"将字体嵌入文件"复选框，选择"嵌入所有字符（适于其他人编辑）"选项，如图 5-84 所示，设置好之后再进行保存即可。

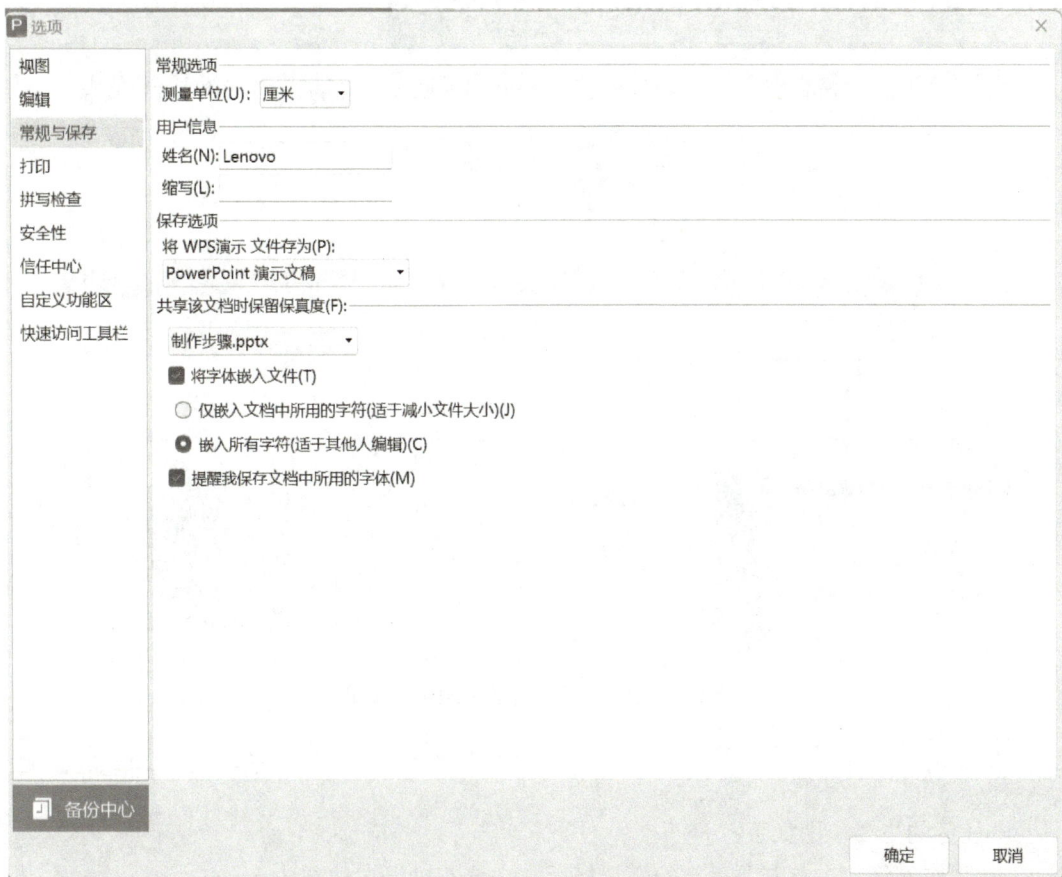

图 5-84　嵌入字体的设置

拓展任务 1　制作大学生职业生涯规划演示文稿

一、任务描述

大学生在进行职业生涯规划时，一般将人生的职业目标分为短期目标和长期目标，并随时可能对职业目标做出一定的调整。

结合前面所讲的知识，制作一份职业生涯规划演示文稿，将需要表达的内容直观、形象地展示给大家。图 5-85 是一个制作完成的作品，可以扫描图中的二维码查看详细内容，参考学习。

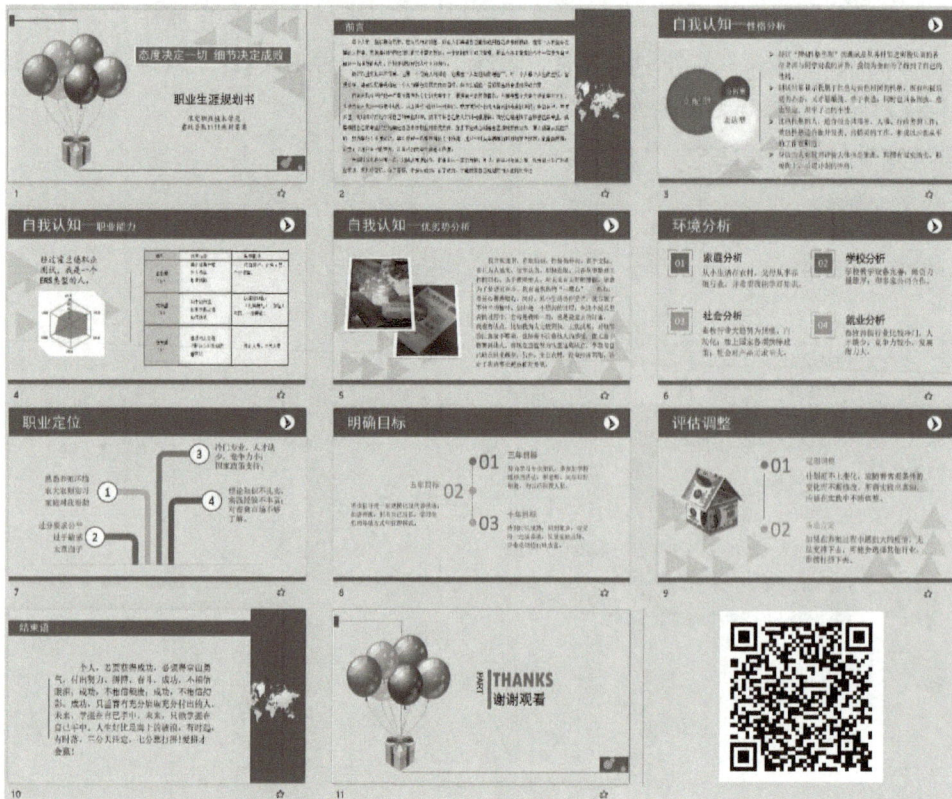

图 5-85　大学生职业生涯规划演示文稿

二、任务步骤

本任务的主要步骤如下：

(1) 制作幻灯片，首先要确定幻灯片模板，主要有以下 3 种方法。

【方法 1】首先单击"设计"菜单，然后单击"更多设计"，出现的界面如图 5-86 所示，可在该界面中选择免费模板。

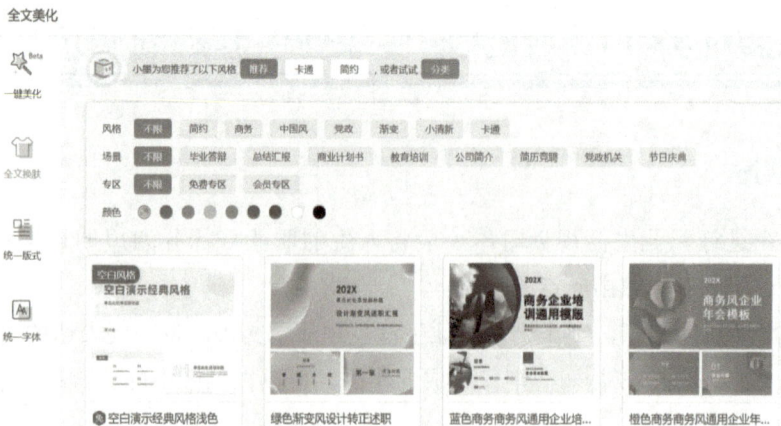

图 5-86　获取模板方法 1

【方法 2】在新建演示文稿界面直接搜索免费模板。搜索模板的界面如图 5-87 所示。

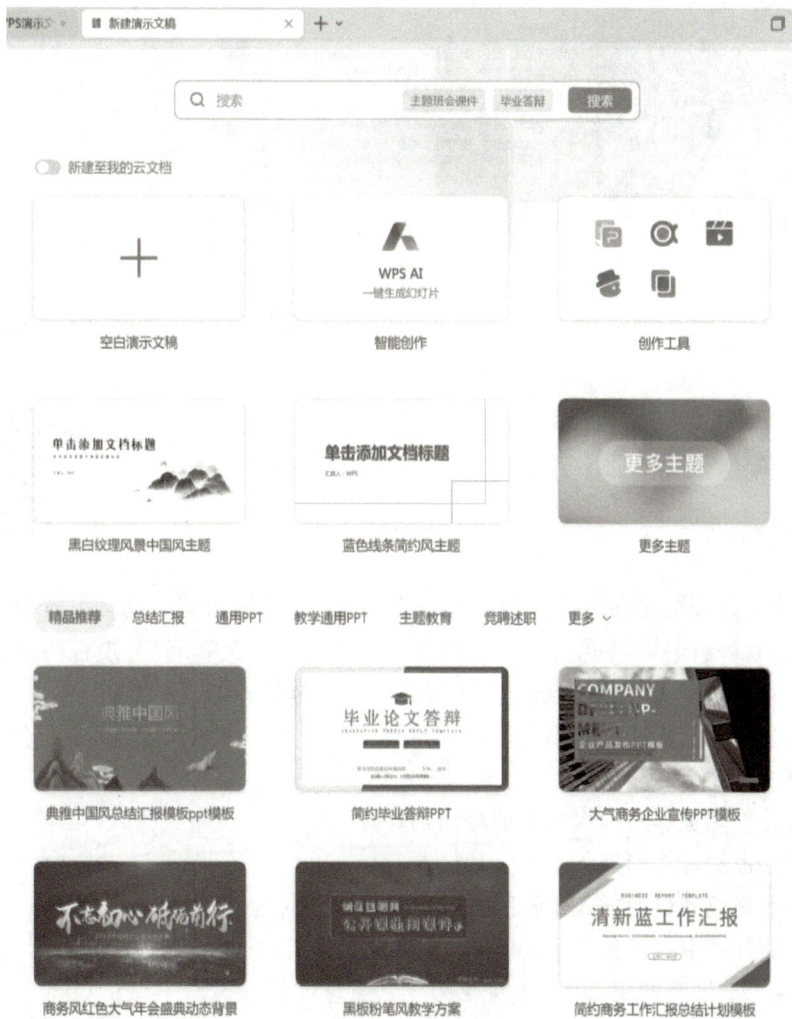

图 5-87　获取模板方法 2

【方法 3】在互联网中搜索幻灯片模板，选择合适的模板下载并使用。

需要说明的是，在使用这些模板时要注意版权的保护，要判断哪些模板可以用于商业应用，哪些不可以。

(2) 完善幻灯片。

拓展任务 2　制作员工培训演示文稿

一、任务描述

小刘是某公司的人事部职员，现在要对新员工进行入职培训，请按要求帮她制作培训所需的演示文稿。任务效果如图 5-88 所示 (可扫描图中的二维码查看详细内容)。

图 5-88　员工培训演示文稿

二、任务步骤

本任务分为打开与保存文档、幻灯片版式设置、艺术字设置、动画设置和幻灯片切换等几个部分。首先打开本书配套教学素材文件夹下的"第 5 单元 \ 拓展任务 2\ 素材 \ wps.pptx"(.pptx 为文件扩展名)，再进行后续操作。其具体步骤如下：

(1) 为整个演示文稿应用本书配套教学素材文件夹下的"第 5 单元 \ 拓展任务 2\ 素材 \ plan.potx"模板。

(2) 页面设置为宽屏，确保内容适合新幻灯片。

(3) 将第 1 张幻灯片和第 2 张幻灯片位置互换。

(4) 在演示文稿的最后插入 1 张版式为空白的新幻灯片。

(5) 在新幻灯片中插入艺术字，艺术字样式为"填充 - 宝石碧绿,着色 2,轮廓 - 着色 2"，艺术字内容为"欢迎新同事"，字体为隶书，字号为 96 磅。

(6) 在第 3 张幻灯片中，设置版式为两栏内容，将本书配套教学素材文件夹下的"第 5 单元 \ 拓展任务 2 \ 素材 \ 图片 .png"插入右侧的内容框中，并为图片设置进入动画中的飞入效果。

(7) 在第 4 张灯片中，设置版式为两栏内容，将文本内容"福利制度 休假……使用规定 其他"移动到右侧的文本框中，并为右侧文本框设置进入动画中的展开效果。

(8) 将演示文稿中所有幻灯片的切换方式均设置为向左插入。

拓展任务 3　协同合作完成以"垃圾分类"为主题的演示文稿

一、任务描述

在数字化时代的今天，线上协作和共享已经在我们日常工作和学习中广泛应用。WPS

演示文稿作为一款功能强大的演示工具，不仅支持丰富的编辑和制作功能，还提供了便捷的分享功能，使得团队成员之间的协作更加高效。在本任务中，我们将学习如何使用 WPS 演示文稿的分享功能，完成以"垃圾分类"为主题的幻灯片的制作。

二、任务步骤

1. 小组分工合作

由小组成员协同合作完成演示文稿，具体步骤如下：

(1) 内容策划。小组成员需要共同讨论并确定"垃圾分类"幻灯片的内容框架，包括分类标准、各类垃圾的特点、分类方法以及环保意义等。

(2) 分工合作。根据小组成员的特长和兴趣分配不同的任务。例如，有的成员负责搜集和整理相关资料，有的成员负责设计幻灯片的布局和风格，还有的成员负责撰写和编辑幻灯片的内容。

(3) 制作幻灯片。使用 WPS 演示文稿软件，根据内容策划和分工，开始制作幻灯片。在制作过程中，可以充分利用 WPS 演示文稿的各种编辑功能，如插入图片、图表、动画等，使幻灯片内容更加生动、直观。

(4) 审核修改。完成初稿后，小组成员之间进行相互审核和修改。通过 WPS 演示文稿的共享功能，将幻灯片文件分享给其他成员，大家可以在同一份文件上进行实时编辑和评论，确保内容的准确性和完整性。

(5) 最终定稿。经过多轮修改和完善后，形成最终的"垃圾分类"幻灯片。此时，可以再次利用 WPS 演示文稿的分享功能，将最终版本的幻灯片分享给团队成员和相关人员，以便进行后续的演示和宣传。

2. 总结

通过完成该演示文稿，读者不仅能够掌握 WPS 演示文稿的基本操作技巧，还能够深刻体会到线上协作和共享的重要性。在今后的学习和工作中，可以更加熟练地运用 WPS 演示文稿的分享功能，与团队成员进行高效的协作和沟通，提高工作效率和质量。同时，本次"垃圾分类"幻灯片的制作也有助于提高读者对垃圾分类知识的了解和认识，提升环保意识。

课程思政

在制作 WPS 演示文稿时，要注意以下内容：

1. 技术背后的责任与担当

在掌握 WPS 演示文稿的编辑与制作技能的同时，我们要深刻理解技术背后的责任与担当。作为未来信息时代的建设者，我们不仅要能够熟练地运用这些工具，更要意识到我们的作品和创意可能对社会产生的影响。因此，我们要以高度的责任感和使命感，创作出积极、健康、向上的作品，传递正能量，弘扬社会主义核心价值观。

2. 尊重知识产权，维护创新环境

在使用 WPS 演示文稿进行创作时，我们要尊重他人的知识产权，不抄袭、不盗用他人的作品。同时，也要保护自己的创作成果，及时申请知识产权保护。只有在一个尊重知识产权、鼓励创新的环境中，我们才能更好地发挥创造力，推动社会的进步与发展。

3. 弘扬传统文化，展现时代风采

WPS 演示文稿作为一种现代化的信息展示工具，为我们提供了一个展示传统文化和时代风采的平台。在创作过程中，我们可以融入中国传统文化元素，如诗词、书法、绘画等，让作品更具文化底蕴和时代感。同时，也要关注社会热点，把握时代脉搏，用作品展现时代风采，传递社会正能量。

4. 团结协作，共同进步

在 WPS 演示文稿的制作过程中，我们往往需要与他人进行协作。这时，我们要学会倾听他人的意见，尊重他人的劳动成果，充分发挥团队协作的优势。通过团结协作，我们可以共同解决问题，提高创作效率，实现共同进步。这种团结协作的精神也是我们未来走向社会、融入集体所必备的素质。

第6单元　信息检索入门

情景导入

当今时代信息爆炸，怎样从纷繁复杂的信息中快速查找到自己所需要的信息，为我们的学习、工作和生活提供帮助呢？学会信息检索就能达到此目的，信息检索也是当代大学生需要掌握的一项基本技能，更是培养自主学习能力、提升学业与就业竞争力的重要途径。

教学目标

【知识目标】

(1) 了解信息检索基本知识，如概念和原理等。

(2) 掌握信息检索分类、信息检索工具、信息检索策略。

(3) 掌握文献检索工具、方法、途径和策略。

【技能目标】

(1) 通过学习信息检索知识，能熟练判断不同的信息检索选用哪种检索工具。

(2) 根据不同的检索课题，会制定相应的检索策略。

(3) 学会使用专业文献检索工具。

【素质目标】

(1) 通过学习信息检索知识，增强搜集信息并归类的习惯。

(2) 养成自主学习、主动学习的习惯，提高自身信息素养。

【思政目标】

(1) 养成良好的信息检索习惯，学会识别并主动规避不良信息和有害信息，增强信息安全意识。

(2) 引导学生正确利用专业文献资料，遵守学术规范和信息道德，增强诚信守法意识，杜绝学术不端行为。

任务 6.1　认识信息检索

一、任务描述

小李要去革命圣地井冈山旅游，想预先了解井冈山的背景资料、具体地理位置和当地天气情况，为制定旅游攻略、提升旅游体验做准备。请进行信息检索并写明检索途径（运用哪种搜索引擎）。

二、任务分析

利用搜索引擎可以获取各类文字、图片、视频等信息。本任务主要是了解和熟悉常用的中文搜索引擎——百度，掌握搜索引擎的使用方法，运用搜索引擎查找所需要的信息。

三、相关知识点

1. 信息检索概念

信息检索就是运用一定的方法和技巧，从信息集合中找到所需要的信息，以满足用户的信息需求的过程。

2. 信息检索原理

信息检索原理包括两部分。一是信息的存储，即信息组织人员把信息收集起来，对所采集的信息进行分析和处理，建立索引，并搭建检索系统；二是信息的查询，即用户输入查询内容，检索系统根据查询内容进行分析和理解，并在索引中查找与查询内容相匹配的信息，再根据相关内容进行排序，最后将匹配的结果呈现给用户。

3. 常用搜索引擎

常用的搜索引擎主要有以下几种：

(1) 综合型搜索引擎：可以综合检索各种类型信息，如图片、新闻、视频等。比较有代表性的有百度、360 搜索等。

(2) 图片类搜索引擎：专门搜索图片类信息资源，如图吧等。

(3) 视频类搜索引擎：专门搜索视频信息资源，如百搜视频、微视等。

(4) 新闻类搜索引擎：专门搜索新闻资讯信息资源，如中国搜索、360 搜索等。

(5) 学术类搜索引擎：用于搜索学术文献、研究资料等，如中国知网、读秀学术搜索等。

四、任务步骤

本任务可以分为选择搜索引擎、确定检索条件、浏览检索结果等几个部分，其具体操作步骤如下：

(1) 打开百度搜索引擎，输入"井冈山"，会出现如图 6-1 所示的界面。

百度搜索

图 6-1　百度搜索"井冈山"界面

(2) 井冈山是"中国革命的摇篮",需要重点了解其红色历史。在百度输入"井冈山革命故事",会出现如图 6-2 所示的界面。

图 6-2　搜索"井冈山革命故事"界面

(3) 了解井冈山的地理位置信息。打开百度地图官网，输入"井冈山市"，会出现如图 6-3 所示的界面。

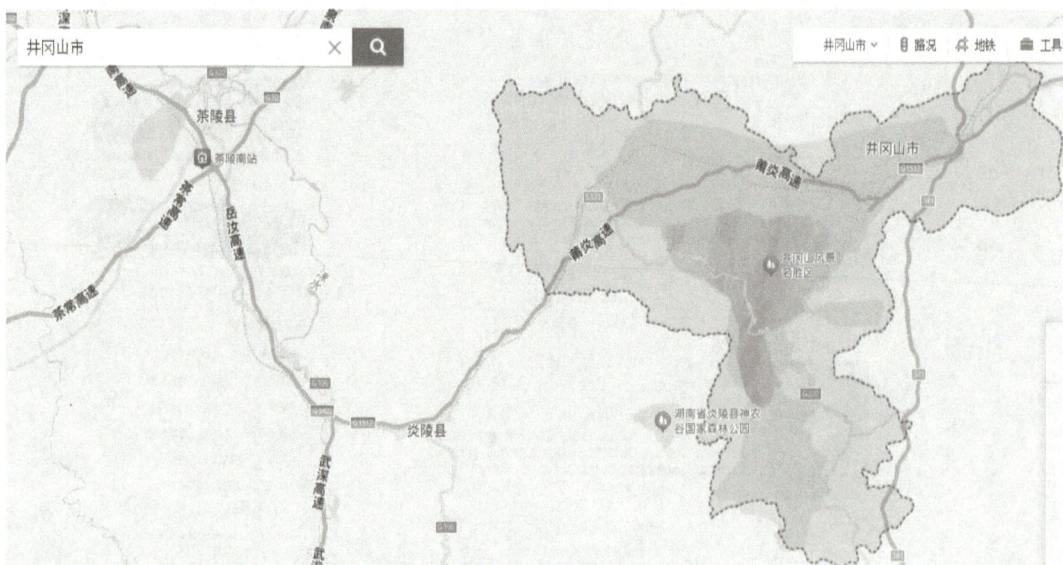

图 6-3　搜索"井冈山市"地理位置

(4) 了解井冈山景区实景。打开百度搜索引擎，单击页面左上角的"图片"，输入"井冈山景区"，会出现如图 6-4 所示的界面。

图 6-4　搜索"井冈山景区"图片

(5) 了解当地天气情况。在百度输入"井冈山景区最近一周天气预报"，会出现如图 6-5 所示的界面。

图 6-5　搜索"井冈山景区最近一周天气预报"

任务 6.2　信息检索的方法与技巧

一、任务描述

运用布尔逻辑检索技术，查找以下相关信息：

(1) 查找"职业教育与信息素养教育"相关的文章。

(2) 查找关于"旅游或者美食"的信息。

(3) 查找关于"校企合作"的信息，并排除"有害作业"。

二、任务分析

利用布尔逻辑检索法可以提高信息检索的查准率、查全率以及特殊信息检索的限定需求。本任务主要练习在百度搜索引擎中如何使用布尔逻辑检索法查找相关信息。

三、相关知识点

1. 常用的检索方法

常用的检索方法有布尔逻辑检索、关键词检索、截词检索和高级检索 4 种。

1) 布尔逻辑检索

布尔逻辑检索是信息检索中常用的检索方法，通过逻辑运算符的运算以及将逻辑运算符 (与、或、非，即 AND、OR、NOT) 和检索词进行组合连接，形成检索表达式，以达到控制检索结果的范围和准确性。

(1) 逻辑与 (运算符为 * 或空格)。A AND B 表示同时满足 , 既有 A 又有 B 的检索词，从而起到缩小检索范围、提高检索结果准确性的作用。

(2) 逻辑或 (运算符为 + 或｜)。A OR B 表示只要检索中包含 A 或者 B，也就是说，包含其中任意一个相关检索词就可以，属于扩大检索范围，获取更多的相关信息。

(3) 逻辑非 (运算符为 -)。A NOT B 表示会排除检索词中的 B，只能含有 A 的检索词，起到缩小检索范围的作用。

需要说明的是，逻辑运算符在不同搜索引擎中的应用不尽相同，百度搜索引擎分别使用 "空格" "｜" "-" 表示逻辑与、逻辑或、逻辑非。

2) 关键词检索

关键词检索是指检索系统根据所要查找内容的关键描述，也就是关键词或者词组，匹配和筛选符合条件的信息资源。

3) 截词检索

截词检索是指通过截取检索词的一部分来扩大检索范围的方法。

4) 高级检索

高级检索是指用户通过设置多个检索条件、运用逻辑运算符、指定特定字段等方式，更精确地筛选和获取所需要的信息。

2. 检索技巧

为了提高信息检索的查准率和查全率，还需要掌握一些检索技巧，主要包括：

(1) 精准用词：选择能准确描述需求的词汇。

(2) 广泛用词：可以使用同义词、近义词、相关词等。

(3) 总结归纳：根据问题分解具体的关键词和概念。

(4) 灵活使用逻辑运算符：合理运用逻辑与、逻辑或、逻辑非等。

(5) 变化检索词：尝试对检索内容进行不同方式的表述。

四、任务步骤

本任务分为选择搜索引擎、确定逻辑表达式以及分别使用 "逻辑与" "逻辑或" "逻辑非" 表达式进行检索等几个部分,其具体步骤如下：

(1) 打开百度搜索引擎，输入 "职业教育 信息素养教育"，会出现如图 6-6 所示的界面。

百度搜索 "职业教育 信息素养教育"

(2) 打开百度搜索引擎，输入 "旅游｜美食"，单击回车键，会出现如图 6-7 所示的界面。

图 6-6　百度搜索"职业教育 信息素养教育"界面

图 6-7　百度搜索"旅游 | 美食"界面

(3) 打开百度搜索引擎，输入"校企合作 - 有害作业"，会出现如图 6-8 所示的界面。

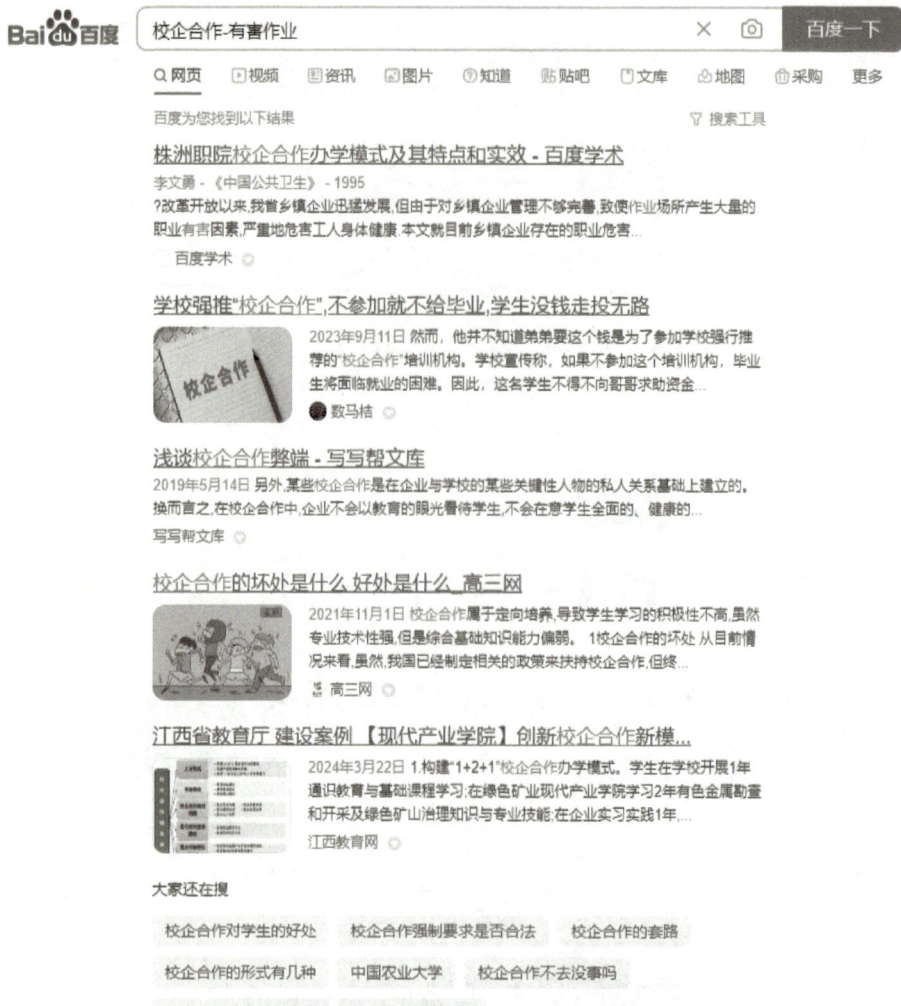

图 6-8　百度搜索"校企合作 – 有害作业"界面

任务 6.3　专业文献检索

一、任务描述

在中国知网中查找"高职院校学生创新创业能力培养"方面的相关文献，分别使用中国知网的一般检索功能和高级检索功能进行检索。

二、任务分析

本任务的主要目的是了解中国知网数据库，熟练使用一般检索功能和高级检索功能查找相关专业文献。

三、相关知识点

1. 专业文献概念

专业文献是指对特定学科或专业领域中的相关研究、理论、实践等进行详细的记录和阐述的书面资料，具有一定的学术性和专业性。专业文献通常包括学术论文、研究报告、专著、专利、标准等。

2. 国内常用文献检索数据库

国内常用文献检索数据库有中国知网、万方数据库和维普数据库 3 种。

(1) 中国知网 (CNKI)：国内常用的大型综合性文献数据库，它汇聚了海量的学术资源，包括学术期刊、学位论文、报纸、年鉴、会议论文等各类文献资源，覆盖了众多学科领域，提供了强大的检索功能以及多种检索方式，帮助用户快速准确地查找相关文献。同时，知网还在不断更新和完善其资源与服务，以更好地适应学术研究和科技创新的需求。

(2) 万方数据库：由万方数据公司开发的大型数字化信息资源集成系统，整合了各类学术文献、行业数据、科技信息等，为用户提供了广泛的知识检索和获取服务，也是国内常用的综合性文献数据库之一。

(3) 维普数据库：收录期刊论文、学术成果等文献资源的大型数据库，通过数字化的形式，将各类学术信息整合和存储，方便用户检索和利用，并为科研、教学、学术交流提供便利。

3. 文献检索的一般步骤

文献检索的一般步骤如下：

(1) 分析研究检索目的和需求。

(2) 根据主题和学科选择合适的数据库。

(3) 确定检索词。

(4) 构建检索式。

(5) 调整检索策略。

(6) 整理和分析检索结果。

四、任务步骤

本任务包括分析检索课题、确定检索关键词、选择逻辑运算符、设定发表时间等限制条件、检索全文、调整检索策略等几个部分，其具体操作步骤如下：

(1) 用中国知网的一般检索功能查找"高职院校学生创新创业能力培养"的相关论文文献。

打开中国知网官网，在检索框中输入"高职院校学生创新创业能力培养"，单击检索，共搜索到相关文献 804 篇，如图 6-9 所示。

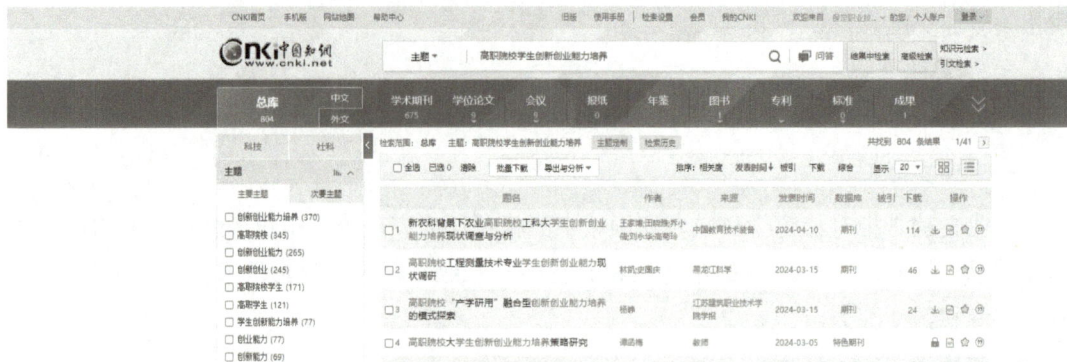

图 6-9　中国知网检索文献

　　(2) 用中国知网的高级检索功能查找"高职院校学生创新创业能力培养"的相关论文文献。

知网检索

　　第一步，分析该检索课题，明确课题的主题内容，以确定准确的检索方向和策略。

　　第二步，确定关键词。检索主题为"创新创业"，篇名为"高职院校学生创新创业能力培养"，关键词为"高职院校 + 创新创业 + 能力培养"。

　　第三步，确定布尔逻辑检索表达式为主题 AND 篇名 OR 关键词。

　　第四步，设定其他限制条件。限定发表时间为 2022 年 1 月 1 日—2024 年 5 月 1 日，文献类型为全库。

　　第五步，检索全文。打开中国知网官网首页，单击检索框右边的"高级检索"，第一栏选择"主题"，输入"创新创业"；选择"AND"，"篇名"为"高职院校学生创新创业能力培养"；选择"OR"，"关键词"为"高职院校 + 创新创业 + 能力培养"；"时间范围"选择 2022 年 1 月 1 日—2024 年 5 月 1 日，文献类型选择"全库"，单击"检索"按钮，共有 9 篇相关文献，如图 6-10 所示。

　　第六步，调整检索策略。考虑期刊文献时效性较强，参考价值更高，可调整文献类型为学术期刊重新检索，即其他检索条件不变，"文献类型"选择"学术期刊"，从而检索到 6 篇相关文献，如图 6-11 所示。

图 6-10　文献类型按全库检索

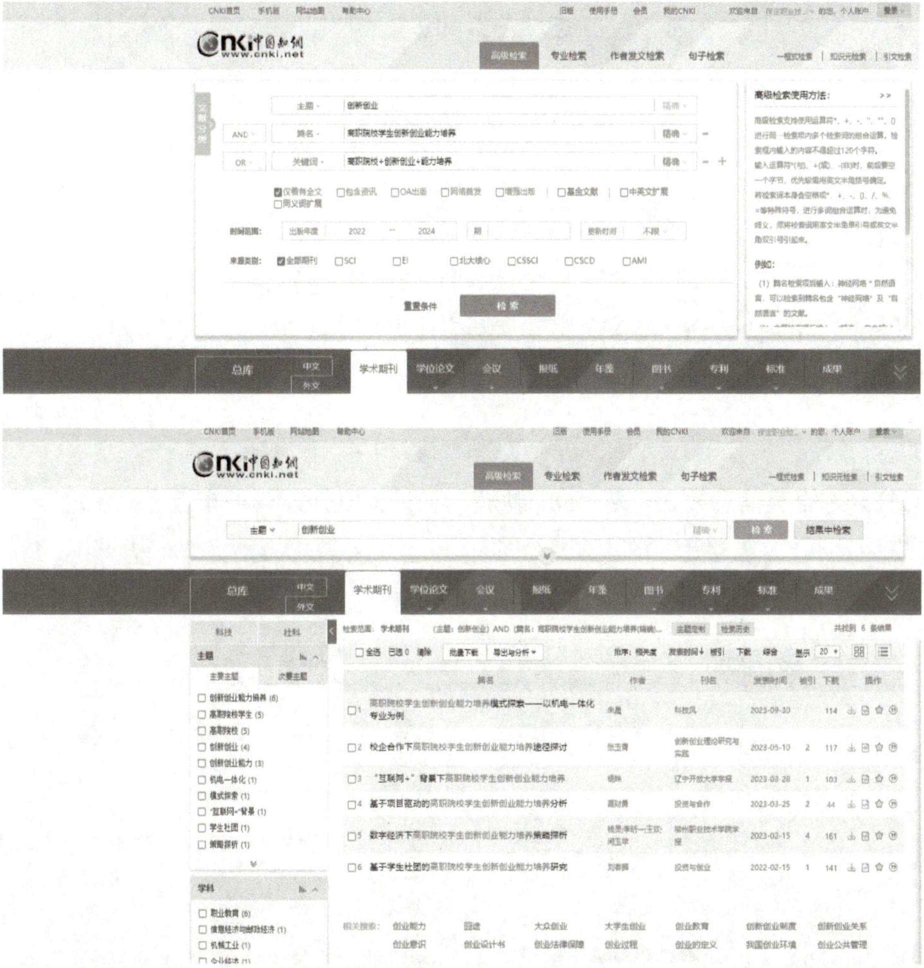

图 6-11　文献类型按学术期刊检索

拓展任务 1　利用搜索引擎搜索房产信息

一、任务描述

　　小王是一名刚刚毕业的大学生，找了一份工作，在河北保定火车站附近，所以想在火车站附近租一间 1 室 1 厅的房子，价格在 1000 元以内，请帮小王利用搜索引擎找到符合要求的房源信息。

二、任务步骤

　　利用搜索引擎搜索房产信息的主要步骤如下：

　　(1) 根据检索内容和需求，选择使用百度搜索引擎，在检索框内输入"58 同城"，选择专门的房产信息搜索引擎"58 同城"官网搜索引擎，如图 6-12 所示。

图 6-12　百度搜索引擎

　　(2) 打开综合类信息搜索引擎"58 同城"，如图 6-13 所示，城市选择"保定"。

图 6-13　搜索引擎"58 同城"

(3) 在"58 同城"首页选择"房产",会出现如图 6-14 所示的界面。

图 6-14　房产信息

(4) 输入检索条件,选择"租房",然后在检索框里输入"火车站附近",选择"一室",价格选择"500—1000 元",如图 6-15 所示。

图 6-15　租房信息

(5) 查看检索结果,如图 6-16 所示。

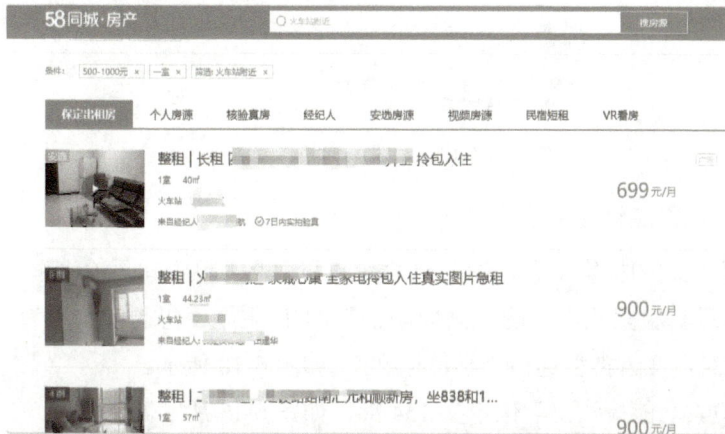

图 6-16　检索结果

拓展任务 2   利用中国知网数据库检索专业文献

一、任务描述

请使用专业文献检索数据库——中国知网数据库进行检索，主题为"高职院校思想政治教育"的学位论文，时间为 2020—2023 年。可以通过检索结果观察一般检索和高级检索的不同之处。

二、任务步骤

1. 使用中国知网数据库一般检索功能检索专业文献

打开中国知网官网，在首页检索框 (一般检索) 中输入"高职院校思想政治教育"，选择"学位论文"，然后单击检索图标，共检索到相关文献 664 篇，如图 6-17 所示。

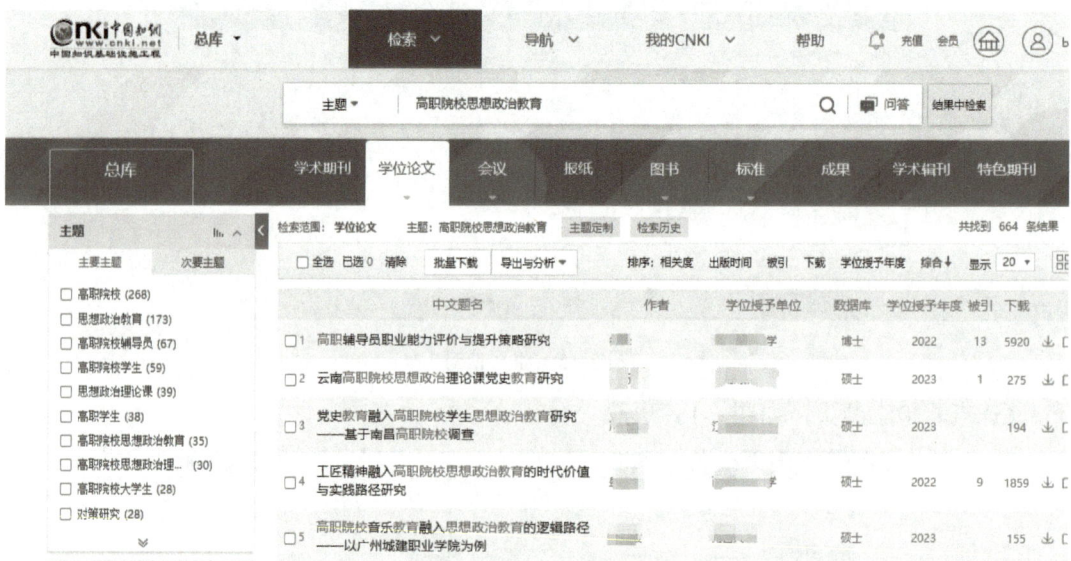

图 6-17   中国知网检索文献

2. 用中国知网的高级检索功能检索专业文献

分析该检索课题的检索主题，确定检索方向和策略。单击首页检索框后面的"高级检索"，选择布尔逻辑检索式，主题"高职院校"AND 主题"思想政治教育"，时间范围选择"2022—2023"，文献类型选择"学位论文"，如图 6-18 所示。

使用高级检索功能检索出学位论文 154 篇，如图 6-19 所示。

图 6-18　中国知网检索文献

图 6-19　中国知网检索文献

课程思政

在信息检索的学习中，我们不仅要掌握检索技巧和方法，更要深刻理解信息检索背后的社会责任和伦理道德。信息检索不仅是技术层面的应用，更是人类知识和智慧的传递桥梁。因此，作为信息检索的学习者，我们需要时刻保持清醒的头脑，坚守学术诚信，尊重知识产权，避免任何形式的抄袭和剽窃。

　　同时，我们要认识到信息检索的重要性不仅在于学术研究，更在于社会发展和国家进步。在信息爆炸的时代，我们需要借助信息检索技术，筛选出有价值、真实可靠的信息，为政府决策、企业管理、医疗诊断等提供有力支持。因此，我们的每一次信息检索行为，都承载着对社会的责任和担当。

　　此外，我们还要培养批判性思维，学会辨别信息的真伪和价值。在信息检索的过程中，我们要保持审慎的态度，对检索到的信息进行深入分析和验证，避免被虚假信息所误导。这不仅是对我们自身能力的锻炼，更是对社会负责任的体现。

　　最后，我们要树立正确的价值观，将所学到的信息检索知识和技能应用于实际生活中，为国家的科技进步和社会发展贡献自己的力量。我们更要牢记自己的使命和责任，不断提升自己的专业素养和综合能力，为成为一个有责任感、有担当的信息检索专业人才而努力奋斗。

参 考 文 献

[1] 唐秋宇，田静静，张昆，等. 微机组装与维护实训教程 [M]. 4 版. 北京：中国铁道出版社，2017.

[2] 滕振芳，孙辉，唐秋宇，等. 计算机应用基础任务化教程 [M]. 北京：中国铁道出版社，2017.

[3] 辛惠娟，曹会云，周月芝，等. 信息技术基础＋Office 2010 项目化教程 [M]. 上海：上海交通大学出版社，2016.

[4] 陈海燕.《信息与文献 参考文献著录规则》(GB/T 7714—2015) 部分条款解读 [J]. 中国科技期刊研究，2016(3)：237-242.

[5] 徐栋，韩妮娜，王丽丽，等. 办公应用立体化教程 (WPS Office 版)(微课版)[M]. 北京：人民邮电出版社，2023.

[6] 郑根让，李建辉，赵清艳. 新一代信息技术基础 [M]. 西安：西安电子科技大学出版社，2022.